高职高专"十二五"部委级规划教材

纺织工艺设备实训

陈锡勇　陶建勤　　主编

贾格维　翁　毅　　副主编

U0345340

化学工业出版社

·北京·

本书主要内容包括纺织典型生产工艺设计、纺织典型设备工艺实施、纺织典型设备维护、纺织品来样分析和纺织典型设备生产操作，共五个模块。通过模拟纺织生产过程，对纺织生产技术岗位的各项技能进行仿真训练和具体指导，让学生快速掌握典型生产工艺设计、典型工艺上机实施、典型设备维护、典型生产操作、半制品质量检测和纺织品来样分析等岗位技能。

本书可作为高职高专学校、中等职业院校、职工大学纺织类专业实训课程的教材，也可作为纺织技术培训班的教材，同时可供纺织企业工程技术人员参考。

图书在版编目（CIP）数据

纺织工艺设备实训/陈锡勇，陶建勤主编 . —北京：化学工业出版社，2014.7

高职高专"十二五"部委级规划教材

ISBN 978-7-122-20639-8

Ⅰ.①纺…　Ⅱ.①陈…②陶…　Ⅲ.①纺织工艺-高等职业教育-教材②纺织机械-高等职业教育-教材　Ⅳ.①TS104.2②TS103

中国版本图书馆 CIP 数据核字（2014）第 097193 号

责任编辑：崔俊芳　　　　　　　　　　　　装帧设计：关　飞
责任校对：边　涛

出版发行：化学工业出版社（北京市东城区青年湖南街 13 号　邮政编码 100011）
印　　装：化学工业出版社印刷厂
787mm×1092mm　1/16　印张 13¼　字数 331 千字　2014 年 10 月北京第 1 版第 1 次印刷

购书咨询：010-64518888（传真：010-64519686）　售后服务：010-64518899
网　　址：http://www.cip.com.cn
凡购买本书，如有缺损质量问题，本社销售中心负责调换。

定　　价：35.00 元　　　　　　　　　　　　　　　版权所有　违者必究

本教材是根据纺织高等职业教育培养目标与特点进行编写的。

一、教材性质

本教材的主要任务是模拟纺织生产技术岗位职责要求，让学生掌握纺织典型生产工艺设计、工艺上机实施、纺织典型设备维护、纺织生产操作、纺织生产半制品质量检测、纺织品来样分析等岗位技能。在工程背景下，让学生学会运用知识分析解决实践问题，实现理论与实践相结合，培养学生的自主能力和创新能力。

本教材的编写，以传授现代纺织技术专业的综合技能为出发点，模拟纺织生产过程，通过对纺织生产技术岗位的各项技能的仿真训练和具体指导，提高学生理论与实践相结合的能力，为其今后从事纺织行业的生产、管理、质检、贸易等方面的工作打好基础。

二、教材主要内容

本教材以五大模块十二个项目为基本内容，强调纺织典型生产工艺设计与工艺实施，突出纺织典型设备维护，注重纺织生产检测与操作，具有较强的仿真性和实用性。

本教材内容具体涉及典型棉纺、毛纺、机织生产的工艺流程；棉纺、毛纺、机织主要生产工艺的设计基本方法；棉纺、毛纺、机织生产各工序工艺参数的含义及其确定原则与方法；棉纺、毛纺、机织生产各工序生产计划调度；棉纺、毛纺、机织主要生产过程工艺单的基本内容及其规范；纺织加工典型设备维护、主要加工机件各项工艺上机调整方法与工艺检查方法；典型纺织工艺试验、典型纺织生产操作、典型纺织半制品质量检测；纺织品来样分析方法与过程。

本教材针对纺织高职高专教育，以职业岗位背景来设计学生必须掌握的知识点与专业技术应用能力，重点突出产品、流程、设备、工艺、质量与成本之间的内在因果关系，培养学生掌握科学知识并将理论运用于实践操作的能力。

本教材的内容实践性强，能满足采用模拟操作与自主设计的教学需求，在内容上突出纺织生产设备与工艺的特点，力求使学生对现代纺织行业有具体的理解，从而对本行业生产实践获得理性认识，做到将具体的理论知识与生产实践相结合。

三、教学建议

1. 教学内容与教学时数

教学时数为 120～150 学时，第一模块纺织典型生产工艺设计 40～60 学时，第二模块纺织典型设备工艺实施 30～40 学时，第三模块纺织典型设备维护 20 学时，第四模块纺织品来样分析 20 学时，第五模块纺织典型设备生产操作 10 学时。也可以根据具体的实际情况，对教学内容与教学时数进行选择及调整。

2. 教学方法与手段

（1）教学模式的设计与创新。

① 教学模式的设计。采用"项目化课程"的教学模式，以纺织生产任务为教学载体，以纺织生产过程为教学导向，进行岗位技能的仿真训练。

② 教学模式的创新。实现教学过程的"教、学、做一体化"，实现课程教学与高职人才培养"双证书制"教育的紧密结合。

（2）多种教学方法的运用。为使课程的教学内容、教学方法、教学手段与技能要求更为紧密地结合，本教材实施了以"岗位技能"为目标，以"生产任务"为载体，以"生产过程"为导向的"工程化课程"教学模式。本教材在调查了就业岗位群与岗位技能的基础上，分析、明确了职业关键能力，确定"纺织工艺设计"为课程教学的主要载体，并以在纺织生产过程中"从下达生产工艺设计任务至实施工艺方案"的整个过程为课程的教学导向，不仅使岗位技能得到有效的训练，还使专业知识的运用在模拟生产的实践中得到体现，并使实用性知识得到强化。教学过程中，从兴趣激发与能力的培养出发，达到各训练模块中各项能力要素的教学目标，同时培养学生获取纺织新原料与新技术的意识与能力，培养学生的创新意识与创新能力，最终目的是培养学生的岗位适应能力与自主发展能力。

（3）现代教学技术手段的应用。利用教室中多媒体设施的硬件资源，设计针对课程教学需要的CAI（计算机辅助教育）课件，并将典型工序的加工过程以视频的形式融入课堂，使学生在先修课程《纺织认识实习》与《纺织工艺学》中所目睹的生产实景在本课程的课堂得到再现与强化。

利用院校图文信息中心各种载体资源，针对各阶段教学的具体内容，指导学生在课外深入图文信息中心获取关于纺织原料与纺织技术方面的新信息，培养学生获取行业新信息的意识与能力。

利用市场信息资源，指导学生进行纺织品市场调查，使学生认识、体验现代纺织产品，体会课程内容在纺织行业中的重要地位以及纺织行业对社会发展的重要意义。

3. 考核方法

（1）传统考核方式。主要采用理论考试（笔试）的方法，考试成绩作为考核和评价学生的主要依据。

（2）改革考核方式。本课程的教学融入了职业岗位群关键性技能的认证，最终体现于课程的考核方式上。考核过程以"纺织工艺设计"技能鉴定为载体，按照考证标准中的具体规定，使能力素质经"过程考核""成果评价""笔试""面试"与"上机操作"等环节得到体现，技能鉴定以学生设计结果的合理性、笔试答卷的正确性以及面试与上机操作的满意度为依据，进行分项考核、综合评定。

四、教材编写团队

本教材由常州纺织服装职业技术学院陈锡勇、陶建勤主编，第一模块第一项目、第二模块第四项目任务二由陈锡勇编写，第一模块第二项目、第二模块第五项目由陶建勤编写，第一模块第三项目由常州纺织服装职业技术学院张娟娟编写，第二模块第四项目任务一、第三模块第七项目任务一由山东科技职业学院魏雪梅编写，第二模块第四项目任务三、第三模块第七项目任务三、第五模块第十一项目由陕西工业职业技术学院贾格维编写，第二模块第六项目任务一由安徽职业技术学院陶新南编写，第二模块第六项目任务二由山东科技职业学院王树英编写，第三模块第七项目任务二由河南工程学院黄秋霞编写，第四模块第九项目、第十项目由浙江纺织服装职业技术学院翁毅编写，第三模块第八项目任务二、第五模块第十二项目由常州纺织服装职业技术学院韩慧敏，第三模块第八项目任务一由常州大诚纺织集团有限公司王晓宁编写。全书由陈锡勇、陶建勤统稿，由沙洲职业工学院史志陶教授主审。

在教材编写过程中，得到了许多专家和企业的大力支持，其中有浙江纺织服装职业技术学院陈运能教授、陕西工业职业技术学院杨建民教授、江西工业职业技术学院甘志红教授、泰州职业技术学院秦步祥副教授、济南工程职业技术学院常涛副教授、常州黑牡丹纺织集团有限公司孙海兰高级工程师、常州大诚纺织集团有限公司钱立刚和杨建元工程师、常州市毛条厂有限公司陈燕芬副总经理、常州新毅毛纺织有限公司毛和德工程师、常州市欣东源纺织品有限公司张正才总经理和刘芝娟董事长、江苏新光纺织有限公司谢庆堂工程师和钱黎平经理、常州声荣纺织有限公司睦云鹤总经理和丁鸣华工程师等，在此表示诚挚的谢意。

根据实际生产需要，本教材中多处出现一些细度指标的非法定单位，如：英制支数 N_e（单位：英支）、公制支数 N_m（单位：公支）、纤度 D（单位：旦），其与线密度 Tt（单位：tex，法定计量单位）的换算关系如下：$N_e=583/Tt$，$N_m=1000/Tt$，$D=9Tt$。

本教材有配套的数字化资源，主要包括电子教案、实训视频、思考题库等，有需要者请登录化学工业出版社教学资源网（www.cipedu.com. cn）免费下载。

编者
2014 年 2 月

目　录

第一模块
纺织典型生产工艺设计

第一项目 棉纺典型工艺设计

技术知识点

1. 棉纺工艺流程的确定方法。
2. 棉纺生产各道工序的工艺因素。
3. 棉纺工艺参数的确定依据与确定方法。
4. 精梳纯棉纺纱与精梳涤/棉混纺工艺设计方法。
5. 棉纺各道工序产量的计算方法。
6. 棉纺工艺设计单的内容及其表达方法。

任务一　精梳纯棉纱生产工艺设计

一、接受生产任务单

表 1-1-1-1 是某棉纺企业纺纱车间接收到的生产任务单案例。

表 1-1-1-1　精梳纯棉纱生产任务单

品　名	J9.7tex 精梳纯棉纱		
生产数量	20t	上机时间	××××年××月××日
批号	××××××	产品用途	精梳全线府绸
质量要求	符合 GB/T 398—2008《棉本色纱线》的规定		

制单人签名：×××　　　复核人签名：×××　　　日期：××××年××月××日

二、确定原料和配棉方案

（一）精梳纯棉纱产品配棉方案

某精梳纯棉纱产品配棉方案见表 1-1-1-2。

表 1-1-1-2　精梳纯棉纱产品配棉方案

配棉类别	平均品级范围	最低品级	平均长度/mm	长度差异/mm	产　品
特细	长绒棉	—	35 以上		6tex 以下的精梳纱,生产高速缝纫线、商标布、丝光巾、揩镜头布、特种用纱等
特细甲	长绒棉或 1.2～1.8 细绒棉	2	长绒棉或 31.0～33.0 细绒棉	—	6～10tex 精梳纱,生产精梳全线府绸、精梳全线卡其、高档手帕、高档针织品、高档薄型织物、绣花线、羽绒布、巴里纱、缝纫线、物种工业用纱等
细特	1.5～2.0 细绒棉	3	29.0～31.0 细绒棉	2	11～20tex 精梳纱,生产精梳府绸、精梳横贡、高密织物、提花织物、高档汗衫、涤/棉混纺织物、刺绣底布等

（二）配棉表

配棉表见表 1-1-1-3。

表 1-1-1-3　J9.7tex 配棉表

队数	唛头	产地	主体长度/mm	品质长度/mm	短绒率/%	成熟度	细度/公支	断裂强度/(cN/dtex)	含杂率/%	混用量/%
1	129	新疆库尔勒	29.50	32.22	7.63	1.38	5702	14.07	1.1	15
2	129	新疆	28.46	31.72	11.53	1.37	5361	15.06	1.08	10
3	231	原种	30.41	32.99	7.11	1.27	5548	16.37	1.36	10
4	129	新疆	27.59	30.93	10.44	1.39	5548	13.93	0.98	15
5	231	原种	30.41	32.99	7.1	1.27	5548	16.37	1.36	13
6	129	新疆	28.61	31.80	7.5	1.43	5084	15.21	0.92	13
7	229	新疆温宿	28.70	31.50	10.98	1.44	5387	14.70	1.22	9
8	129	新疆	28.46	31.72	11.53	1.37	5361	15.06	1.08	15

品级分布	混纺比/%		主体长度	29.02	
1 级	68	加权平均数	品质长度	31.98	平均等级＝1(0.15＋0.1＋0.15＋0.13＋0.15)＋2(0.1＋0.13＋0.09)＝1.0(级)符合平均品级范围 1.0～1.5
2 级	32		短绒率	9.23	
3 级	0		成熟度	1.37	
平均品级	1.0		细度	5442	
长度分布/mm	混纺比/%		锯齿棉	62%	
27	0	实际控制范围	品级差异	1 级	平均长度＝31(0.1＋0.13＋0.09)＋29(0.15＋0.1＋0.15＋0.13＋0.15)＝29.64(mm)符合平均长度范围 30±1
29	68		长度差异	4mm	
31	32		支数差异	618	
平均长度	29.64mm		含杂差异	0.44	

三、确定工艺流程与选择机器设备

（一）工艺流程确定原则

（1）根据纺织工艺原理和生产实际情况，选用既先进又成熟定型的工艺流程和高效能的机台。

（2）在保证成纱质量的前提下，尽量缩短工艺流程，以减少机器的设备数量，节约设备投资。

（3）工艺流程的选择要有一定的灵活性、适应性，应能在一定范围内适应不同产品的加工要求。

（4）应能改善劳动条件，减轻劳动强度。

（二）机器设备选择原则

首先要深入实际，熟悉机器的使用性能，掌握机器供应情况，对新型机台必须了解有关鉴定资料，以便所选择的机器在技术上是可行的，在经济上是合理的，供应上又是有保证的。选择机器时，除了要掌握组织工艺过程的必要依据外，还必须注意下列各点。

（1）机器设备选择，应能适应产品加工的技术要求，并有一定的灵活性，且注意标准化、通用化、系列化。

（2）选择高产、优质、有利于提高劳动生产率的高效能机台。

（3）新型的机器设备必须是技术上成熟，且经过鉴定定型的。

（三）工艺流程及其机器配备

以 J9.7tex 精梳纯棉纱为例，其工艺流程及其机器配备如下。

FA002C 型抓棉机→FA035C 型混开棉机→SFA035D 型混开棉机→FA106 型开棉机→SFA161 型振动给棉机→FA146 型成卷机→FA201 型梳棉机→FA311 型并条机→FA331 型条并卷机→FA261 型精梳机→FA306 型并条机（×2）→FA421 型粗纱机→FA506 型棉纺环锭细纱机

（四）工艺依据及说明

1. 开清与混和

采用"多松少打，先松后打，松打交替，早落少碎"的工艺路线，在保证棉卷质量的前提下，尽可能增加机组的适应性，设置减道装置。合理配置棉箱机械，合理配置打击点数和打手形式。改善和简化工艺流程，实现连续化生产。合理选择凝棉、配棉装置，提高混棉和配棉的均匀度。

2. 梳理

（1）梳棉机选择 FA201 型梳棉机，该机是国家定型产品，它可供纯棉、中长纤维和其他纤维的加工，适应性强，产量较高，并有吸尘装置。

（2）在精梳工序中，可清除原棉中 16mm 以下的短纤维，可显著提高产品质量。在本设计中，选用 FA261 型精梳机，该机速度较快，在 200 钳次/min 以上，产量可高达 60kg/(台·h)。

（3）本设计中，精梳准备工序采用一道预并和条并卷机，这种准备工艺所用机台结构简单，对纤维伸直作用较大。选择准备工艺时，应以短流程、效果好、不粘卷为考虑要求。另外，应保证梳棉机与精梳机之间的工艺道数为偶数，从而使小卷喂入精梳机时，纤维多呈前弯钩，有利于精梳锡林梳理。

3. 并合

为了准确地控制精梳棉条质量，在精梳之前需进行一次预并，在精梳之后再进行两道并合。并条工序选用 FA306 型并条机，该机适纺纯棉/棉型化纤和涤/棉混纺产品，是目前新厂设计时普遍采用的机型。

4. 牵伸

确定纺纱工艺流程时，应考虑梳棉机、并条机、精梳机、粗纱机和细纱机的牵伸倍数、并合数与半制品线密度之间的关系。考虑到棉条中，纤维存在着弯钩现象，纺精梳棉纱时，应使梳棉和精梳工序之间的工序数为偶数。

四、选择与计算各道工序工艺参数

（一）精梳准备工艺

1. 精梳准备的工艺路线

（1）预并条→条卷。这种流程的特点是机器少，占地面积小，结构简单，便于管理和维修；但由于牵伸倍数较小，小卷中纤维的伸直平行不够，且由于采用棉条并合方式成卷，制成的小卷有条痕，横向均匀度差，精梳落棉多。

（2）条卷→并卷。其特点是小卷成形良好，层次清晰，且横向均匀度好，有利于梳理时钳板的握持，落棉均匀，适于纺细特纱。

（3）预并条→条并卷。其特点是小卷并合次数多，成卷质量好，小卷的重量不匀率小，有利于提高精梳机的产量和节约用棉。但在纺制长绒棉时，因牵伸倍数过大易发生粘卷，且此流程占地面积大。

2. 精梳准备工艺参数的选择

（1）并合数与牵伸倍数。棉条或小卷的并合数越多，越有利于改善精梳小卷的纵向及横向结构，降低精梳小卷的不匀率，并有利于不同成分纤维的充分混和。但如果在精梳小卷定量不变的情况下增加并合数，会使并条机、条卷机及条并卷联合机的牵伸倍数增大，从而增大牵伸产生的附加不匀。牵伸倍数过大，还会造成条子发毛而引起精梳小卷粘卷。各机台并合数及牵伸倍数的范围见表 1-1-1-4。

表 1-1-1-4 并合数及牵伸倍数

机　　型	预并条机	条卷机	并卷机	条并卷联合机
并合数	5～8	16～24	5～6	40～48
牵伸倍数	4～9	1.1～1.6	4～6	2.3～3

（2）精梳小卷的定量。精梳小卷的定量影响精梳机的产量与质量，增大精梳小卷定量的优点有以下几方面。

① 可提高精梳机的产量。

② 分离罗拉输出的棉网增厚，棉网接合牢度大，可减少棉网破洞、破边及纤维缠绕胶辊的现象，还有利于上、下钳板均匀握持棉网。

③ 棉丛的弹性大，钳板开口时棉丛易抬头，在分离接合过程中有利于新、旧棉网的搭接。

④ 有利于减少精梳小卷粘卷。但定量过重也会使精梳锡林的梳理负荷及精梳机的牵伸负担加重。

不同精梳机精梳小卷的定量见表 1-1-1-5。

表 1-1-1-5　精梳小卷的定量

机型	A201	FA251	FA266
定量/(g/m)	39～50	45～65	60～80

（二）精梳机的给棉与钳板工艺

1. 给棉方式

精梳机的给棉方式有两种，一种是给棉罗拉在钳板前摆时给棉，称为前进给棉；另一种是给棉罗拉在钳板后摆时给棉，称为后退给棉。选用不同的给棉方式，梳理效果、精梳落棉率及精梳条质量有很大差别。采用后退给棉时，锡林对棉丛的梳理强度比前进给棉大，这对降低棉结杂质、提高纤维伸直平行度有利，同时分界纤维长度长，精梳落棉多，棉网短绒少。

2. 给棉长度

精梳机的给棉长度是指每一精梳循环给棉罗拉的给棉长度，它对精梳机的产量及质量均有影响。当给棉长度大时，精梳机的产量高，分离罗拉输出的棉网较厚，棉网的破洞、破边减少，开始分离接合的时间提早，但会使精梳锡林的梳理负担加重而影响梳理效果，另外精梳机牵伸装置的负担也会加重。几种精梳机的给棉长度见表 1-1-1-6。

表 1-1-1-6　精梳机的给棉长度　　　　　　　　　　单位：mm

机　型	前　进　给　棉	后　退　给　棉
A201C、A201D	5.72，6.86	—
FA251A	6,6.5，7.1	5.2，5.6
FA261	5.2，5.9，6.7	4.3，4.7，5.2，5.9
SXF1269A	4.7，5.2，5.9	4.7，5.2，5.9

3. 钳板运动定时

（1）钳板最前位置定时。钳板最前位置定时是指钳板到达最前位置时的分度数，精梳机的其他定时与定位都以钳板最前位置定时为依据。不同精梳机钳板最前位置定时见表 1-1-1-7。

表 1-1-1-7　钳板最前位置定时

机　型	A201C、A201D	FA251	FA261、SXF1269A
定时/分度	24	40	24

（2）钳板闭口定时。钳板闭口定时是指上、下钳板闭合时的分度数。钳板闭口定时要与锡林梳理开始定时相配合，一般情况下，钳板闭口定时要早于或等于锡林开始梳理定时，否则锡林梳针有可能抓走纤维，使精梳落棉中的可纺纤维增多。锡林开始梳理定时见表 1-1-1-8，钳板闭口定时见表 1-1-1-9。

（3）钳板开口定时。钳板开口定时是指上、下钳板开始开启时的分度数。钳板开口定时晚时，被锡林梳理过的棉丛受上钳板钳唇的下压作用而不能迅速抬头，不能很好地与分离罗拉倒入机内的棉网进行搭接而影响分离接合质量，严重时，分离罗拉输出棉网会出现破洞与破边现象。FA266 型、F1268 型、SXF1269A 型精梳机不同落棉隔距时钳板开口见表1-1-1-9。

表1-1-1-8 FA266型、F1268型、SXF1269A型精梳机锡林开始梳理定时

落棉刻度	锡林定位/分度		落棉刻度	锡林定位/分度	
	37	38		37	38
5	35.05	35.77	9	34.65	35.32
6	34.95	35.65	10	34.55	35.23
7	34.85	35.53	11	34.45	35.12
8	34.75	35.71	12	34.35	35.01

表1-1-1-9 FA266型、F1268型、SXF1269A型精梳机钳板的开口与闭口定时

落棉刻度	闭口定时/分度	开口定时/分度	落棉刻度	闭口定时/分度	开口定时/分度
5	34.4	6.8	9	32.9	9.8
6	34.0	7.6	10	32.5	10.5
7	33.6	8.3	11	32.0	11.3
8	33.2	9.1	12	31.7	12.1

（三）精梳机的梳理与落棉工艺

1. 梳理隔距

在精梳锡林梳理的过程中，上钳板的下缘与锡林梳针间的距离称为梳理隔距。由于钳板传动采用四连杆机构，而锡林为圆周运动，故梳理隔距随时间变化，在一个工作循环中，梳理隔距的变化幅度越小，梳理负荷越均匀，梳理效果就越好。A201系列精梳机及FA251型精梳机，一般最紧点隔距为0.3~0.5mm；FA266型、F1268型、SXF1269A型精梳机最紧隔距无法调整。

2. 落棉隔距

钳板到达最前位置时，下钳板前缘到分离罗拉表面的距离称为落棉隔距。落棉隔距越大，分离隔距就越大，钳板握持棉丛的重复梳理次数及分界纤维长度就越大，故可提高梳理效果和精梳落棉率。因此，改变落棉隔距是调整精梳落棉率和梳理质量的重要手段。一般情况下，落棉隔距改变1mm，精梳落棉改变约2%。精梳机落棉刻度与落棉隔距的关系见表1-1-1-10、表1-1-1-11。

表1-1-1-10 FA261型、FA266型及F1268型精梳机落棉刻度与落棉隔距的关系

落棉刻度	5	6	7	8	9	10	11	12
落棉隔距/mm	6.34	7.47	8.62	9.78	10.95	12.14	13.34	14.55

表1-1-1-11 A201C型、A201D型精梳机落棉刻度与落棉隔距的关系

落棉刻度	10	11	12	13	14	15	16
落棉隔距/mm	8.0	8.7	9.5	10.3	11.1	12	12.7

3. 锡林定位

锡林定位也称弓形板定位，其目的是改变锡林与钳板、锡林与分离罗拉运动的配合关系，以满足不同纤维长度及不同品种的纺纱要求。锡林定位早时，锡林开始输理定时、输理

结束定时均提早，要求钳板闭合定时要早，以防棉丛被锡林梳针抓走；锡林定位晚时，锡林末排梳针通过最紧隔距点时的分度也晚，有可能将分离罗拉倒入机内的棉网抓走形成落棉。锡林定位不同时，FA261型、FA266型、SXF1269型精梳机锡林末排梳针通过最紧隔距点的分度见表1-1-1-12。

表 1-1-1-12   锡林末排梳针通过最紧隔距点的分度

锡林定位/分度	36	37	38
末排梳针通过最紧隔距点的分度	9.48	10.48	11.48

4. 顶梳高低隔距及进出隔距

顶梳的高低隔距是指顶梳在最前位置时，顶梳针尖到分离罗拉上表面的垂直距离。顶梳高低隔距共分五档，分别用 -1、-0.5、0、$+0.5$、$+1$ 表示，标值越大，顶梳插入棉丛就越深。顶梳高低隔距每增加一档，精梳落棉约增加 1%。顶梳进出隔距是指顶梳在最前位置时，顶梳针尖与分离罗拉表面的距离。顶梳进出隔距一般为 $1.5\,\mathrm{mm}$。

（四）分离结合工艺

1. 对分离罗拉顺转定时的要求

（1）分离罗拉顺转定时的确定应保证开始分离时分离罗拉的顺转速度大于钳板的前摆速度。

（2）分离罗拉顺转定时的确定原则是保证分离罗拉倒入机内的棉网不被锡林末排梳针抓走。

2. 分离刻度与分离罗拉顺转定时的关系

FA261型精梳机分离罗拉顺转定时的调整方法是改变曲柄销与 143^{T} 大齿轮（或称分离罗拉定时调节盘）的相对位置。分离罗拉定时调节盘上刻有刻度，刻度从"-2"到"$+1$"，其中以 0.5 为基本单位。分离刻度与分离罗拉顺转定时的关系见表1-1-1-13。

表 1-1-1-13   分离刻度与分离罗拉顺转定时的关系

分离刻度	$+1$	$+0.5$	0	-0.5	-1	-1.5	-2
分离罗拉顺转定时/分度	14.5	15.2	15.8	16.3	16.8	17.5	18

3. 分离罗拉顺转定时的确定

分离罗拉顺转定时应根据所纺纤维长度、锡林定位、给棉长度及给棉方式等因素确定。当采用长给棉时，由于开始分离的时间提早，分离罗拉顺转定时也应适当提早，以防在分离接合开始时钳板的前进速度大于分离罗拉的顺转速度而产生棉网头端弯钩；当纤维长度越长时，倒入机内棉网的头端到达分离罗拉与锡林隔距点时的分度数越早，易于造成棉网被锡林末排梳针抓走，因此当所纺纤维长度长时，分离罗拉顺转定时相应提早；当锡林定位晚时，锡林末排梳针通过锡林与分离罗拉隔距点的分度数推迟，分离罗拉顺转定时不能过早。

精梳纯棉纱生产工艺设计单案例见表1-1-1-14。

表 1-1-14 精梳纯棉纱生产工艺设计单案例

年　月　日

开清棉工艺流程： FA002C→SFA035C→SFA035D→FA106→SFA161→FA146

梳棉

机型	定量/(g/5m)	回潮率
A186G	20	7.0

牵伸					速度				主要隔距							
重量	机械	张力	轻重齿轮	压辊头齿轮	锡林	刺辊	道夫	盖板	小漏底进口-出口	品种 细特	定量/(g/m) 412	回潮率 8.3	棉卷长度 36.2	棉卷重量 14.9	打手速度 800	计数器 321
101.72	98.11	1.19	15	20	360	900	20	177	20×20(0.5×0.5)							
					罗拉直径	罗拉中心距	罗拉隔距		加压	刺辊-道夫 4	锡林-盖板 8,7,7,8	喇叭头口径 Φ3.5	给棉板 9			

并条

机型	定量/(g/5m)	回潮率	重量牵伸	机械牵伸	张力	后牵伸	前罗拉速度	罗拉直径	罗拉中心距	罗拉隔距	并合根数	加压/喇叭头口径
A272F（预并）	17.8	7.0	6.74	6.42	1.82		1600	40×35×35×35	12×32×6×35×32	5×10	6	Φ3.5
DYH-2C（头并）	20	7.0	9.08	9.77	1.74		1500	35×35×35×35	30×30×30×30	8×10×12	8	Φ3.4

条卷

机型	定量/(g/5m)	回潮率	重量牵伸	机械牵伸	张力	牵伸分配	并合根数	前罗拉速度	罗拉隔距	罗拉中心距	罗拉直径	小卷长度	定长齿轮	轻重齿轮
A191	48	7.0	1.335	1.336	1.029	1.178×1.08	18	310	6×8	44×46	38×38×38	1314	26	28

精梳

机型	定量/(g/5m)	回潮率	机械牵伸	重量牵伸	梳理隔距	落棉隔距	给棉量	顶梳安装角	顶梳插入深度	钳口给棉罗拉
A201	24.5	7.0	38.61	47.61	15/1000(0.4)	13/32(10.3)	5.72	0.7	6.37	25/28(22.07)

牵伸分配：棉卷辊-给棉罗拉 1.006；给棉罗拉-分离罗拉 6.37 / 5.995；分离罗拉-车面罗拉 1.098 / 1.027；车面罗拉-前罗拉 1.013 / 0.995

毛刷速度	锡林速度	风扇速度	落棉率	前罗拉速度	给棉齿数	给棉罗拉齿轮	车面条张力齿轮	罗拉中心距	横轴齿轮	圈条盘齿轮	底盘主动齿轮	罗拉直径	圈条张力齿轮	轻重齿轮	并合根数
990	135	285	19%±1%	216	4	48	42	36.575	40	35	56	31.75×25.4	36	36	6

粗纱

机型	定量/(g/10m)	回潮率	机械牵伸	重量牵伸	后牵伸	捻度	捻系数	锭翼转速	前罗拉速度	隔距块	罗拉隔距	罗拉中心距	罗拉直径	卷密
FA421	4.6	7.0	7.826	7.905	1.19	5.20	112	1063	216	2.5	8×22×25	36.5×22×25	25×25×25	4.30

细纱

机型	粗纱定量	回潮率	机械牵伸	重量牵伸	后牵伸	捻度	捻系数	锭盘直径	钢领直径	钢丝圈型号	罗拉隔距	罗拉中心距	罗拉直径	加压	锭速	前罗拉速度
FA507	4.6	8.5	48.09	49.57	1.20	125.5	391	Φ22	Φ38	6930	19×31	44×56	25×25×25	14×10×14	14096	143

备注：

【课后训练任务】

根据 GB/T 398—2008《棉本色纱线》质量要求设计以下纱线。

1. 设计规格为"J14tex，捻系数 350/330"的精梳纯棉纱生产工艺。
2. 设计规格为"J14tex，捻系数 380/340"的精梳纯棉纱生产工艺。
3. 设计规格为"J9.8tex，捻系数 380/330"的精梳纯棉纱生产工艺。
4. 设计规格为"J9.8tex，捻系数 362/334"的精梳纯棉纱生产工艺。
5. 设计规格为"J7.5tex，捻系数 390/350"的精梳纯棉纱生产工艺。
6. 设计规格为"J7.5tex，捻系数 385/345"的精梳纯棉纱生产工艺。
7. 设计规格为"J14tex×2，捻系数 365/340"的精梳纯棉纱线生产工艺。
8. 设计规格为"J14tex×2，捻系数 360/345"的精梳纯棉纱线生产工艺。
9. 设计规格为"J7.5tex×2，捻系数 350/330"的精梳纯棉纱线生产工艺。
10. 设计规格为"J18.5tex×2，捻系数 378/340"的精梳纯棉纱线生产工艺。

任务二 精梳涤/棉混纺纱线生产工艺设计

一、接受生产任务单

表 1-1-2-1 是某棉纺企业纺纱车间接到的生产任务单案例。

表 1-1-2-1 涤/棉混纺纱线生产任务单案例

品名	涤/棉 65/35 J14tex×2 混纺纱线		
生产数量	30t	上机时间	××××年××月××日
批号	××××××	产品用途	涤/棉混纺织物
质量要求	符合 GB/T 5324—2009《精梳涤/棉混纺本色纱线》的规定		

制单人签名：×××   复核人签名：×××   日期：××××年××月××日

二、确定原料和配棉方案

棉纤维的配棉方案确定如第一项目任务一所述。涤纶的选配尽量采用同一批次的棉型涤纶，并保证接批使用的棉型涤纶性能基本一致。

三、确定工艺流程与选择机器设备

棉：FA006C 型抓棉机→FA103 型双轴流开棉机→FA028 型多仓混棉机→FA109 型清棉机→FA151 型除微尘机→FA141 型成卷机→FA231 型梳棉机→FA311 型条卷机×2→FA266 型精梳机→

涤：FA002A 抓棉机×2→FA051 型凝棉器→FA028 型多仓混棉机→FA111 型开棉机→FA134 型给棉机→FA141 型成卷机→FA231 型成卷机→FA311 型预并条机→

涤/棉：→FA311 型并条机×3→FA458 型粗纱机→FA506 型细纱机→GA015 型络筒机→FA702 型并纱机→FA721 型捻线机

四、选择与计算各道工序工艺参数

1. 选择半制品线密度

根据原料的种类、性能和细纱线密度选择的各工序半制品的线密度见表 1-1-2-2。

表 1-1-2-2　各工序半制品和细纱的线密度

设备名称	涤纶			棉					涤/棉					
	FA141型成卷机	FA231型梳棉机	FA311型预并条机	FA141型成卷机	FA231型梳棉机	FA311型预并条机	FA331型条卷机	FA266型精梳机	FA311型并条机(混1、2、3)	FA458型粗纱机	FA506型细纱机	GA015型络筒机	FA702型并纱机	FA721型捻线机
线密度/tex	400000	3600	3405	380000	3400	3200	44000	3303	3300	448	14	14	14×2	14×2
并合根数	—	1	8	—	1	8	20	4	8 8 8	—	—	—	2	2
牵伸倍数	—	111.11	8.45	—	111.76	8.5	1.45	53.28	8.16 8 8	7.36	32	—	—	—

2. 计算牵伸倍数

本工序牵伸倍数＝上工序半制品线密度×本工序并合数/本工序半制品线密度

3. 计算捻度

（1）选择粗纱和细纱的捻系数。粗纱和细纱的捻系数与产量有密切关系，一般根据纤维长度、纱条定量及纱线品种等因素进行选择。粗纱捻系数选择 60，经纱的细纱捻系数为 361，纬纱的细纱捻系数为 352。

（2）计算捻度。

$$T_t = \frac{\alpha}{\sqrt{Tt}}$$

$$粗纱捻度 = \frac{60}{\sqrt{448}} = 2.83（捻/10cm）$$

$$经纱捻度 = \frac{361}{\sqrt{14}} = 96.52（捻/10cm）$$

$$纬纱捻度 = \frac{352}{\sqrt{14}} = 94.12（捻/10cm）$$

式中：T_t——粗纱捻度，捻/10cm；

α——捻系数；

Tt——棉卷线密度，tex。

4. 计算前罗拉速度

（1）粗纱机前罗拉速度 $n_前$。

$$n_前 = \frac{n_s \times 1000}{10 T_t \pi d_0}$$

式中：d_0——前罗拉直径，mm；

n_s——锭子转速，r/min；

T_t——粗纱捻度，捻/10cm。

当 $d_0 = 28mm$ 时，

$$n_前 = \frac{800 \times 1000}{10 \times 2.83 \times 3.14 \times 28} = 322（r/min）$$

（2）细纱机前罗拉速度 $n_前$。

$$n_前 = \frac{n_s \times 1000}{10 T_t \pi d_0 (1-s)}$$

式中：d_0——前罗拉直径，mm；

   n_s——锭子转速，r/min；

   T_t——细纱捻度，捻/10cm；

   s——捻缩率，%。

捻系数为 361 时，$s=2.37\%$；捻系数为 352 时，$s=2.26\%$。

经纱：
$$n_{前}=\frac{15600\times1000}{10\times96.52\times3.14\times25\times(1-2.37\%)}=211(r/min)$$

纬纱：
$$n_{前}=\frac{15200\times1000}{10\times94.12\times3.14\times25\times(1-2.26\%)}=210(r/min)$$

各工序机器速度是根据加工纤维种类、机器型号和纺纱线密度等因素进行选择的，详细数据见表 1-1-2-3。

表 1-1-2-3　各工序机器输出机件设计速度

设备名称	涤纶			棉					涤/棉混纺				
	FA141	FA231	FA311	FA141	FA231	FA311	FA331	FA266	FA311	FA458	FA507	GA015	FA702	FA721
转速/(r/min)	12	28	—	13	30	—		200	—	800	15600(经) 15200(纬)	—	—	85
线速度/(m/min)	—	—	260	—	—	300	60		300	—		607	250	

五、计算各道工序的台时产量

1. 清棉机理论产量

$$清棉机理论产量=\frac{60\pi dnT_t}{1000\times1000\times1000}\times(1+伸长率)$$

式中：d——棉卷罗拉直径，mm；

   n——棉卷罗拉转速，r/min；

   T_t——棉卷线密度，tex。

涤：$\dfrac{60\times3.14\times230\times12\times400000}{1000\times1000\times1000}\times(1+3.5\%)=207.99[kg/(h\cdot台)]$

棉：$\dfrac{60\times3.14\times230\times13\times380000}{1000\times1000\times1000}\times(1+3.5\%)=221.55[kg/(h\cdot台)]$

时间效率取 87%，清棉机的定额产量如下。

涤：$207.99\times87\%=180.9[kg/(h\cdot台)]$

棉：$221.55\times87\%=192.7[kg/(h\cdot台)]$

2. 梳棉机理论产量

$$梳棉机理论产量=\frac{60\pi dnET_t}{1000\times1000\times1000}$$

式中：d——道夫直径，mm；

   n——道夫转速，r/min；

   T_t——棉（涤）条线密度，tex；

   E——道夫至圈条之间牵伸倍数。

涤：$\dfrac{60\times3.14\times706\times28\times1.45\times3600}{1000\times1000\times1000}=19.44[kg/(h\cdot台)]$

棉：$\dfrac{60\times3.14\times706\times30\times1.45\times3400}{1000\times1000\times1000}=19.67[kg/(h\cdot台)]$

时间效率取 90%，则梳棉机的定额产量如下。

涤：$19.44 \times 90\% = 17.5 [\text{kg/(h·台)}]$

棉：$19.67 \times 90\% = 17.7 [\text{kg/(h·台)}]$

3. 并条机理论产量

$$并条机理论产量 = \frac{60v\text{Tt}}{1000 \times 1000}$$

式中：v——前罗拉线速度，m/min；

  Tt——棉（涤）条线密度，tex。

（1）预并。

涤：$\dfrac{60 \times 260 \times 3405}{1000 \times 1000} = 53.11 [\text{kg/(h·眼)}]$

棉：$\dfrac{60 \times 300 \times 3200}{1000 \times 1000} = 57.60 [\text{kg/(h·眼)}]$

时间效率取 80%，则预并条机的定额产量如下。

涤：$53.11 \times 80\% = 42.48 [\text{kg/(h·眼)}]$

棉：$57.6 \times 80\% = 46.08 [\text{kg/(h·眼)}]$

（2）混并条理论产量。

$$混并条理论产量 = \frac{60 \times 300 \times 3300}{1000 \times 1000} = 59.40 [\text{kg/(h·眼)}]$$

时间效率取 80%，则混并条机的定额产量为 $59.40 \times 80\% = 47.52 [\text{kg/(h·眼)}]$。

4. 条卷机理论产量

$$条卷机理论产量 = \frac{60v\text{Tt}}{1000 \times 1000}$$

$$= \frac{60 \times 60 \times 44000}{1000 \times 1000} = 158.4 [\text{kg/(h·台)}]$$

式中：v——成卷罗拉线速度，m/min；

  Tt——小卷线密度，tex。

时间效率取 75%，则卷条机的定额产量为 $158.4 \times 75\% = 118.8 [\text{kg/(h·台)}]$。

5. 精梳机理论产量

$$精梳机理论产量 = \frac{60lna(1-c)\text{Tt}}{1000 \times 1000 \times 1000}$$

$$= \frac{60 \times 5.6 \times 200 \times 8 \times (1-15\%) \times 44000}{1000 \times 1000 \times 1000} = 20.1 [\text{kg/(h·台)}]$$

式中：l——给棉长度，mm；

  Tt——小卷线密度，tex；

  n——精梳机锡林转速，r/min；

  a——每台眼数；

  c——精梳落棉率，%。

时间效率取 90%，则精梳机的定额产量为 $20.1 \times 90\% = 18.1 [\text{kg/(h·台)}]$。

6. 粗纱机理论产量

$$粗纱机理论产量 = \frac{60n\text{Tt}}{10T_t \times 1000 \times 1000}$$

$$= \frac{60 \times 800 \times 448}{10 \times 2.83 \times 1000 \times 1000} = 0.76 [\text{kg/(h·锭)}]$$

式中：n——锭子转速，r/min；

Tt——粗纱线密度，tex。

T_t——粗纱捻度，捻/10cm。

时间效率取 75%，则粗纱机的定额产量为 0.759×75%＝0.569[kg/(h·锭)]。

7. 细纱机理论产量

$$细纱机理论产量＝\frac{60n\text{Tt}}{10\,T_t×1000×1000}$$

式中：n——锭子转速，r/min；

Tt——细纱线密度，tex；

T_t——细纱捻度，捻/10cm。

经纱：$\dfrac{60×15600×14}{10×96.52×1000×1000}＝0.01357[\text{kg/(h·锭)}]$

纬纱：$\dfrac{60×15200×14}{10×94.12×1000×1000}＝0.01356[\text{kg/(h·锭)}]$

时间效率经纱取 97%，则细纱机的定额产量如下。

经纱：0.01357×97%＝0.01316[kg/(h·锭)]

0.01316×1000＝13.16[kg/(h·千锭)]

纬纱：0.01356×97%＝0.01315[kg/(h·锭)]

0.01315×1000＝13.15[kg/(h·千锭)]

8. 络筒机理论产量

$$络筒机理论产量＝\frac{60v\text{Tt}}{1000×1000}＝\frac{60×607×14}{1000×1000}＝0.51[\text{kg/(h·锭)}]$$

式中：v——槽筒线速度，m/min；

Tt——络纱线密度，tex。

时间效率取 85%，则络筒机的定额产量为 0.51×85%＝0.434[kg/(h·锭)]。

9. 并纱机理论产量

$$并纱机理论产量＝\frac{60×250×14×2}{1000×1000}＝0.42[\text{kg/(h·锭)}]$$

时间效率取 85%，并纱机的定额产量为 0.42×85%＝0.357[kg/(h·锭)]。

10. 捻线机理论产量

$$捻线机理论产量＝\frac{60×3.14×45×85×14×2}{1000×1000×1000}＝0.020[\text{kg/(h·锭)}]$$

时间效率取 90%，捻线机的定额产量为 0.020×90%＝0.018[kg/(h·锭)]。

涤/棉混纺纱生产工艺设计单案例见表 1-1-2-4。

表 1-1-2-4　涤/棉混纺纱生产工艺设计单案例

工序名称	线密度	并合数	牵伸	捻系数	捻度/(捻数/10cm)	锭数/(r/min)	输出罗拉速度/(r/min)	输出罗拉直径/mm	每锭/台/头/眼理论产量/[kg/(h·台·眼·锭)]	时间效率/%	每锭/台/头/眼定额产量/[kg/(h·台·眼·锭)]	总生产量/(kg/h)
						涤						
清棉	400000						12	230	207.99	87	180.9	99.50
梳棉	3600	1	111.11				28	706	19.44	90	17.49	95.04
预并	3405	8	8.45				260	50	53.11	80	42.48	94.46

续表

工序名称	线密度	并合数	牵伸	捻系数	捻度/(捻数/10cm)	锭数/(r/min)	输出罗拉速度/(r/min)	输出罗拉直径/mm	每锭/台/头/眼理论产量/[kg/(h·台·眼·锭)]	时间效率/%	每锭/台/头/眼定额产量/[kg/(h·台·眼·锭)]	总生产量/(kg/h)
棉												
清棉	38000						13	230	221.55	87	192.7	71.14
梳棉	3400	1	111.76				30	706	19.67	90	17.70	66.09
预并	3200	8	8.5				300	50	57.6	75	46.08	65.80
条卷	44000	20	1.45				60		158.4	75	118.8	65.52
精梳	3303	4	53.28				200		20.1	90	18.1	55.00
涤/棉(65/35)												
混一	3300	8	8.16				300	50	59.40	80	47.52	147.46
混二	3300	8	8				300	50	59.40	80	47.52	147.46
混三	3300	8	8				300	50	59.40	80	47.52	147.46
粗纱	448	1	7.36	60	2.83	800	322	28	0.759	75	0.569	146.74
细纱	14	1	32	361	96.52	15600	211	25	0.01357	97	0.01316	144
络筒	14	1					607		0.510	85	0.434	143.86
并纱	14×2	2					250		0.420	85	0.357	143.86
捻线	14×2	2				8600	85	45	0.020	90	0.018	143.42

【课后训练任务】

根据 GB/T 5324—2009《精梳涤/棉混纺本色纱线》质量要求设计以下纱线。

1. 设计规格为"涤/棉（65/35）J14tex 捻系数 350/330"的精梳涤/棉混纺纱生产工艺。
2. 设计规格为"涤/棉（35/65）J14tex 捻系数 380/340"的精梳涤/棉混纺纱生产工艺。
3. 设计规格为"涤/棉（65/35）J9.8tex 捻系数 380/330"的精梳涤/棉混纺纱生产工艺。
4. 设计规格为"涤/棉（35/65）J9.8tex 捻系数 362/334"的精梳涤/棉混纺纱生产工艺。
5. 设计规格为"涤/棉（65/35）J7.5tex 捻系数 390/350"的精梳涤/棉混纺纱生产工艺。
6. 设计规格为"涤/棉（35/65）J7.5tex 捻系数 385/345"的精梳涤/棉混纺纱生产工艺。
7. 设计规格为"涤/棉（65/35）J14tex×2 捻系数 365/340"的精梳涤/棉混纺纱线生产工艺。
8. 设计规格为"涤/棉（35/65）J14tex×2 捻系数 360/345"的精梳涤/棉混纺纱线生产工艺。
9. 设计规格为"涤/棉（65/35）J7.5tex×2 捻系数 350/330"的精梳涤/棉混纺纱线生产工艺。
10. 设计规格为"涤/棉（65/35）J18.5tex×2 捻系数 378/340"的精梳涤/棉混纺纱线生产工艺。

第二项目 毛纺典型工艺设计

技术知识点

1. 毛条制造与精梳毛纺工艺流程的确定方法。
2. 毛条制造与精梳毛纺各道工序的工艺因素。
3. 毛条制造与精梳毛纺各道工艺参数的确定依据、原则与方法。
4. 毛条制造与精梳毛纺各道工序台时产量的计算方法。
5. 毛条制造与精梳毛纺工艺设计单的内容及其表达方法。

任务一　自梳澳毛毛条生产工艺设计

一、接受生产任务单

生产任务一般采用生产任务单的形式由企业的厂部下达给车间，表 1-2-1-1 是某企业毛条制造车间接到的生产任务单案例。

表 1-2-1-1　毛条生产任务单案例

品　　名	品质支数 80 支自梳澳毛毛条		
生产数量	42t	上机时间	××××年××月××日
批　　号	××××××	产品用途	针织纯羊毛纱
质量要求	符合 FZ/T 21001—2009《自梳外毛毛条》的规定		

制单人签名：×××　　　　　复核人签名：×××　　　　　日期：××××年××月××日

二、选择原料种类

根据成品毛条的种类选择毛条生产原料，例如，需生产 80 支澳毛毛条，则该毛条的成分要求为澳毛，羊毛品质支数要求为 80。

三、确定工艺流程

毛条制造工艺流程取决于企业制条车间配备的生产设备，目前精梳毛条通用的国产生产设备所决定的工艺流程如下。

和毛加油→梳毛→头道针梳→二道针梳→三道针梳→精梳→四道针梳 →末道针梳

四、确定各道加工设备

产品生产应选择企业中现有的设备，表 1-2-1-2 是目前通用的精梳毛条国产生产线的配套设备。

表 1-2-1-2　毛条生产设备配套

工序	和毛	梳毛	头道针梳	二道针梳	三道针梳	精梳	四道针梳	末道针梳
设备型号	B262	B272	B302	B303	B304	B311C	B305	B306

五、设计初始工艺参数

毛条制造工艺的设计，首先需要确定梳毛工序、三道针梳工序以及末道针梳工序要求的出条重量，为后续其他工艺参数的设计提供基础。

梳毛机出条重量根据原料种类确定，减轻出条重量可以减少要求的喂入量，从而使纤维得到充分梳理，有利于减少毛粒的形成。羊毛越细越容易形成毛粒，以梳毛条重量适当轻些为宜，一般细羊毛的梳毛条重量为 12～15g/m。

三道针梳工序的出条重量一般为 7～12g/m，以满足后道精梳工序的加工要求，喂入精梳机的毛条不能太粗，否则会因毛层太厚导致钳板钳不住而产生拉毛现象。

末道针梳工序具体的出条重量应符合相应成品毛条的质量规定。

六、设计过程工艺参数

（一）确定设备加工速度

毛条制造设备加工速度的确定以原料种类为依据，以"在保证并提高毛条质量的前提下提高生产效率、提高制成率"为原则。

1. 和毛机锡林转速

为降低纤维损伤程度，和毛机锡林转速一般选择最低一档。

2. 梳毛机锡林转速

精纺梳毛机锡林转速取决于设备种类，B272型梳毛机锡林转速为144r/min。

3. 针梳机前罗拉线速度

针梳机前罗拉线速度应根据相应设备允许的能力以及出条重量和产量要求确定。交叉式针梳机取决于电动机两皮带盘直径的搭配情况和牵伸倍数，查相应设备的"牵伸倍数与工作速度表"确定。

4. 精梳机圆梳转速

圆梳转速影响到产量与圆梳梳理力的大小，根据原料种类从相应设备的"圆梳转速表"中选择电动机皮带盘直径。

（二）确定梳毛速比

1. 道夫速比

道夫速比是指大锡林与道夫之间的线速度之比，主要影响混和均匀效果与梳毛机产量。减小道夫速比，使纤维转移到道夫表面的机会增大，从而使纤维随锡林返回的可能性减小，混和均匀效果降低，但梳毛机的产量得到提高；增大道夫速比，将使纤维转移到道夫表面的机会减少，从而使纤维随锡林返回的可能性增大，混和均匀，梳毛效果提高，但梳毛机的产量随之降低。道夫速比的确定应参考生产经验资料，道夫速比的计算如下。

$$\frac{v_{锡}}{v_{道}} = \frac{606}{Z_1}$$

式中：Z_1——道夫变化齿轮（$38^T \sim 60^T$）。

2. 工作辊速比

工作辊速比是指大锡林与工作辊之间的线速度之比，决定着分梳效果并影响着原料的混和均匀程度。减小工作辊速比，梳理力降低，不利于原料的分梳，易形成毛粒，但使纤维转移到工作辊表面的机会增大，混和均匀效果提高；增大工作辊速比，虽然提高了分梳效果、降低了毛粒形成的可能性，但容易导致纤维断裂，且使纤维转移到工作辊表面的机会减少，混和均匀效果降低。工作辊速比应根据原料线密度并结合生产经验确定。加工细羊毛时，为防止羊毛断裂，以适当减小工作辊速比为宜。工作辊速比的计算如下。

$$\frac{v_{锡}}{v_{工}} = \frac{85380}{Z_1 Z_4}$$

式中：Z_4——工作辊变化齿轮（$34^T \sim 44^T$）；

$v_{锡}$——大锡林线速度，m/min；

$v_{工}$——工作辊线速度，m/min。

（三）确定喂入量

1. 和毛工序喂毛量的确定

和毛工序喂毛量取决于设备允许范围，B262 型和毛机允许的喂毛量为 1000～1500kg/h。

2. 梳毛工序称毛量的计算

梳毛工序称毛量的计算利用下式进行。

$$q=\frac{g v_{圈}}{60} T \times (1+\varphi)$$

式中：q——称毛量，g/斗；

$\quad\quad g$——出条重量，g/(m·根)；

$\quad\quad v_{圈}$——圈条压辊线速度，m/min；

$\quad\quad \varphi$——梳毛工序消耗率，%；

$\quad\quad T$——喂毛周期，s。

采用 B272 系列梳毛机加工时：

$$v_{圈}=0.694 \times \frac{Z_1 Z_3}{Z_2}$$

式中：Z_2——圈条压辊变换齿轮（25^T、26^T）；

$\quad\quad Z_3$——圈条压辊变换齿轮（45^T、46^T、47^T）。

采用 B272 系列梳毛机加工时：

$$T=\frac{60}{0.065 Z_5}$$

式中：Z_5——喂毛变化齿轮（48^T～54^T）。

3. 精梳工序喂入长度的确定

精梳机喂入长度直接影响梳理质量与产量，增加喂入长度有利于提高产量，但同时也增加了梳理负荷，易产生拉毛现象并降低制成率。喂入长度取决于原料的规格类型，实际喂入长度还需考虑原料的软硬程度、喂毛罗拉表面状况及其加压大小进行修正，当纤维较为柔软、罗拉表面状况正常、罗拉加压较大时，修正值取大些。具体数据可从相应设备的"喂入长度表"中选择。同时应查出对应的喂毛棘轮齿数，以备工艺上机之所需。

4. 各道工序喂入根数的确定

针梳机与精梳机喂入根数不能超过相应设备允许的最大喂入量与最多喂入根数，在设备能力允许的前提下尽量用足喂入根数，有利于提高原料混和均匀度与下机毛条条干均匀度。

（四）确定出条重量、牵伸倍数与并合根数

1. 精梳工序

精梳机出条重量取决于三道针梳工序下机毛条的单根重量（即喂入单根重量）与喂入根数、每次喂入长度、有效拔取长度及制成率，精梳机出条重量控制在 17～20g/m 为宜。加工细羊毛时一般为 17～18g/m，加工粗长羊毛时一般为 19～20g/m。

精梳机的牵伸倍数包括工艺牵伸倍数与机械牵伸倍数。在毛条制造的精梳过程中，因去除不适合精纺要求的短纤维及前加工所产生的毛粒而导致原料的消耗，使制成率较低，所以精梳工艺牵伸倍数总是不同程度地大于机械牵伸倍数。

精梳机的并合根数即喂入根数，不能超过精梳机导条孔板的导条孔数，喂入根数尽量用足，以强化横向的混和作用。由喂入根数与三道针梳出条重量所决定的喂入量一般控制在 200g/m 左右。

（1）理论依据。精梳机工艺牵伸倍数的计算如下。

$$E_{工艺} = \frac{g_{喂}\ m}{g_{出}}$$

式中：$E_{工艺}$——工艺牵伸倍数；

　　　$g_{喂}$——单根喂入重量，g/m；

　　　$g_{出}$——出条重量，g/m；

　　　m——喂入根数。

精梳机机械牵伸倍数的计算如下。

$$E_{机械} = \frac{L_{拔} - L_{退}}{L_{喂}}$$

式中：$E_{机械}$——机械牵伸倍数；

　　　$L_{拔}$——拔取长度，mm；

　　　$L_{退}$——退出长度，mm；

　　$L_{拔} - L_{退}$——有效拔取长度，mm；

　　　$L_{喂}$——喂入长度，mm。

（2）实用计算式。工艺设计时，精梳机出条重量的计算如下。

$$g_{出} = \frac{g_{喂}\ mZL_{喂}}{L_{拔} - L_{退}}$$

式中：Z——制条精梳工序制成率，%。

当采用 B272 系列梳毛机加工时，$L_{拔} = 3.634 ×$ 弧形标尺刻度值。

（3）重要提醒。在拔取长度与退出长度的确定中，使有效拔取长度（$L_{拔} - L_{退}$）为拔取长度的三分之一左右、退出长度为拔取长度的三分之二左右，有利于提高毛片搭接质量，从而有利于提高毛网厚度均匀度。

2. 针梳工序

确定出条重量、牵伸倍数与并合根数分两段进行。首先，根据相应的成品毛条标准，基于末道针梳工序所要求的出条重量，由后向前逐道进行整条针梳工艺的设计，四道针梳所要求的单根喂入重量必须与设计的精梳工序下机毛条重量一致，否则进行针梳工艺参数的调整；再基于已确定的三道针梳出条重量，由后向前逐道进行理条针梳工艺的设计，头道针梳所要求的单根喂入重量必须与设计的梳毛工序下机毛条重量一致，否则进行针梳工艺参数的调整。各道出条重量的设计值不能超出相应设备的允许范围。

牵伸倍数应根据所用设备的牵伸能力、原料的性能状态和产品的质量要求而定。各道工序的牵伸倍数不能超出相应设备的允许范围，且必须是"能够实现的牵伸值"，即所确定的各工序牵伸倍数必须是在相应设备的"牵伸倍数与工作速度表"或"牵伸变换表"中存在的。牵伸倍数确定后，根据相应设备的"牵伸倍数与工作速度表"或"牵伸变换表"查出对应的牵伸变换齿轮，以备工艺上机之所需。理条针梳牵伸倍数的配置由小至大变化，尤其是第一、第二道针梳的牵伸倍数以小些为宜，否则易形成毛粒；由于精梳机下机毛条中纤维集束现象严重，过大的牵伸倍数容易恶化纤维条条干，整条针梳牵伸倍数的配置也以由小至大为宜。国产毛条制造针梳设备的牵伸倍数见表1-2-1-3。

表 1-2-1-3 国产毛条制造针梳设备牵伸倍数

工 序	理条针梳			整条针梳	
	B302	B303	B304	B305	B306
牵伸倍数配置	5～6(<6)	6～7	7.5～8.5(>7)	7 左右(≥6.5)	8 左右

并合根数与出条重量、牵伸倍数直接相关，尽量合理分配。工艺设计时必须注意，由并合根数所决定的喂入根数不能超过相应设备允许的最多喂入根数，喂入根数尽量用足，以强化横向混和与匀整条干的作用；同时，由喂入根数与前道出条重量所决定的喂入量不能超过相应设备允许的最大喂入量，由于理条针梳机加工的半制品毛条中纤维伸直平行度较差，所以喂入量不宜过大，否则将恶化条干、增加毛粒。

（1）理论依据。纺纱加工过程中，各道工序之间存在如下的关系：本道喂入的纤维条即前道输出的纤维条、本道输出的纤维条即后道喂入的纤维条。各道牵伸倍数与相关工艺因素之间的参数关系见下式。

$$E_{本}=\frac{m_{喂}g_{前}}{m_{出}g_{本}}=n_{本}\times\frac{g_{前}}{g_{本}}$$

式中：$E_{本}$——本道总牵伸倍数（查表选择）；

$m_{喂}$——本道喂入根数（选择）；

$m_{出}$——本道出条根数（由设备决定）；

$n_{本}$——本道并合根数；

$g_{前}$——要求的前道出条重量，即本道要求喂入的单根重量，g/m；

$g_{本}$——要求的本道出条重量，即后道要求喂入的单根重量，g/m。

上式中的 $E_{本}$ 以初步设计的牵伸值为依据，从本道设备的"牵伸变换表"中查得最近值（可行牵伸值），保证有对应的牵伸变换齿轮；$m_{喂}$ 一般不能超过本道设备允许的最多喂入根数，最多喂入根数从本道设备的"技术特征表"中查得；$m_{出}$ 由本道设备的结构决定，从本道设备的"技术特征表"中查得；$g_{前}$、$g_{本}$ 必须是在相应设备允许的范围内，在选择、确定了牵伸倍数 $E_{本}$、并合根数 $n_{本}$ 的基础上，根据已经计算的 $g_{本}$ 进一步推算前道要求的出条重量 $g_{前}$，并从前道设备的"技术特征表"中查得允许的出条重量范围，即必须检验前道出条重量 $g_{前}$ 的可行性；$m_{喂}g_{前}$ 是本道实际喂入量，不能超过本道设备允许的最大喂入量，从本道设备的"技术特征表"中查得允许的最大喂入量，工艺设计过程中还必须检验 $m_{喂}g_{前}$ 是否在本道设备允许范围内。

（2）实用计算式。要求的前道针梳机出条重量利用下式进行计算。

$$g_{前}=\frac{E_{本}g_{本}}{n_{本}}$$

工艺设计时，各工艺因素的下标可用相应设备型号表示，如在设计二道针梳工序的工艺过程中，可以下式表示。

$$g_{B302}=\frac{E_{B303}g_{B303}}{n_{B303}}$$

其他依此类推。

注意：在设计末道针梳工序的工艺过程中，其出条重量等于相应毛条标准所规定的成品毛条重量。

（3）重要提醒。确定出条重量、牵伸倍数与并合根数的过程中，必须及时检验三个数据。

① 及时检验 由确定的并合根数 n 所决定的喂入根数 $m_{喂}$ 是否满足少于或等于本道设备

允许的最多喂入根数（最多并合根数×出条根数）的要求。

② 及时检验 计算所得的前道出条重量 $g_{前}$ 是否满足轻于或等于前道设备允许的最大出条重量 [g/(m·根)] 的要求。

③ 及时检验 本道喂入重量（$m_{喂}g_{前}$）是否满足轻于或等于本道设备允许的最大喂入量（g/m）的要求。

（五）确定牵伸前钳口压力

针梳机牵伸前钳口压力的确定以原料种类为依据，加工羊毛时一般为 0.8～1.0MPa（8～10kgf/cm²）；加工化纤时，因牵伸力较大而需要前钳口压力适当大些，一般为 1.0～1.2MPa（10～12kgf/cm²）。

（六）确定隔距

1. 和毛隔距

和毛隔距取决于纺纱系统，毛条制造时选用 B262 型和毛机专用于精纺加工时的配套隔距。

2. 梳毛隔距

梳毛隔距的确定首先应考虑原料的细度类型，细而卷曲的羊毛不易梳理，采用较小的梳理隔距有利于加强梳理作用；其次，考虑作用区的类型，分梳作用区是全机最基本的作用区，应重点把关；此外，还应考虑原料在梳毛机内的运动方向，由机后往机前，随着纤维平行伸直度的提高，梳理隔距逐渐减小为宜。具体数据查相应设备的"隔距配置表"。

3. 针梳隔距

（1）牵伸总隔距。牵伸总隔距主要取决于原料的长度分布，根据羊毛的交叉长度确定。总隔距在一定范围内变化对纤维条条干的影响不明显，因此不常改变，除非纤维长度分布有明显改变。

交叉式针梳机的牵伸总隔距为羊毛交叉长度的 2.4～2.7 倍。

（2）牵伸前隔距。牵伸前隔距直接影响毛条质量，前隔距太大，牵伸无控制区就太大，易因纤维扩散而影响条干均匀度，并易使毛条表面发毛；前隔距太小，则容易损伤纤维并易形成毛粒。牵伸前隔距根据纤维条结构、羊毛的巴布长度 B 及其长度离散系数 CV_B（%）、短纤维含量情况确定。精梳之前的理条针梳过程中，纤维平行伸直度较低且含有未被去除的短纤维，前隔距小些为宜，一般为 35mm；精梳之后的整条针梳过程中，纤维平行伸直度较高且所含的短纤维已被去除，前隔距适当放大为宜，一般为 40mm。

4. 精梳拔取隔距

拔取隔距是精梳机的一个重要工艺参数，直接影响到精梳落毛的长度与精梳落毛率的高低。拔取隔距的确定主要取决于原料长度，加工较长纤维时适当大些，加工较短纤维时适当小些。此外，拔取隔距还应根据毛网质量与制成率的要求进行调节。具体数据参考生产经验资料。

（七）确定张力牵伸倍数

张力牵伸有前张力牵伸与后张力牵伸。对于不同的设备，加工时张力牵伸的实际含义有所不同。张力牵伸不会导致纤维条的真正牵伸，即不会导致纤维条的"抽长拉细"，只会影响相应段纤维条的松紧状态（张紧程度）。因此，张力牵伸倍数应以保证相应段纤维条获得要求的松紧状态为原则，根据原料的种类与纤维条的重量参考生产经验资料进行选择。且必须是相应设备"张力牵伸变换表"中可以查到的，即有对应的张力变换齿轮。

对于圈条卷装的交叉式针梳机，前张力牵伸是指纤维条在牵伸前钳口至出条辊钳口再至圈条辊钳口之间所受的张力。对于毛球卷装的交叉式针梳机，前张力牵伸是指纤维条在牵伸前钳口至卷绕滚筒卷绕点之间所受的张力。交叉式针梳机的后张力牵伸是指纤维条在牵伸后钳口至针板之间所受的张力。针梳机后张力牵伸倍数一般在 0.85～1，应使纤维在进入针板区域之前处于适当松弛的状态，以利于针板钢针刺入纤维层，减少纤维的损伤。但后张力牵伸倍数不能太小，否则会由于纤维过于松弛而使纤维层浮于针面而得不到有效梳理。

（八）选择梳理机件规格

1. 针板密度

交叉式针梳机的针板密度（单位：根/英寸），根据原料的种类、细度与长度、所在道数进行选择。针板针密越大，针齿越细密。一般，在加工羊毛时比加工化纤时大些，加工细纤维时比加工粗纤维时大些，加工短纤维时比加工长纤维时大些，针区负荷小时比针区负荷大时大些。另外，随着纤维平行伸直度的不断提高，针梳机针板密度应逐道增大，以加强对纤维的控制作用，具体数据查相应设备的"针板规格表"。

2. 圆梳与顶梳规格

精梳机圆梳和顶梳的规格包括针号与针密，根据原料的细度类型与排列状态进行选择。圆梳上第一排至第九排梳针的规格一般不变，第十排至第十九排梳针的规格由小至大顺序变化，具体数据查相应设备的"圆梳规格表"与"顶梳规格表"。

七、计算加油量

和毛时羊毛的加油量应根据洗净毛残脂率和相应的成品毛条标准中规定的含油率要求确定，洗净毛残脂率一般在 0.6% 左右，若成品毛条含油率规定在 1.2%～1.5%，则加油率应为 0.6%～0.9%，合成纤维的抗静电剂用量一般为 0.25%～0.3%。

八、计算原料耗用量

利用下式计算毛条制造的原料耗用量。

$$G_{原料} = \frac{G_{毛条}}{Z_{制条}}$$

式中：$G_{原料}$——需要的洗净毛耗用量，kg；

$\quad\quad G_{毛条}$——要求的毛条生产数量，kg；

$\quad\quad Z_{制条}$——毛条制造全程制成率，%。

毛条制造全程制成率为其工艺流程上各道工序制成率的乘积。各道工序制成率参考生产企业的实际经验数据，见表 1-2-1-4。

表 1-2-1-4 毛条制造各道工序制成率参考数据

工序	和毛	梳毛	针梳	精梳
制成率/%	99	90	99	85～90

九、计算各道台时产量

台时产量又称机器生产率。计算各道台时产量时，在已知相关工艺参数的基础上，还需确定所用设备的时间效率。设备的时间效率是指设备在生产过程中，实际运转时间与理论运转时间之比的百分率。时间效率的具体值受到以下几个环节所需时间的影响：产品生产所需的基本工艺时间，接头、落纱与换筒等所需的辅助工艺时间；停车清扫及调换皮辊、皮圈、齿轮和加油与修理坏车等一轮班准备工作所需的停车时间；因多机台同时停车，操作工只能处理一台设备而导致其他机台重叠停车所需的停车时间；在细纱机和捻线机运转过程中，除断头时相应纺纱单元的加工影响设备的产量外，空锭子的存在也影响着设备的产量。可见，影响设备时间效率的因素很多，考虑到在实际计算过程中可能由于技术的熟练程度不同而产生较大的差异，因此，在多数情况下，一般采用统计数据。表 1-2-1-5 是国产毛条制造设备时间效率 K 的参考数据。实际生产中，应考虑影响时间效率的各种实际因素与技术水平，合理选择。

表 1-2-1-5　国产毛条制造设备时间效率 K 的参考数据

设备名称	梳毛机	针梳机	精梳机
时间效率/%	85~90	80~85	75~80

1. 和毛工序台时产量计算

$$P = Q_{喂} ZK$$

式中：P——和毛工序产量，kg/(h·台)；

　$Q_{喂}$——喂入量，kg/(h·台)；

　　Z——和毛工序制成率，%；

　　K——所用设备时间效率，%。

2. 梳毛工序台时产量计算

$$P = \frac{g v_{圈} \times 60}{1000} K$$

式中：P——梳毛工序产量，kg/(h·台)；

　　g——出条重量，g/(m·根)；

　$v_{圈}$——圈条压辊线速度，m/min；

　　K——所用设备时间效率，%。

3. 各道针梳工序台时产量计算

$$P = v_{前} g_{本} m_{出} \times 60 \times 10^{-3} K$$

式中：P——针梳工序产量，kg/(h·台)；

　$v_{前}$——前罗拉线速度，m/min；

　$g_{本}$——出条重量，g/(m·根)；

　$m_{出}$——出条根数；

　　K——所用设备时间效率，%。

4. 精梳工序台时产量计算

$$P = m_{喂} g_{前} L v_{圆} Z \times 10^{-6} K$$

式中：P——精梳工序产量，kg/(h·台)；

　$m_{喂}$——喂入根数；

　$g_{前}$——前道出条重量，g/(m·根)；

L——喂入长度，mm/次；

$v_\text{圆}$——圆梳转速，r/min；

Z——制条精梳工序制成率，%；

K——所用设备时间效率，%。

十、制定生产工艺设计单

根据表 1-2-1-1 所要求的生产任务，某企业制条车间设计的工艺单见表 1-2-1-6。

表 1-2-1-6 毛条制造工艺设计单案例

××××年××月××日　　编号：××××××

品　名	批　号	数量/t	单位重量/(g/m)	色泽	备　注
80 支自梳澳毛毛条	20140123801	42	20±1	白	

工序	机型	工 艺 参 数							

工序	机型	原料	喂毛量/(kg/h)	油水比	加油率/%	含油率/%	回潮率/%	备注
和毛	B262	80 支澳毛	1000	1:5	0.7	2	27	

工序	机型	项目	工艺参数	备注
梳毛	B272	工作辊—锡林隔距 /mm($\frac{1}{1000}$英寸)	0.97(38)—0.84(33)—0.74(29)—0.65(27)—0.61(24)—0.53 (21)—0.48(19)—0.46(18)—0.30(12)	备注
		道夫—锡林隔距 /mm($\frac{1}{1000}$英寸)	0.18(7)	
		剥毛辊—锡林隔距 /mm($\frac{1}{1000}$英寸)	0.97(38)—0.81(32)—0.61(24)—0.51(20)—0.51(20)—0.41 (16)—0.41(16)—0.36(14)—0.30(12)	

出条重量/(g/m)	称毛量/(g/斗)	圈条压辊齿轮	喂毛齿轮	工作辊齿轮	道夫速度/(r/min)	道夫齿轮
12.34	384.2	26×46	50	41	12.36	52

工序	机型	出条重量/(g/m)	牵伸倍数	并合根数	隔距/mm	压力/MPa	针密/(根/英寸)	张力齿轮		备注
								前	后	
针梳	B302	15.82	5.46	7	35	0.8	5	15	33	备注
	B303	17.22	6.43	8	35	0.8	7	15	32	
	B304	8.40×2	8.20	8	35	0.8	7	47	32	
	B305	19.95	6.98	8	40	0.8	10	39	31	
	B306	20	7.98	8	40	0.8	13	39	35	

工序	机型	出条重量/(g/m)	喂入长度/mm	喂毛棘轮	并合根数	拔取隔距/mm	拔取长度/mm	弧形标尺刻度值	顶梳针密/(根/cm)	圆梳速度/(r/min)	皮带盘直径/mm	备注
精梳	B311C	17.41	7.8	17	24	27	145.4	40	22	111	109	备注

车间：××××　　　制单人签名：×××　　　复核人签名：×××

【课后训练任务】

根据 FZ/T 21001—2009《自梳外毛毛条》质量要求设计以下毛条的生产工艺。

1. 设计"48 支自梳澳毛毛条"的生产工艺。
2. 设计"50 支自梳澳毛毛条"的生产工艺。
3. 设计"56 支自梳澳毛毛条"的生产工艺。
4. 设计"58 支自梳澳毛毛条"的生产工艺。
5. 设计"60 支自梳澳毛毛条"的生产工艺。

6. 设计"64 支自梳澳毛毛条"的生产工艺。
7. 设计"66 支自梳澳毛毛条"的生产工艺。
8. 设计"70 支自梳澳毛毛条"的生产工艺。
9. 设计"90 支自梳澳毛毛条"的生产工艺。
10. 设计"100 支自梳澳毛毛条"的生产工艺。

任务二 精梳纯羊毛纱生产工艺设计

一、接受生产任务单

表 1-2-2-1 是某精梳毛纺企业纺纱车间接到的生产任务单案例。

表 1-2-2-1 精梳毛纱生产任务单案例

品　名	82Z820×2S978 全毛纱线		
生产数量	15t	上机时间	××××年××月××日
批号	××××××	产品用途	全毛薄花呢
质量要求	符合 FZ/T 22001—2010《精梳机织毛纱》的规定		

制单人签名：×××　　　复核人签名：×××　　　日期：××××年××月××日

二、选配原料

原料与纺纱性能的关系密切，其主要体现于细度与长度，纤维直径占 80％、长度占 15％～20％、强力占 0～5％。在国际市场上，普遍认为纤维平均直径改变 1μm 比纤维平均长度改变 10mm 还重要，国外已模糊品质支数的概念，主张使用微米数确定羊毛的价格，以 0.5μm 为一个档别，并以 0.1μm 的差别计算价差；但同一品种的羊毛，纤维长度的价差影响很小。

精梳纯羊毛纱的原料选配原则是在保证并提高毛纱质量的前提下，降低原料成本。具体包括细纱截面纤维根数的确定、羊毛直径的设计、羊毛长度的优选、细度离散系数与长度离散系数的控制以及主体毛与配合毛的选配。

（一）确定细纱截面内平均纤维根数

确定细纱截面纤维根数是纺纱原料选配的第一步。将保证细纱断头率在 100 根/（千锭·h）以下并保证条干均匀度的细纱截面纤维根数最低值，称为某种纤维的"纺纱极限"，即"细纱截面的极限纤维根数"。

对于强力较高的羊毛，其纺纱极限一般细纱截面纤维根数为 20～80 根，然而考虑经济的纺纱极限（包括质量要求），横截面内纤维根数在 35～50 根。国外一些企业进行高支纱设计时，确定细纱截面纤维根数一般采用 37～42 根（如意大利），多以 40 根为标准（如澳大利亚），以保证毛纱条干均匀度并控制细纱断头率在 100 根/（千锭·h）以下。如果低于此标准，细纱断头率及毛纱条干不匀率将明显提高。为使毛纱条干均匀度获得更好的水平，还需更多的纤维根数。国外有些专家认为，单纱织造的细纱截面纤维根数最低值为 50～55 根，即选择更细的羊毛。

当细纱截面内纤维根数少于极限纤维根数时，易因纤维分布不匀而使毛纱产生粗细节，从而提高细纱断头率及条干不匀率。因此，绝对不能因纤维根数不足也能纺出来而忽视质量上的目标要求。

（二）计算羊毛直径设计值

基于羊毛直径设计值计算细纱截面内平均纤维根数，可利用下式进行。

$$d=\sqrt{\frac{917000}{N_\mathrm{m}n}}$$

式中：d——羊毛直径设计值，μm；

N_m——细纱实纺公制支数，公支；

n——细纱截面内平均纤维根数。

（三）计算原料配比

根据羊毛直径设计值以及现有原料的供应情况，选择两种羊毛进行配伍，配比计算可利用下面两式进行。

$$p_1=\frac{\dfrac{d-d_2}{d_2^2(1+CV_2^2)}}{\dfrac{d_1-d}{d_1^2(1+CV_1^2)}+\dfrac{d-d_2}{d_2^2(1+CV_2^2)}}\times100\%$$

$$p_2=(1-p_1)\times100\%$$

式中：p_1，p_2——两种原料的配比，%；

d_1、d_2——两种原料的平均直径，μm，且$d_1<d<d_2$；

CV_1、CV_2——两种原料的直径离散系数，%

注意，用于配伍的羊毛平均直径差异必须控制在 2μm 以下、平均长度差异必须控制在 20mm 以下。

（四）重要提醒

1. 羊毛长度的优选

在优先考虑、确定羊毛细度的基础上，需要进一步优选羊毛的平均长度。对于条干均匀度和强度要求高的毛纱，应选用已定细度等级中平均长度较长的羊毛。

2. 细度离散系数与长度离散系数的控制

当细纱截面内纤维根数符合要求时，还需考虑各截面之间纤维根数的稳定性，这取决于纤维的细度离散系数。细度离散系数越大，毛纱各截面之间的纤维根数越不稳定，毛纱条干均匀度同样难以控制。纺制 19.23tex 以下的毛纱时，羊毛的细度离散系数必须控制在 23% 以下。

纤维的长度离散系数对毛纱条干的影响程度大于其平均长度。纺制 20.83tex 以下的毛纱时，羊毛的长度离散系数应该控制在 33% 以下、30mm 以下的短纤维不能超过 3.0%，否则，平均长度较长的羊毛也纺不出高质量的毛纱。

三、确定工艺流程

毛纱生产工艺流程取决于所在企业纺纱车间配备的生产设备，目前精梳毛纱通用的国产生产设备所决定的工艺流程如下。

1～2 道混条→头道针梳→二道针梳→三道针梳→四道针梳→1～3 道针筒式搓捻粗纱→细纱

　　工艺流程的确定以原料种类、纱线线密度与股数为依据，始终以"在保证并提高纺纱质量的前提下降低生产成本、提高生产效率"为原则。

　　工艺道数的确定主要应考虑混条工序的道数、针筒式搓捻粗纱工序的道数。一般，当混和均匀度要求较高、纺纱线密度较低、条干均匀度与光洁度要求较高时，纺纱生产加工以"强化并合与梳理作用，减小各道加工的牵伸倍数"为原则，工艺流程确定时应考虑适当增加加工道数。

四、确定各道加工设备

　　表 1-2-2-2 是目前通用的精梳毛纱国产生产线的配套设备。

表 1-2-2-2　精梳毛纱国产生产线的配套设备

工序	混条	头道针梳	二道针梳	三道针梳	四道针梳	粗纱	细纱
设备型号	B412	B423	B432	B442	B452	FB441	B583C

五、设计初始工艺参数

　　工艺参数的设计以毛纱线的股数、合股捻度、单纱名义线密度（单纱设计线密度）、单纱名义捻度（单纱设计捻度）等规格要求为基础，从细纱工序开始，首先确定"细纱工艺细度"、"细纱工序喂入条重"与"细纱机械捻度"，其中，"细纱工艺细度"又包括细纱实纺线密度、细纱机前罗拉出条重量。这些参数是确定毛纱生产中其他工艺参数的基础，因此，作为设计过程中的"初始工艺参数"。

　　设计初始工艺参数时，需要考虑细纱或捻线加工过程中因加捻而产生的捻缩率。细纱加工时，前罗拉输出的纱条经加捻会产生捻缩，使线密度提高；捻线加工时，单纱合股加捻也会产生捻缩。

　　细纱加捻捻缩率直接取决于捻系数的大小，捻缩率随捻系数的增大而增大，一般在 1.5%～2.5%。捻线合捻捻缩率取决于股线与单纱的捻向关系、捻度及其差异程度、原料种类以及股线是否蒸纱。反向捻时，股线与单纱的捻度及其差异程度越大，则合捻捻缩率越大，一般在 1.0%～3.0%。

（一）计算细纱工艺细度

1. 理论依据

细纱机加工时，捻缩率 $C_单$ 的计算式如下。

$$C_单 = \frac{(v_前 - v_卷绕)}{v_前} \times 100\%$$

式中：$v_前$——前罗拉线速度，m/min；

　　　$v_卷绕$——细纱卷绕速度，m/min。

股线 $N_{m股}$ 的计算式如下。

$$N_{m股} = \frac{1}{\frac{1}{N_{m1}} + \frac{1}{N_{m2}} + \frac{1}{N_{m3}} + \cdots + \frac{1}{N_{mi}}} \times (1 - C_股)$$

式中：N_{m1}、N_{m2}、N_{m3}、$\cdots$、N_{mi}——股线中各根单纱的公制支数，公支。

2. 实用计算式

(1) 细纱实纺支数计算式。

方法一：合捻捻缩率取值计算法

参考生产经验对捻线加工时的合捻捻缩率取值，再利用下式计算细纱实纺支数。

$$N_{m实纺}=\frac{N_m}{1-C_股}$$

式中：$N_{m实纺}$——细纱实纺支数，公支；

N_m——股线中单纱名义支数，公支；

$C_股$——合捻捻缩率的取值，%。

方法二：应高百分数 K 值计算法

应高百分数 K 值是指细纱实纺支数比股线中单纱名义支数应高的百分数（%）。生产纯羊毛、反向捻的纱线时，K 值可以根据表 1-2-2-3 中的经验数据确定，再利用下式计算细纱实纺支数。

$$N_{m实纺}=N_m×(1+K)$$

表 1-2-2-3　实纺支数与名义支数的数据关系

股线合股捻度与细纱捻度的差值 $\Delta T/$（捻/m）	细纱实纺支数比股线中单纱名义支数应高的百分数 $K/$%	
	股线蒸纱	股线不蒸纱
$-100\sim-50$	1.0	0
0	1.5	0.5
50	2.0	1.0
100	2.5	1.5
150	3.0	2.0

如果股线合股捻度与细纱捻度的差值不在表 1-2-2-3 所示数据之列，则利用下式通过插入法计算得知。

$$K=K_{小侧}+\frac{K_{大侧}-K_{小侧}}{\Delta T_{大侧}-\Delta T_{小侧}}×(\Delta T-\Delta T_{小侧})$$

例如，当生产股线蒸纱、规格为 50Z680×2S700 的纯毛纱线时，K 值计算如下：

$$\Delta T=700-680=20（捻/m）$$

$$K=1.5+\frac{2.0-1.5}{50-0}×(20-0)=1.7\%$$

纺纱生产中的细纱实纺支数：

$$N_{m实纺}=50×(1+1.7\%)=50.85≈51（公支）$$

(2) 细纱机前罗拉出条重量计算式。

$$g_细=\frac{1}{N_{m实纺}}×(1-C_单)$$

式中：$g_细$——细纱机前罗拉出条重量，g/m。

（二）确定细纱机械捻度

细纱机械捻度是指细纱加工过程中，不考虑加捻时捻缩率的捻度，只取决于锭子转速与前罗拉线速度。

1. 理论依据

细纱实际捻度是指细纱实际应获得的捻度，即目标捻度，又称细纱的"名义捻度"或"设计捻度"。它取决于锭子转速、前罗拉线速度及其加捻时的捻缩率，其数值关系见下式。

$$T_m = \frac{n_{锭}}{v_{前}(1-C_{单})}$$

式中：T_m——股线中单纱名义捻度，捻/m；

$n_{锭}$——锭子转速，r/min；

$v_{前}$——前罗拉线速度，m/min。

细纱机械捻度的计算式如下。

$$T_j = \frac{n_{锭}}{v_{前}}$$

式中：T_j——细纱机械捻度，捻/m。

2. 实用计算式

工艺设计时，利用下式计算细纱机械捻度。

$$T_j = T_m(1-C_{单})$$

确定细纱工序的机械捻度后，通过相应细纱机的"捻度表"查出对应的变换齿轮，包括捻度变换齿轮（中心齿轮）与捻度对变换齿轮。

机械捻度也可以根据细纱的名义捻度直接查"捻度表"，并偏小侧取值。

（三）计算细纱工序喂入条重

1. 理论依据

$$E_{细} = \frac{g_{细喂}}{g_{细}}$$

式中：$g_{细喂}$——细纱工序喂入条重，即要求的末道粗纱出条重量，g/m；

$E_{细}$——细纱机牵伸倍数。

2. 实用计算式

工艺设计时，利用下式计算细纱工序喂入条重。

$$g_{细喂} = E_{细} g_{细}$$

细纱工序是成纱工序，设计其牵伸倍数时更应考虑质量方面的问题。在保证细纱条干均匀度要求的前提下，提高细纱机的牵伸倍数有利于缩短前纺工艺流程、减少工序道数，但过大或过小的牵伸倍数都会导致细纱条干恶化。长度较短、整齐度较差的原料，牵伸倍数应适当小些；原料细而均匀、纺纱线密度较高的品种，牵伸倍数可适当大些；化纤纯纺或混纺的牵伸倍数可适当大于纯毛纺时的牵伸倍数；线密度较低的品种，牵伸倍数应适当小些；对条干均匀度要求特别高的品种，牵伸倍数也以适当小些为宜。一般，纺纯毛时，细纱的牵伸倍数为12～25，常选用15～20；纺化纤时，细纱的牵伸倍数为18～30；加工毛混纺纱时，细纱的牵伸倍数以15～25为宜。具体数据从相应细纱机的"牵伸变换表"中查得。

六、设计过程工艺参数

在纺纱初始工艺参数已经确定的基础之上，再进行过程工艺参数的设计。过程工艺参数包括细纱之前各道工序的工艺参数与细纱之后各道工序的工艺参数。具体包括牵伸倍数、出条重量与并合根数、隔距、前罗拉压力、张力牵伸倍数、机件规格以及各道台时产量。

（一）确定设备加工速度

纺纱设备加工速度的确定以原料种类、纱线线密度与股数为依据，始终以"在保证并提高毛纱质量的前提下提高生产效率、提高制成率"为原则。

1. 细纱机锭子速度

细纱机锭子速度决定着纺纱加工的产量与质量。锭子速度过高，必然造成过大的纺纱张力，从而增加断头率、降低质量与制成率；锭子速度过低，导致设备的生产能力得不到充分发挥，产量降低。锭速选择的原则是纯毛纱低于混纺纱，混纺纱低于纯化纤纱；低特纱低于高特纱；捻度小的纱低于捻度大的纱。加工纯毛纱时，锭速一般在 7000～8000r/min；加工混纺纱时，锭速一般在 8000～9000r/min。加工时，实际锭速取决于电动机两皮带盘直径的搭配情况；工艺设计时，锭速的具体值可通过查相应细纱机的"锭速表"确定。

2. 前罗拉线速度

交叉式针梳机与混条机前罗拉线速度的确定如第二项目任务一中所述；开式针梳机前罗拉线速度取决于电动机两皮带盘直径的搭配情况和牵伸倍数，经计算得知。搓捻粗纱机前罗拉线速度取决于主轴变换齿轮的齿数，经计算得知。细纱机前罗拉线速度取决于锭子转速和细纱捻度，经计算得知。

（1）开式针梳机前罗拉线速度。根据已定的牵伸倍数查相应设备的"牵伸变换表"确定宝塔齿轮（牵伸变换齿轮）齿数 Z_A（主动齿轮）、Z_B（被动齿轮），并结合皮带盘直径 D_1、D_2 进行计算，当使用 B452A 型开式针梳机加工时，其前罗拉线速度的计算公式如下。

$$v_前 = 61.525 \times \frac{D_1 Z_B}{D_2 Z_A}$$

（2）搓捻粗纱机前罗拉线速度。当使用 FB441 型粗纱机加工时，其前罗拉线速度的计算公式如下。

$$v_前 = 0.6402 Z_A$$

式中：Z_A——主轴变换齿轮（35^T、39^T、43^T、47^T、51^T、55^T）。

（3）细纱机前罗拉线速度。根据已定的锭子转速查相应设备的"锭速表"，确定电动机皮带盘的直径 D_1、D_2，并结合已定的机械捻度查相应设备的"捻度表"，确定捻度变换齿轮齿数 Z_E 与捻度对变换齿轮齿数 Z_C、Z_D，使用 B583C 型细纱机加工时，其前罗拉线速度的计算公式如下。

$$v_前 = 970 \times \frac{D_1 \times 30\pi Z_C Z_E \times 35 \times 10^{-3}}{D_2 \times 100 Z_D \times 69}$$

（二）确定并合根数、牵伸倍数与出条重量

精梳毛纱生产工艺设计中，针梳工序的并合根数、牵伸倍数与出条重量的确定与毛条制造的针梳工艺设计相似。但基于精纺纺纱生产的基本任务，必须注意，牵伸不仅会产生条干不匀，更会恶化条干不匀；过大或过小的牵伸倍数都会恶化纤维条的条干；而提高牵伸数，有利于缩短前纺工艺工艺流程、减少工序道数，但必须在保证纺纱质量的前提下进行。

设计过程中，必须及时检验前道出条重量的可行性与合理性。可行性取决于前道设备是否允许；合理性主要体现于始终适当大于本道出条重量，即必须保证前纺加工时出条重量逐道减轻。必要时需重新确定牵伸倍数与并合根数，重新计算出条重量，以求各道之间参数的平衡性，满足纺纱半制品规格变化趋势的要求。同时，随着出条重量的逐道减轻，牵伸倍数应逐道减小，并合根数应逐道减少。

另外，由后往前逐道推算至流程线的第一道工序时，设计所要求的毛条喂入重量（g/m）必须等于实际所供原料（精梳毛条或复精梳毛条）的重量（g/m）。若不满足此条件，则再从头道混条开始，对前纺第一道、第二道或包括第三道针梳工序进行工艺的再调整，直至前后道出条重量平衡、合理为止。

精纺纺纱工艺过程参数设计是一项集经验借鉴、查表、查图、分析、选择、计算、检验、修正等多种过程的综合性工作，是一个"在选择中求平衡，在平衡中求合理性，在合理性中求质量、效益与交期"的过程。

（三）确定牵伸前钳口压力

设计精纺纺纱工艺时，牵伸前钳口压力根据原料的种类、纺纱线密度确定，具体数据参考生产经验资料。

（四）确定隔距

1. 牵伸总隔距

牵伸总隔距与交叉式针梳机的牵伸总隔距的确定如第二项目任务一中所述。

开式针梳机的牵伸总隔距为羊毛交叉长度的 1.8～2 倍，针筒式搓捻粗纱机的牵伸总隔距为羊毛交叉长度的 1.35～1.65 倍，细纱机的牵伸总隔距为羊毛交叉长度的 1.1～1.3 倍，通常取 200mm，不经常变化。

2. 牵伸前隔距

牵伸前隔距对半制品质量的影响如第二项目任务一中所述。

设计精纺纺纱工艺时，牵伸前隔距根据羊毛的巴布长度 B 及其长度离散系数 CV_B、短纤维含量情况以及出条重量确定。前隔距对纤维条条干的影响较为明显，适当缩小前隔距有利于加强对纤维尤其是对短纤维运动的控制，但并不是越小越好，前隔距太小，纤维运动反而不规则，同样会导致纤维条条干恶化。

交叉式针梳机的牵伸前隔距基本数据约为羊毛巴布长度 B 的二分之一，一般从混条开始逐道减小，由于前几道的喂入量较大、出条较重，使牵伸力较大。纺羊毛时在 40～50mm，纺化纤时稍大些，一般在 45～55mm。

开式针梳机由于头数较多，隔距调整不方便，其前隔距一般调至适中位置（通常为 25mm）后，不经常变化。

针筒式搓捻粗纱机的前隔距一般在 2～5mm，其最常用的前隔距是 3～4mm；对于较短的原料，尤其是混有羊绒的原料，前隔距可以缩小至 1～2mm。

细纱机的前隔距是指皮圈钳口与前罗拉钳口之间的无控制区长度，生产中前隔距一般固定不变，而是根据羊毛的巴布长度 B 适当调整后隔距，B583 系列细纱机的后隔距可调范围为 90～120mm。

（五）确定张力牵伸倍数

张力牵伸与交叉式针梳机的张力牵伸内容如第二项目任务一中所述。具体数据根据原料的种类与纤维条的重量结合参考生产经验资料，从相应设备的"张力牵伸变换表"中查得。

对于开式针梳机，前张力是指纤维条在前罗拉至搓皮板再至圈条辊之间所受的张力，后张力是指纤维条在给条辊至喂给罗拉再至针板之间所受的张力，对于搓捻粗纱机，前张力是指纤维条在搓皮板至卷绕滚筒之间所受的张力；后张力是指纤维条在前罗拉至搓皮板之间所受的张力。对于细纱机，后张力是指纤维条在后牵伸区中所受的张力，当细纱机总牵伸倍数在 15～20 时，乌斯特仪的试验优选结果显示，采用 1.03 的后张力牵伸值较有利于毛纱条干的均匀度；

当细纱机总牵伸倍数大于 20 时，可以不设张力牵伸，即取后张力牵伸值为 1.00。

（六）选择加工机件规格

1. 针板密度

针梳机与混条机针板密度（根/英寸）的选择依据与方法如第二项目任务一中所述。需要注意的是前纺生产中所用的开式针梳机针板密度的单位是根/10cm。

2. 针圈号数

针筒式搓捻粗纱机上的针圈规格根据原料的种类、纺纱线密度进行选择。针圈号数越大，针齿越细密。后道搓捻粗纱的针号应适当大于前道。

3. 轻质辊重量

针筒式搓捻粗纱机上的轻质辊规格根据原料种类进行选择。纺纯毛纱时，前轻质辊为 400g、后轻质辊为 600g；纺全毛纱时，前轻质辊为 500g、后轻质辊为 600g；纺纯化纤纱时，前轻质辊改用提高棒、后轻质辊为 300g 的丁腈皮辊；纺混纺纱时，选前轻质辊为 500g、后轻质辊为 300g 的丁腈皮辊。

4. 钢丝圈号数

环锭细纱机的钢丝圈规格影响纺纱张力的大小，根据原料种类、纺纱、锭速、捻度通过相应细纱机的"钢丝圈号数与重量对照表"进行选择。钢丝圈号数与其重量对应，号数越大，重量越轻。钢丝圈的重量具有调整纺纱张力的作用，直接影响到细纱断头率、成形质量及捻回传递均匀性等一系列问题。钢丝圈偏重，纺纱张力偏大，使成形偏紧、断头增多；钢丝圈偏轻，纺纱张力偏小，使成形偏松、捻回传递不均匀而易出泡泡纱等疵点。

纺纱线密度较高时，气圈的离心力较大而使气圈凸形趋于膨大，为控制并稳定气圈形态，钢丝圈以偏重为宜；纺纱线密度较低时，因纱条强力较低，为降低纺纱张力，钢丝圈以偏轻为宜。纺制相同细度的纱，当锭速较高时，纱条张紧程度较大，钢丝圈以偏轻为宜。使用新钢领时，因表面摩擦因数较大，钢丝圈以偏轻为宜；钢领轨道变光滑后，再适当加重钢丝圈至正常重量值。

5. 隔距块厚度

环锭细纱机牵伸机构中的隔距块规格影响上下皮圈的钳口间距，从而进一步影响实际的前隔距和皮圈对纤维的控制能力，应根据纺纱线密度或喂入粗纱条重进行选择。纺纱线密度较低或喂入粗纱条重较轻时，隔距块厚度应适当小些；反之则适当大些，但应保证给予纱条良好的握持，避免出现下皮圈的打弓现象。

隔距块厚度通过颜色区分，即不同颜色表示隔距块的厚度不同。隔距块颜色与其厚度之间的对应关系取决于细纱机的具体配件。

（七）设计纱穗规格

环锭细纱工序的纱穗规格设计包括卷绕时的纱圈螺距与纱层级升距的设计，影响着纱穗的卷装形态与卷装容量。设计时，分别根据纺纱线密度查表确定，即根据纺纱线密度查相应细纱机的"卷绕变换表"，确定卷绕变换齿轮（升降齿轮）的齿数搭配（成对），从而达到纱圈螺距的要求；同时，应根据纺纱线密度查相应细纱机的"成形棘轮变换表"，确定成形棘轮（撑牙）齿数及每次所撑齿数，从而达到纱层级升距的要求。

七、计算混条加油量

$$混条和毛油总用量＝投入毛条总量×总加油率×油水比之和$$
$$某道混条机加油量＝v_{前}g_{本}×本道加油率×油水比之和$$

式中：$v_前$——本道前罗拉线速度，m/min；

$\qquad$ $g_本$——本道出条重量，g/m。

$$加油率＝要求的总含油率－原含油率$$

$$原含油率＝羊毛原含油率×羊毛混合比例＋化纤原含油率×化纤混合比$$

一般，羊毛条要求的总含油率为 1.0%～1.3%，细羊毛条适当提高，粗羊毛条适当降低。加工染色毛条时，可根据纤维表面状况追加少量抗静电剂，加入量一般为 0.2%～0.5%。

为降低断头率，油水比应使前纺加工时半制品处于适当的放湿状态为原则。油水比一般控制在 1∶5～1∶10，较干燥地区的油水比一般在 1∶8～1∶16，应根据季节的差异作适当调整。

八、计算原料耗用量

$$G_{原料}＝\frac{G_{纱线}}{Z_{纺纱}}$$

式中：$G_{原料}$——精梳毛条耗用量，kg；

$\qquad$ $G_{纱线}$——要求的纱线生产数量，kg；

$\qquad$ $Z_{纺纱}$——精梳毛纺生产全程制成率，%。

精梳毛纺生产全程制成率为其工艺流程线上各道工序制成率的乘积。各道工序制成率参考生产企业的实际经验数据，见表 1-2-2-4。

表 1-2-2-4　精纺纺纱生产各道工序制成率参考数据

工序	混条	前纺针梳	粗纱	细纱	并线	捻线	络筒	蒸纱
制成率/%	99.8	99.8	99.8	95	99.8	99.8	99.8	99.8

九、计算各道台时产量

台时产量与设备的时间效率见第二项目任务一中所述，国产精梳毛纺设备时间效率 K 的参考数据见表 1-2-2-5。

表 1-2-2-5　国产精梳毛纺设备时间效率 K 的参考数据

设备名称	时间效率/%	设备名称	时间效率/%
前纺针梳机	70～80	细纱机（化纤）	90～95
混条机	70～80	并线机	90～92
搓捻粗纱机	70～80	捻线机	90～95
细纱机（纯毛）	85～90	络筒机	75～80

1. 针梳机、混条机台时产量的计算

针梳机、混条机台时产量的计算公式见第二项目任务一。

2. 搓捻粗纱机台时产量的计算

$$P[kg/(h·台)]＝v_前 g_本 ×4n×60×10^{-3}K$$

式中：$v_前$——前罗拉线速度，m/min；

$\qquad$ $g_本$——本道出条重量，g/(m·根)；

$\qquad$ n——每台头数，头/台；

$\qquad$ K——所用设备时间效率，%。

表 1-2-2-6 精梳纯羊毛纱生产工艺设计单案例（1）

××××年××月××日　　编号：×××××××

品号	用途	纱批号	原料					产品		公定回潮率	和毛油			备注
			80支 AW70%/90支 AW30% 条染复精梳条/21g/m					单纱支数/公支	合股支数/公支		种类			
			长度											
			平均直径/μm	交叉长度/mm	巴布长度/mm	长度离散系数/%					油水比	2001A	1:16	
28032	全毛薄花呢	2828211	18.5/17.5	157.6/157.1	92.2/88.9	30.1/29.8		83.5	82/2	16%	抗静电剂	AI0.5%		

工艺流程工艺参数

前纺

工种	工序	并合根数	牵伸倍数	出条重量/(g/m)	隔距/mm	压力/MPa	针筒齿轮	针密	变换齿轮	前张力齿轮	后张力齿轮	加油量/(g/min)
前纺	B412(1)	8	8	20.89	50	0.8		10根/英寸①		40	32	30
	B412(2)	7	8	18.28	50	0.8		10根/英寸①		40	32	30
	B423	7	7.45	17.18	45	0.8		13根/英寸①		47	36	
	B432	3	7.29	7.07	40	0.8		16根/英寸①		48	32	
	B442	3	6.83	3.10	35	0.8		19根/英寸①		49	32	
	B452A	2	6.15	1.01	25		12根/cm	46×53	54	62×34	34	
	FB441(1)	2	4.08	0.49	3	外二档+轻质辊	34			34	34×91	
	FB441(2)	3	4.08	0.36	3	外三档+轻质辊	35		57	34	34×92	
	FB441(3)	2	4.08	0.179	3	外三档+轻质辊	35		57	34	34×92	

细纱

工种	工序	支数/公支	牵伸倍数	后牵伸齿轮	中心齿轮	钢丝圈/号	升降齿轮	捻度/(捻/m)	捻向	隔距/mm	隔距块	钢丝圈/号	升降齿轮	撑齿轮	锭速/(r/min)	皮带盘直径/mm 主动	被动	前罗拉转速/(r/min)
细纱	B583C	83.5	15.00	39	33	45×65	57	820	Z	90	黄	32	40×56	80/2	6951	168	208	78

捻线

工种	工序	支数/公支	后牵伸齿轮	中心齿轮	变换齿轮	升降齿轮	捻度/(捻/m)	捻向	变换齿轮	撑齿轮	锭速/(r/min)	皮带盘直径/mm 主动	被动	导纱罗拉转速 速度/(r/min)
捻线	FB722	82/2	34	50	34×76	24	978	S	38×58	8	8434	Φ156	Φ156	60

车间：××××　　制单人签名：×××　　复核人签名：×××

① 1英寸=25.4mm。

表1-2-7 精梳纯羊毛生产工艺设计单案例（2）

××××年××月××日　　　　编号：×××××××

品号	用途	纱批号	原料					产品		公定回潮率	和毛油			备注
			66支 AW100%条染复精梳条/21g/m	长度			平均直径/μm	单纱支数/公支	合股支数/公支		种类	油水比		
				交叉长度/mm	巴布长度/mm	长度离散系数%				16%	抗静电剂	1∶16	2001A	
28012	全毛滩花呢	26016011		170.9	97.1	33.2	20.9	61	60/2				AL0.5%	

工艺流程参数（前纺）

工种	工序	并合根数	牵伸倍数	出条重量/(g/m)	隔距/mm	压力/MPa	针密	前张力齿轮	后张力齿轮	针筒齿轮	加油量/(g/min)	备注
前纺	B412(1)	8	8	20.70	50							
	B412(2)											
	B423	7	7.63	18.99	45		10根/英寸	40	32		30	
	B432	3	7.29	7.81	40		13根/英寸	47	36			
	B442	3	7.13	3.29	35	0.8	16根/英寸	48	32			
	B452A	2	6.15	1.07	25	0.8	19根/英寸	49	32	54		
	FB441(1)	2	4.08	0.52	4	0.8	12根/cm	46×53 62×34	34×91			外三档+轻质辊
	FB441(2)	2	4.08	0.257	4	0.8		34	34×92	57		外三档+轻质辊
	FB441(3)							35				

细纱 B583C

支数/公支	牵伸倍数	后牵伸倍数	捻度/(捻/m)	后牵伸齿轮	捻度/(捻/m)	捻向	变换齿轮	中心齿轮	隔距/mm	钢丝圈/号	撑齿轮	升降齿轮	锭速/(r/min)	皮带盘		前罗拉转速/(r/min)
														主动	被动	
61	15.73	1.03	720	39	660	S	50×60	34	90	31	75/2	42×54	6951	φ168	φ208	96

捻线 FB722

支数/公支	牵伸倍数	捻度/(捻/m)	捻向	变换齿轮	中心齿轮	升降齿轮	钢丝圈/号	隔距块	撑齿轮	锭速/(r/min)	皮带盘		导纱罗拉转速/(r/min)
											主动	被动	
60/2	720	46×64	S	38×58		8	24	黄		9082	φ168	φ156	88

车间：××××　　制单人签名：×××　　复核人签名：×××

表1-2-8　精梳纯羊毛纱生产工艺设计单案例（3）

××××年××月××日　　编号：×××××××

品号	用途	纱批号	原料		长度			产品		公定回潮率	和毛油			备注
			66支 AW100% / 条染复精梳条/21g/m	平均直径/μm	交叉长度/mm	巴布长度/mm	长度离散系数/%	单纱支数/公支	合股支数/公支		种类	油水比		
28045	全毛薄花呢	2501501（单纱）		28.5/30.2	188.5/190.2	99.7/100.3	32.6/35.1	50.3		16%	2001A	1:16		
											抗静电剂	Al 0.5%		

工艺流程与工艺参数

前纺

工序	并合根数	牵伸倍数	出条重量/(g/m)	隔距/mm	针密	压力/MPa	捻度/(捻/m)	针筒齿轮	前张力齿轮	后张力齿轮	加油量/(g/min)	备注
B4121(1)	8	8	21.06	50	10根/英寸	0.8			40	32	30	
B4121(2)	7	8	18.43	50	10根/英寸	0.8			40	32	30	
B423	7	7.45	17.31	45	13根/英寸	0.8			47	36		
B432	3	7.29	7.12	40	16根/英寸	0.8			48	32		
B442	3	6.98	3.06	35	19根/英寸	0.8			49	32		
B452A	2	6.15	0.99	25	12根/cm		937		46×53	62×34		
FB41(1)	2	4.08	0.49	4		外二档+轻质辊		54	34	34×91		
FB41(2)	3	4.08	0.359	4		外三档+轻质辊		57	35	34×92		
FB41(3)												

细纱、捻线

工序	支数/公支	牵伸倍数	后牵伸	捻度/(捻/m)	捻向	中心齿轮	变换齿轮	升降齿轮	撑齿轮	钢丝圈/号	隔距/mm	隔距块	锭速/(r/min)	皮带盘主动	皮带盘被动	前罗拉转速/(r/min)
B583C（细纱）	50.3	18.09	1.03		Z	35	40×70	44×52	70/2	27	90	黄	7302			72
FB722（捻线）				937										φ168	φ198	72（导纱罗拉转速/(r/min)）

车间：××××　　制单人签名：×××　　复核人签名：×××

3. 环锭细纱机台时产量的计算

$$P[\text{kg}/(\text{h}\cdot\text{台})]=\frac{v_{锭}\times 60n}{T_{\text{m机械}}\times N_{\text{m实纺}}\times 1000}K$$

式中：$v_{锭}$——锭子转速，r/min，查细纱机《锭速表》；

  n——每台锭数，锭/台；

$T_{\text{m机械}}$——细纱机械捻度，捻/m；

$N_{\text{m实纺}}$——细纱实纺支数，公支；

  K——所用设备时间效率，%。

4. 捻线机台时产量计算

假设：$v_{锭}$——锭子转速，r/min，查相应设备的《锭速表》；

  n——每台锭数，锭/台；

  T_{m}——股线捻度，捻/m；

  N_{m}——股线支数，公支；

  K——所用设备时间效率，%。

（1）环锭捻线机台时产量的计算

$$P[\text{kg}/(\text{h}\cdot\text{台})]=\frac{v_{锭}\times 60n}{T_{\text{m}}N_{\text{m}}\times 1000}K$$

（2）倍捻机台时产量的计算

$$P[\text{kg}/(\text{h}\cdot\text{台})]=\frac{v_{锭}\times 2\times 60n}{T_{\text{m}}N_{\text{m}}\times 1000}K$$

$$v_{纱}=\frac{v_{锭}\times 2}{T_{\text{m}}}$$

式中：$v_{纱}$——走纱速度，即超喂罗拉的线速度，m/min。

十、制定生产工艺设计单

根据表 1-2-2-1 所要求的生产任务，某企业纺纱车间设计的生产工艺单见表 1-2-2-6。表 1-2-2-7 与表 1-2-2-8 用于对比分析。

【课后训练任务】

根据 FZ/T 22001—2010《精梳机织毛纱》质量要求设计以下毛纱的生产工艺。

1. 设计规格为"48Z900×1"的纯羊毛纱生产工艺。
2. 设计规格为"54Z950×1"的纯羊毛纱生产工艺。
3. 设计规格为"64Z760×2S810"的纯羊毛纱线生产工艺。
4. 设计规格为"66Z720×2S790"的纯羊毛纱线生产工艺。
5. 设计规格为"70Z780×2S860"的纯羊毛纱线生产工艺。
6. 设计规格为"80Z820×2S930"的纯羊毛纱线生产工艺。
7. 设计规格为"88Z860×2S940"的纯羊毛纱线生产工艺。
8. 设计规格为"90Z880×2S960"的纯羊毛纱线生产工艺。
9. 设计规格为"90Z1045×2S935"的纯羊毛纱线生产工艺。
10. 设计规格为"93Z1095×2S990"的纯羊毛纱线生产工艺。

第三项目 机织典型工艺设计

技术知识点

1. 机织工艺流程的确定方法。
2. 机织生产各道工序的工艺因素。
3. 机织工艺参数的确定依据与确定方法。
4. 本色棉坯布与色织布机织工艺设计方法。
5. 机织生产各道工序台时产量的计算方法。
6. 机织工艺设计单的内容及其表达方法。

任务一　本色棉坯布机织生产工艺设计

一、接受生产任务单

表 1-3-1-1 是某纺织厂织造车间接到的生产任务单案例。

表 1-3-1-1　纯棉直贡织物生产任务单

品种规格	210.5cm JC18.2tex×(C29.2tex＋70旦)　547根/10cm×330.5根/10cm 弹力直贡织物		
生产数量	30000m	上机时间	××××年××月××日
批号	××××××	产品用途	休闲服面料
质量要求	符合 GB/T 406—2008《棉本色布》的规定		

制单：　　　　　　复核：　　　　　　日期：

各种机织物在纤维材料、织物组织、织物规格和用途等方面都具有各自的特殊性，所以在机织加工过程中应针对这些特殊性选择适宜的加工流程、加工设备、环境条件，同时还应注意原纱质量。

二、原纱的选择

要加工高档次的织物，必须有优质的原纱。随着无梭织机应用的不断普及，在高速运行的情况下，为了降低纱线断头率、提高织机效率，原纱检验制度是必不可少的。

无梭织机开口较小，为了保证梭口清晰，织制时一般加大上机张力。通常以无梭织机加工紧密厚实织物，加工此类织物必应加大上机张力。经纱在长期大张力的情况下，加上反复打纬高峰负载以及在高速运转中综片对经纱的磨损，使经纱发生断裂。因此，对原纱的质量要求，除对纱线特性指标的绝对值有较高要求外，对指标的全面性、离散性以及卷装质量亦有较高要求。如果原纱质量得到保证，再辅之以严格的各项技术管理，无梭织机的效率可达到92%以上。

（一）纱线断裂强度

大部分纱线的最小强力是由纱线中细节弱环决定的，弱环的数量与织机停台具有极高的相关性。因此，减少弱环，降低原纱的单纱强力 CV 值，才能减少纱线的断头率。通常纱线平均强力的 25% 应大于织造时经纱张力峰值，单纱强力变异系数则应随纱线品种而异。

日本东洋纺公司提出的新型织机织制纯棉织物的单纱强力经验公式可供参考。

$$T = \frac{8000}{N_e}$$

$$T' = \frac{8000(1+K)}{N_e}$$

式中：T——普梳纯棉单纱强力，g；

$\quad\ T'$——精梳纯棉单纱强力，g；

$\quad\ N_e$——英制支数，英支；

$\quad\ K$——修正系数，取值 5%～8%。

（二）原纱条干均匀度 CV 值和粗节、细节、棉结数

原纱条干均匀度 CV 值与单纱强力 CV 值之间正相关。一般纱线条干均匀度 CV 值和原纱的粗节、细节和棉结数以及反映机台之间、纺锭之间细纱条干均匀度的重量不匀率等参数应控制在 2007 年 Uster 统计值 25% 及以下水平效果较好，也可采用棉本色纱线 GB/T 398—2008《棉本色布》中优等品指标。

本案产品为弹力直贡，经纱为 18.2tex 的精梳棉纱，纬纱为 29.2tex 的普梳棉纱＋70 旦氨纶丝的棉氨纶包芯纱。本案产品为经面缎纹，织物经纱密度大，对经纱质量要求较高，经纱的质量水平宜控制在 GB/T 398—2008《棉本色纱》优等品以内或 2007 乌斯特公报 25% 水平以内。

（三）原纱毛羽

纺纱过程中不适当的工艺配置会使纤维损伤，短绒增多，纱线运行过程中不正常的摩擦是造成毛羽增多的主要因素。纱线毛羽对织机的正常运转有着密切关系，经纱毛羽多，纠缠严重，导致开口不清，形成织疵。目前可供工厂实际应用的纱线毛羽指标为 2007 年 Uster 公报中纱线毛羽指数 H 值。如本案产品查阅 GB/T 398—2008《棉本色布》18.2tex 的精梳棉纱条干均匀度 CV 值可定在 13.5% 以上，原纱的每千米＋50% 的粗节在 26 个左右，－50% 的细节在 5 个左右，＋200% 的棉结在 60 个左右。

三、机织物加工工艺流程

（一）白坯织物

白坯织物以本色棉纱线或棉型纱线为原料，一般经漂、染、印花等后整理加工。白坯织物生产的特点是产品批量大，大部分织物组织比较简单（主要是平纹、斜纹和缎纹组织）。在无梭织机上加工时，为减少织物后加工染色差异，纬纱一般以混纬方式织入。

根据经纬纱线的形式和原料，白坯织物工艺流程通常有以下几种。

1. 单纱纯棉织物

经纱：原纱→络筒→分批整经→浆纱→穿结经 ⎫
纬纱：$\begin{cases} （有梭）原纱直接纬或间接纬→给湿 \\ （无梭）原纱→络筒 \end{cases}$ ⎬ →织机→整理

2. 单纱涤/棉织物

经纱：涤棉原纱→络筒→分批整经→浆纱→穿结经 ⎫
纬纱：$\begin{cases} （有梭）涤/棉原纱→络筒→蒸纱定捻→卷纬 \\ （无梭）涤/棉原纱→络筒→蒸纱定捻 \end{cases}$ ⎬ →织机→整理

3. 股线织物

经纱：股线→络筒→分批整经→并轴上轻浆或过水→穿结经 ⎫
纬纱：$\begin{cases} （有梭）股线管纬 \\ （无梭）股线→络筒 \end{cases}$ ⎬ →织机→整理

（二）色织物

选择色织物的生产工艺流程应考虑到产品的批量、色纱的染色方式和织造效率等因素，根据具体情况尽量采用新工艺、新技术，以提高织物的产品质量。色织物常用的工艺流程有以下两种。

1. 分批整经上浆工艺流程

经纱：$\begin{cases} 绞纱→漂染→络筒 \\ 管纱→络筒→漂染→倒筒 \end{cases}$ →分批整经→浆纱→穿结经 ⎫

纬纱：$\begin{cases} 绞纱\begin{cases} （有梭）漂染→络筒→卷纬 \\ （无梭）漂染→络筒 \end{cases} \\ 管纱\begin{cases} （有梭）络筒→漂染→倒筒→卷纬 \\ （无梭）络筒→漂染→倒筒 \end{cases} \end{cases}$ ⎬ →织机→整理

2. 股线、花式线等免浆工艺流程

经纱：$\begin{cases} 股线等绞纱→漂染→络筒 \\ 股线等筒子→漂染→倒筒 \end{cases}$ →分条整经→穿结经 ⎫

纬纱：$\begin{cases} 绞纱\begin{cases} （有梭）股线等→漂染→络筒→卷纬 \\ （无梭）股线等→漂染→倒筒 \end{cases} \\ 筒子\begin{cases} （有梭）股线等→漂染→倒筒→卷纬 \\ （无梭）股线等→漂染→倒筒 \end{cases} \end{cases}$ ⎬ →织机→整理

本案根据企业现有生产技术，确定其工艺流程如下。

经纱：管纱→络筒→整经→浆纱→穿经 ⎫
纬纱：管纱→络筒 ⎬ →织机（喷气）→整理

四、加工设备

（一）络筒

纺部供应的经纬纱线首先经络筒工序，采用电子清纱和空气捻接技术可以生产无结纱。

（二）整经

络筒定长和集体换筒是整经加工中控制单纱和片纱张力均匀程度的有效手段。为适应整经高速化的需要，整经筒子架和张力装置一般选用低张力间隙式矩形筒子架。

对于色织物，在整经和浆纱工序中，按照织物产品的花型要求进行色纱排列，称为排花型。整经和浆纱排花型是色织工艺的重要特点，它对织物的外观质量起着决定性作用。在色纱整经过程中，色纱与导纱部件、张力装置的摩擦因数受纱线色泽及染料的影响，为保证片纱张力的均匀，张力装置的工艺参数设计要考虑这一因素。部分新型分条整经机采用间接法张力装置，从而消除了这项不利因素，给工艺设计和张力装置的日常管理带来便利，同时满足了经纱片纱张力均匀性的要求。

（三）浆纱

棉型经纱上浆通常以淀粉、PVA 和丙烯酸类浆料作为黏着剂，上浆的重点在于降低纱线毛羽、增加浆膜的完整性和耐磨性，提高经纱的可织性。粗特纱以被覆为主，细特纱则着重浸透和增强。以各种变性淀粉取代原淀粉对棉或涤/棉经纱上浆时，可适当减少浆料配方中 PVA 的用量，既明显改善上浆效果，又有利于环境保护。

采用单组分浆料或组合浆料是上浆技术的发展方向，它不仅简化了调浆操作，而且有利于浆液质量的控制和稳定。上浆过程合理的浆槽浸压次数、压浆力以及湿分绞、分层预烘、分区经纱张力控制等措施，都是保证上浆质量的重要措施。预湿上浆技术在中、低特棉型经纱上浆中应用可减少浆纱毛羽，节约浆料，降低上浆能耗。

在加工高密宽幅织物时，经纱在浆槽中的覆盖系数是上浆质量的关键，覆盖系数应小于 50%，否则要采用双浆槽上浆方法。双浆槽上浆有利于降低覆盖系数，但是对两片经纱的平行上浆工艺参数控制也提出了很高的要求，两片经纱的上浆率、伸长率应当均匀一致。

对于色织物，由于漂染纱线色泽繁多，色织物组织结构复杂，织造难度较大，因此对色纱的上浆要求亦较高。色纱上浆时应注意合理选用浆科，合理制订上浆工艺，使经纱从耐磨、增强和毛羽降低等方面提高性能，同时应注意防止色纱变色和沾色，保持色纱色泽的鲜艳。

（四）织造

加工高密和稀薄织物时，有梭织机的产品质量往往不能满足高标准织物的质量要求，织物横档一直是主要的降等疵点，无梭织机的应用大大缓解了这些问题。无梭织机从启动、制动、定位开关车、电子式送经、连续式卷取、电脑监控和打纬机构的结构刚度、机构加工精度等方面对织机综合性能进行优化，有效抑制了各种可能引起横档织疵的因素。

色织生产使用的织机一般为选色功能较强的多梭箱有梭织机、剑杆织机和喷气织机，织机通常配有多臂开口机构或提花开口机构，用于复杂花型的织制。在有梭织机上加工时，为提高产品质量，纬纱准备经常采取间接纬工艺。

加工高密织物，应当慎重选择符合要求的织机，部分无梭织机对适用的织造范围给出了一个判别指标，即适宜加工的最大织物覆盖率，织物覆盖率的计算式如下。

$$织物经向覆盖率 \ H_j = \frac{P_j(d_w n_j + d_w t_w)}{n_j \times 100} \times 100\%$$

$$织物纬向覆盖 \ H_w = \frac{P_w(d_j n_w + d_j t_j)}{n_w \times 100} \times 100\%$$

$$织物覆盖率 \ H = \frac{H_j Tt_j + H_w Tt_w}{Tt_j + Tt_w}$$

式中：P_j、P_w——织物经、纬向密度，根/10cm；

$\quad\quad d_j$、d_w——经、纬纱直径，mm；

$\quad\quad Tt_j$、Tt_w——经、纬纱线密度，tex；

$\quad\quad n_j$、n_w——组织循环经、纬纱数；

$\quad\quad t_j$、t_w——组织循环中每根经纱和每根纬纱的平均交叉次数。

织物经向和纬向覆盖率表示织物经向和纬向实际密度与极限密度之比，织物覆盖率在一定程度上反映了织物加工的难易。

织机在加工覆盖率超出适用范围的织物时，会表现出如机构变形、机件磨损严重等问题，最明显的往往是织机上织物打纬区宽度增加，织物达不到预期的紧密程度。在白坯织物生产中，轻薄、中厚织物的加工通常采用喷气织机，厚重织物加工一般使用剑杆织机或片梭织机。近年来，喷气织机也在开拓自己的应用范围，采用共轭凸轮打纬和积极式开口，以适应厚重织物的加工。

（五）纬纱准备

在有梭织机上加工织物时，纬纱可以是直接纬纱或间接纬纱。间接纬纱的纡子卷装成形较好，容纱量较大，对提高织物质量、减少纬向织疵是十分有利的。如果以涤/棉纱作为纬纱，则纬纱准备加工必须采用间接纬工艺，因为涤/棉纱需要进行蒸纱定捻处理，涤/棉纬纱定捻是减少纬缩疵点的重要措施。无梭织机上使用筒子纱作纬纱。

（六）本案产品各道设备选择

根据企业现有生产设备，本案各工序选择的生产设备见表1-3-1-2。

表 1-3-1-2 本案各工序生产设备

工　　序	络　　筒	整　　经	浆　　纱	喷气织机
设备型号	Savio-Orion	KY6041	GA308	JAT710

五、织物技术规格与上机计算

目前，许多企业以仿制生产为主，仿制生产是以客户提供的织物样品为对象进行仿制。设计人员必须认真分析来样的外观特征、手感、风格和后整理，根据织物样品分析所得的资料，拟定织物的上机规格和部分工艺参数，制订合理的上机工艺，使纺制出来的产品与来样不仅在外观上基本相似，内在质量上也要基本相同，以获得需方认可。

仿制设计的具体步骤如下。

（1）分析样品。具体见本书中纺织品来样分析的相关内容。

（2）计算和推测织物的技术规格和工艺。

对于仿制产品，通过来样分析后，可以得到一些相关数据，如织物幅宽、匹长、织物织造缩率、经纬纱线的线密度、织物密度、织物组织以及配色循环、织物重量等信息。本色棉坯布和色织布因其生产工艺等的不同，织物技术规格与上机计算的内容和方法有所不同。

（一）织物幅宽及匹长

织物匹长以米为单位，可保留一位小数；织物幅宽以 0.5cm 或整数为单位；外销产品按习惯常以码和英寸表示。成品织物的幅宽和匹长根据用途和用户要求生产；坯布幅宽相应于成品幅宽，按照印染幅缩率或长度缩率计算。

1. 坯布幅宽

$$坯布幅宽（cm）＝\frac{成品幅宽（cm）}{1-染整幅缩率（\%）}$$

2. 坯布匹长

$$坯布匹长（m）＝\frac{成品匹长（m）}{1-染整长度缩率（\%）}$$

匹长分公称匹长和规定匹长，公称匹长是指设计的长度，规定匹长是指成包时匹长，二者关系如下。

$$规定匹长＝公称匹长＋加放长度$$

加放长度是考虑包装方法、地区气候、储存时间、织物规格等影响织物产生的自然回缩，为了保证拆包时织物的匹长符合规定要求，必须加放一定长度，一般平纹细布加放 0.5%～1.0%，粗特和卡其类织物加放 1.0%～1.5%。

染整幅缩率和染整长度缩率是指各种本色棉织物包括色织物，经过印染加工后，所得成品的幅宽比原布窄，所得成品的长度比原布短。

染整加工工艺及织物组织结构不同，染整幅缩率及染整长度缩率是不同的。一般棉布的染整幅缩率及染整长度缩率可参考表 1-3-1-3、表 1-3-1-4，或查阅《印染手册》。

表 1-3-1-3 染整幅缩率参考值

品　种	染整幅缩率（幅宽加工系数）/%
本光染色、丝光花色平布类，漂、色、花麻纱类	0.88
本光、丝光、漂白布类，丝光漂、色、花贡呢、哔叽、斜纹类	0.89
本光、漂白斜纹类织物，丝光漂、色、花府绸、纱卡其、纱华达呢类	0.915
本光漂、色纱卡其、纱华达呢织物类，丝光漂色线华达呢织物类	0.935
丝光漂色线卡其织物类	0.945

表 1-3-1-4 染整长度缩率参考值

品　种	染整长度缩率/%	品　种	染整长度缩率/%
粗、中、细平布	8.7	纱卡其、华达呢	4.2
府绸	5.3	线卡其、华达呢	3.1
哔叽、斜纹类	5.3	纱贡呢、麻纱	2

注：上述品种印染加工方式为漂白类、卷染、轧染及印花类。

（二）经纬纱密度

以 0.5 根或整数为单位。来样是坯布，按来样分析经纬密度；来样是成品，则坯布的经、纬密应按下式计算。

$$坯布经密＝成品经密×（1-染整幅缩率）$$
$$坯布纬密＝成品纬密×（1-染整长度缩率）$$

织物经过染整加工后，由于织物的幅宽和长度发生了变化，因此织物的经纬纱密度也发生了变化。

（三）确定经纬纱织缩率

经纬织缩率的大小，影响用纱量、墨印长度、筘幅、筘号等的计算。实际生产中一般参照类似品种的资料和经验数据，经过试织进行修正确定。

1. 试验法

将织物中的经纱抽出，使其伸直后测量其长度，并与原织物长度比较。

$$经纱织缩率 \ a_j(\%) = \frac{织物中经纱原长 - 织物长度}{织物中经纱原长} \times 100\%$$

$$纬纱织缩率 \ a_w(\%) = \frac{织物中纬纱原长 - 织物长度}{织物中纬纱原长} \times 100\%$$

2. 直接测量法

根据生产中实际所耗纱线长度与织物实际长度进行比较。

$$经纱织缩率 \ a_j(\%) = \frac{浆纱墨印长度 - 墨印间坯布长度}{浆纱墨印长度} \times 100\%$$

$$纬纱织缩率 \ a_w(\%) = \frac{筘幅 - 织物实际幅宽}{筘幅} \times 100\%$$

3. 查表法

由于影响织造缩率及染整缩率的因素很多，在开发新品种时，可参考类似品种，确定经纬缩率，然后通过试织加以修正。

本案：根据生产实际所得，经纱织缩率为7.5％，纬纱织缩率为7.0％。

（四）边经纱根数

边经纱根数可根据品种特点、织机类型、生产实际和客户要求等因素综合确定。

本案：由样品分析得知，布边宽为2.6cm×2，布边经纱根数为152×2根，布边组织为 $\frac{3}{2}$ 变化经重平，根据布边规格确定布边每筘穿入数为4根/筘。

（五）确定总经根数及每筘穿入数

$$总经根数 = 地经纱根数 + 边经纱根数$$

$$总经根数 = 经纱密度(根/10cm) \times \frac{标准幅宽}{10}(cm) + 边纱根数 \times \left(1 - \frac{布身每筘穿入数}{布边每筘穿入数}\right)$$

（1）标准幅宽指织物设计幅宽，以厘米为单位。

（2）总经根数应取整数，并尽量修正为穿综、穿筘循环的整数倍。

（3）经纱筘穿入数的确定原则是既要保证织造的正常进行，又要考虑对织物外观与质量的影响。经纱线密度增大，筘穿入数减少，经纱密度增大，筘穿入数增加。筘穿入数一般等于织物组织循环经纱数或其约数或其倍数。

本案：

$$总经根数 = 地经纱根数 + 边经纱根数$$

$$地经纱根数 = 坯布内幅(cm) \times 坯布经密(根/10cm)$$

$$=(210.5-2.6\times2)\times547/10=11230（根）$$

五枚缎纹每筘穿入数一般选择 3～5 根，本案产品经密较高，线密度中等，故每筘穿入数不宜过高，选择地经每筘穿入数 3 根。

考虑穿筘循环，取 11226 根。则

总经根数＝地经纱根数＋边经纱根数＝11226＋152×2＝11530（根）。

（六）筘号

确定筘号，应综合考虑织物的外观要求、组织结构、经纱的线密度、经纱密度和织造顺利等因素。筘号大，织物表面匀整细腻，筘痕少，但经纱所受的摩擦增大。

$$公制筘号=\frac{坏布经密（根/10cm）\times（1-纬纱织缩率\%）}{每筘齿穿入数}（齿/10cm）$$

（1）确定筘号时，有可能要修正筘幅、总经根数，筘号修正好后要合算坏布经密。

（2）公制筘号折算后的小数取舍原则：0.31～0.69 取 0.5，0.3 及以下舍去，0.7 及以上取 1。

本案：

$$公制筘号=\frac{坏布经密（根/10cm）\times（1-纬纱织缩率\%）}{每筘齿穿入数}=\frac{547\times（1-7\%）}{3}$$
$$=169.57（齿/10cm）$$

取 169.5 齿/10cm。修正纬纱缩率，经计算筘号修正后的纬纱织缩率为 7%。

（七）经纱穿筘幅宽（筘幅）

$$筘幅=\frac{总经根数-边纱根数\times\left(1-\dfrac{布身每筘穿入数}{布边每筘穿入数}\right)}{布身每筘穿入数\times筘号}\times10$$

筘幅用厘米表示；纬纱织缩率、筘号、筘幅之间要反复修正；计算取两位小数；选用筘时，两边应适当增加余筘。经纱最大穿筘幅与织机公称筘幅关系举例如下。

织机公称筘幅：160cm→经纱最大穿筘幅 150/147cm。

织机公称筘幅：190.5cm→经纱最大穿筘幅 180/177cm。

本案：

$$筘幅=\frac{总经根数-边纱根数\times\left(1-\dfrac{布身每筘穿入数}{布边每筘穿入数}\right)}{布身每筘穿入数\times筘号}\times10$$

$$=\frac{11530-304\times\left(1-\dfrac{3}{4}\right)}{3\times169.5}=225.2（cm）$$

（八）浆纱墨印长度

$$浆纱墨印长度=织物公称匹长/（1-经纱织缩率）$$

公称匹长为工厂设计的标准匹长（坏布匹长），通常在 30～40m，采用联匹形式。一般厚织物采用 2～3 联匹，中厚织物采用 3～4 联匹，轻薄织物采用 4～6 联匹。

本案：

根据客户要求，连匹匹长为 36.6m×3。

$$\text{浆纱墨印长度} = \frac{\text{坯布匹长}}{1-\text{经纱织缩率}} = \frac{36.6}{1-7.5\%} = 39.6(\text{m})$$

（九）织物断裂强度

织物断裂强度是衡量织物使用性能的一项重要指标，与经纬纱线密度、织物组织、密度、纺纱方法等因素密切相关，以 5cm×20cm 布条的断裂强度表示。

棉布断裂强度指标以棉纱一等品断裂强度的数值计算为准，特殊品种可另作规定。

$$\text{棉布的经纬向断裂强度}[\text{N}/(5\text{cm}\times 20\text{cm})] = \frac{P_0 P K Tt}{2\times 100}$$

式中：P_0——单根纱线一等品断裂强度，cN/tex；

$\quad\quad P$——织物中标准经纬纱密度，根/10cm；

$\quad\quad K$——纱线在织物中的强力利用系数；

$\quad\quad Tt$——经纬纱线密度，tex。

本案：

$$\text{织物经向紧度} = \text{经纱密度}\times 0.037\sqrt{Tt_j} = 547\times 0.037\sqrt{18.2} = 86.3(\%)$$

$$\text{织物纬向紧度} = \text{纬纱密度}\times 0.037\sqrt{Tt_w} = 330.5\times 0.037\sqrt{31.3} = 68.4(\%)$$

$$\text{织物总紧度} = \text{织物经向紧度} + \text{织物纬向紧度} - \frac{\text{织物经向紧度}\times\text{织物纬向紧度}}{100}$$

$$= 86.3 + 68.4 - \frac{86.3\times 68.4}{100} = 95.7(\%)$$

由《GB/T 406—2008 棉本色布》表3、表4查得：经、纬纱单纱断裂强度分别为 12.4cN/tex 和 11.4cN/tex，由表5查得织物的经、纬向强力利用系数分别为 1.23 和 1.07。

$$\text{棉布的经向断裂强度}[\text{N}/(5\text{cm}\times 20\text{cm})] = \frac{P_0 P K Tt_j}{2\times 100}$$

$$= \frac{12.4\times 547\times 1.23\times 18.2}{2\times 100} = 759(\text{N})$$

$$\text{棉布的纬向断裂强度}[\text{N}/(5\text{cm}\times 20\text{cm})] = \frac{P_0 P K Tt_w}{2\times 100}$$

$$= \frac{11.4\times 330.5\times 1.07\times 31.3}{2\times 100} = 631(\text{N})$$

（十）计算 1m² 织物无浆干燥重量

$$1\text{m}^2\text{织物无浆干燥重量} = 1\text{m}^2\text{织物经纱无浆干燥重量} + 1\text{m}^2\text{织物纬纱无浆干燥重量}$$

$$1\text{m}^2\text{织物经纱无浆干燥重量}(\text{g}) = \frac{\text{经纱密度(根/10cm)}\times 10\times\text{经纱纺出标准无浆干燥重量}(\text{g})}{100\times(1-\text{经纱织缩率}\%)}$$

$$\text{经、纬纱的纺出标准干重}(\text{g}/100\text{m}) = \frac{Tt}{1000\times(1+\text{公定回潮率})}\times 100$$

（1）股线重量应按折合后的单纱重量计算。

（2）经纱总飞花率，粗特纱织物按 1.2% 计算，中特纱平纹织物按 0.6% 计算，中特纱斜纹、缎纹织物按 0.8% 计算，线织物按 0.6% 计算。

（3）涤/棉织物经纱总飞花率，粗特纱织物按 0.6% 计算，中特纱织物（包括股线）按 0.3% 计算。

本案：

选定经纱总伸长率为 1.2%，经纱总飞花率为 0.3%。

（1）$1m^2$ 织物经纱无浆干燥重量（g）

$$=\frac{经纱密度（根/10cm）\times10\times经纱纺出标准无浆干燥重量（g）\times（1-经纱总飞花率）}{100\times（1+经纱总伸长率）\times（1-经纱织缩率）}$$

$$=\frac{547\times10\times\dfrac{18.2}{10.85}\times（1-0.3\%）}{100\times（1+1.2\%）\times（1-7\%）}=97.2（g/m^2）$$

（2）$1m^2$ 织物纬纱无浆干燥重量（g）

$$=\frac{纬纱密度（根/10cm）\times10\times纬纱纺出标准无浆干燥重量（g）}{100\times（1-纬纱织缩率）}$$

$$=\frac{330.5\times10\times\dfrac{31.3}{10.85}}{100\times（1-7\%）}=102.5（g/m^2）$$

$1m^2$ 织物无浆干燥重量 $=97.2+102.5=199.7$（g/m^2）

已知纬纱线密度（29.2tex+70旦），设氨纶丝的牵伸倍数为 3.7，则 70 旦氨纶丝牵伸后的细度为 70旦/3.7=18.9 旦，18.9旦/9=2.1tex，折算后的纬纱线密度为（29.2+2.1）=31.3tex。

（十一）织物用纱量计算

百米织物用纱量=百米织物经纱用纱量+百米织物纬纱用纱量

百米织物（坯布）经纱用量（kg/100m）

$$=\frac{N_0\times总经根数\times（1+自然缩率与放码损失率）}{10^4\times（1+经纱总伸长率）\times（1-经纱织缩率）\times（1-经纱回丝率）}$$

$$=\frac{N_0\times总经根数}{1-经纱织缩率}\times系数$$

百米织物（坯布）纬纱用量（kg/100m）

$$=\frac{Tt_w\times织物纬密\times织物幅宽\times（1+自然缩率与放码损失率）}{10^5\times（1-纬纱织缩率）\times（1-纬纱回丝率）}$$

$$=Tt_w\times织物纬密\times织物幅宽\times纬纱用纱系数$$

（1）自然缩（放码率）一般为 0.5%～0.7%，棉布损失率一般为 0.05%。

（2）经纱总伸长率。上浆单纱 32.4tex 以上按 1%，20.82～30.69tex 为 1.1%，10.6～20.1tex 为 1.2%；上水股线线密度在 10tex×2 以上，总伸长率按 0.3% 计算，线密度在 10tex×2 以下，总伸长率按 0.7% 计算；涤棉织物经纱总伸长率单纱为 1%，股线为 0。

（3）经纬纱回丝率可根据实际生产水平来定，也可按经纱回丝率 0.3%、纬纱回丝率 0.7% 确定。

（4）无梭织机织造的棉织物为毛边，计算用纱量时，对幅宽要进行加放。通常剑杆织机加 15cm，喷气织机加 10cm 左右，有梭织机不加放，片梭织机光边根据布边装置加放 5～15cm。

（5）双幅织物要考虑中间的空筘。

（6）经纬纱用纱系数各个厂均有经验数据。

（7）上述数据仅供参考，可在生产实践中总结。

本案：取自然缩率与放码损失率为 0.6％，经纱回丝率 0.26％，纬纱回丝率 0.64％。

百米织物（坯布）经纱用量（kg/100m）

$$= \frac{Tt_j \times 总经根数 \times (1+自然缩率与放码损失率)}{10^4 \times (1+经纱总伸长率) \times (1-经纱织缩率) \times (1-经纱回丝率)}$$

$$= \frac{18.2 \times 11530 \times (1+0.6\%)}{10^4 + (1+1.2\%) \times (1-7.5\%) \times (1-0.26\%)} = 22.61(kg)$$

百米织物（坯布）纬纱用量（kg/100m）

$$= \frac{Tt_w \times 织物纬密(根/10cm) \times 织物幅宽 \times (1+自然缩率与放码损失率)}{10^5 \times (1-纬纱织缩率) \times (1-纬纱回丝率)}$$

$$= \frac{31.3 \times 330.5 \times (210.5+15) \times (1+0.6\%)}{10^5 \times (1-7\%) \times (1-0.64\%)} = 25.4(kg)$$

百米织物用纱量＝22.61＋25.4＝48.01（kg）

（十二）疵点格率

查阅 GB/T 406—2008《棉本色布》优等品质量，本案产品棉结杂质疵点格率 36％，棉结疵点格率 18％。

（十三）织物上机图

本案织物上机图如图 1-3-1-1 所示。

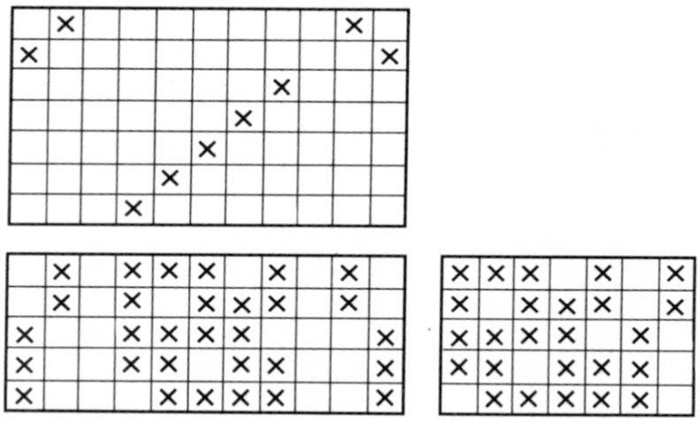

（十四）织物技术规格汇总表

本案中相关的规格、技术条件汇总于表 1-3-1-5 中。

图 1-3-1-1　织物上机图

表 1-3-1-5　织物技术规格表

［品种：83 英寸 32 英支×(20 英支＋70 旦)139×84 弹力直贡］

项目			规格
原纱线密度	经纱	tex/英支	J18.2/32
	边纱	tex/英支	J18.2/32
	纬纱	tex	29.2＋70 旦
组织	地		$\frac{5}{3}$经面缎纹
	边		$\frac{3}{2}$变化经重平
幅宽		cm	210.5
折幅		cm	100.4～100.6
联匹长度		m	36.6×3
织物密度	经	根/10cm	547
	纬	根/10cm	330.5
织物紧度	经	％	86.3
	纬	％	68.4
	总	％	95.7

续表

项目			规格
织造缩率	经	%	7.5
	纬	%	7.0
总经根数		根	11530
边经根数		根	304
百米用纱量	经	kg	22.61
	纬	kg	25.4
	合计	kg	48.01
织物断裂强度	经	N	759
	纬	N	631
无浆干燥重量		g/m²	198.2
疵点格率	棉结杂质	%	36
	棉结	%	18

六、各道工艺参数的选择与计算

(一)络筒工序

制订络筒工艺应综合考虑纤维材料、原纱性质、成品要求、后工序条件、设备状态等因素。络筒工序的主要工艺参数有络纱工艺、捻接工艺和电子清纱器工艺参数。

1. 络筒速度

应根据设备的生产能力、纱线质量要求以及纱线的粗细及品质选择络筒速度,络纱速度越高,筒纱的毛羽及棉结也会越多。自动络筒机的速度为 800~1800m/min。用槽筒络筒机生产时,选择络筒速度的原则如下。

(1)纱线线密度。细特纱线宜选择较低的络筒速度。

(2)纱线强力。纱线强力低宜选择较低的络筒速度。

(3)纱线喂入形式。管纱喂入时速度可高些;筒子纱喂入时速度宜低些;绞纱喂入时速度最低。

本案:设备为自动络筒机,依据络筒速度选择的原则,结合以往经验数据确定经纱络筒速度为 1200m/min,纬纱络筒速度为 1300m/min。

2. 络纱张力

络纱张力的大小应根据纱线的性能确定,同时也应考虑络纱速度。络筒过程中络纱的速度越高,纱线在退绕过程中本身具有的退绕张力越大,张力的设定值应降低。

本案:参考以往经验数据确定经纱络筒张力为 16cN,纬纱络筒张力为 18cN。

3. 筒纱重量

筒纱重量由筒纱的长度决定,络筒工序根据整经或其他后道加工工序提出的要求确定筒子卷绕长度。

整经用筒子的卷绕长度＝整经长度的整数倍＋每个经轴间长度的余量

根据包装的重量确定售纱筒子的卷绕长度。

包装的重量一般一袋为 25kg,每袋有筒子 12~15 只,如产品的包装要求在公定回潮率下 12 个筒子的净重为 25kg,则每个筒子的净重为 2.08kg,然后再根据纱线线密度和实际回潮率折算出筒子的卷绕长度。

本案:确定包装的重量一袋为 25kg,每袋有筒子 12 只,包装要求在公定回潮率下 12

个筒子的净重为 25kg，则每个筒子的净重为 2.08kg，则绕纱长度为：

$$经纱长度 = \frac{公定回潮率时棉纱重量（g）}{Tt_j} \times 1000 = \frac{2.08 \times 1000}{18.2} \times 1000 = 114286（m）$$

$$纬纱长度 = \frac{公定回潮率时棉纱重量（g）}{Tt_w} \times 1000 = \frac{2.08 \times 1000}{31.3} \times 1000 = 66454（m）$$

4. 清纱工艺参数

电子清纱器检测纱线直径（质量）和长度两个量。目前使用的电子清纱器至少有三个清纱通道，即短粗节（S）、长粗节（L）、细节（T）。纱疵通过电子清纱器时，其直径（质量）和长度只要超过任何一个通道的两个设定值，都将被切除。

生产中应根据客户要求和成纱质量要求，结合被加工纱线的乌斯特纱疵分布情况，制订最佳的清纱范围，充分考虑接头增多等负面影响。对质量要求高的精梳纱可以采用较严的工艺参数，对于要求较低的普梳纯棉纱，工艺参数可适当放宽。

5. 本案络筒工艺表

本案：络筒工艺表见表 1-3-1-6。

表 1-3-1-6　络筒工艺

工艺参数	纱线线密度	
	JC18.2tex/32 英支	C29.2tex＋70 旦/20 英支＋70 旦
张力/cN	16	18
络筒速度/（m/min）	1200	1300
筒子长度/m	114286	66454
短粗节截面增量/%	＋180	＋180
短粗节长度/cm	2	2
长粗节截面增量/%	＋35	＋35
长粗节长度/cm	35	35
长细节截面增量/%	－35	－35
长细节长度/cm	35	35
棉结/%	200	200

（二）整经

1. 分批整经

整经工艺设计以整经张力设计为主，还包括整经速度、整经卷绕密度、整经长度、整经根数等项目。

（1）整经张力。整经张力与纤维材料、纱线粗细、整经速度、筒子分布位置等因素有关，工艺设计应尽量保证单纱张力适度，片纱张力均匀。生产中整经张力主要通过张力装置工艺参数来调节（如张力圈质量、摩擦包围角等）。

本案：工艺设计应尽量保证单纱张力适度，片纱张力均匀，本案产品为经面缎纹，为保证布面匀整，采用分段配置整经张力；且织物幅宽较宽，应适当加大整经张力，具体如下。

分段方法：前后分两档，一档分20排，共40排。

张力座位置：前排第3格，后排第2格。

张力垫圈重量：铁华司 2 个、绿色胶木 1 个（铁华司每个 6g；绿色胶木每个 2.6g）。

（2）整经速度。滚筒摩擦传动的分批整经机设计速度为 400m/min，实际运行速度为 200～300m/min；高速分批整经机的设计速度为 1000～1200 m/min，实际运行速度为 600～700m/min。

选择整经速度必须考虑整经断头率，万米百根整经断头率应控制在 1 根左右。纱线质量差、筒子成形差、整经幅宽宽时，速度应稍低些。

本案：经线线密度为 18.2tex 细特纱，产品质量满足《GB/T 398—2008 棉本色纱线》优等品标准，因此纱线质量及筒子成形良好，但整经幅宽较宽，综合考虑各方因素及以往生产实际，确定本案产品整经速度为 600m/min。

（3）卷绕密度。影响经轴卷绕密度的因素有纱线线密度、纱线张力、卷绕速度、车间温湿度等因素，可由对经轴表面施压的压纱辊的加压力大小来调节。分批整经卷绕密度的参考值见表 1-3-1-7。

表 1-3-1-7　分批整经卷绕密度参考值

纱线种类	卷绕密度/(g/cm³)	纱线种类	卷绕密度/(g/cm³)
19tex 棉纱	0.44~0.47	14tex×2 棉纱	0.50~0.55
14.5tex 棉纱	0.45~0.49	19tex 黏纤纱	0.52~0.56
10tex 棉纱	0.46~0.50	13tex 涤/棉纱	0.43~0.55

生产中整经轴卷绕密度 γ 的计算可用下式进行。

$$\gamma = \frac{G}{V}$$

式中：G——经轴容纱重量，g；

　　　V——经轴容纱体积，cm³。

本案：经轴卷绕密度控制在 0.46g/cm³，滚筒压力 2.5Pa。

（4）整经根数及轴数的计算。

① 整经轴数计算

一次并轴的轴数与整经根数的关系为：

$$n = \frac{M}{Z}$$

式中：n——一次并轴的轴数（n 取整数）；

　　　M——织物总经根数；

　　　Z——筒子架容量。

② 每只整经轴上的整经根数

$$m = \frac{M}{n}$$

式中：m——每只整经轴上的整经根数。

每只整经轴上的整经根数如是小数需调整，做到各轴根数尽量相等，并小于最大容量筒数。同时应避免纱线排列过稀而使卷装表面不平整，造成片纱张力不匀。整经根数参见表 1-3-1-8。

表 1-3-1-8　棉纱整经根数的参考值

纱线线密度/tex	每轴经纱根数/根
粗特(32 以上)	360~460
中特(21~32)	400~480
细特(20 以下)	420~500

注：经轴盘片间距为 1384mm。

本案：查阅企业设备条件可知，整经机筒子架容量为 640 只，则：

　　整经轴数＝总经根数÷筒子架容量＝11530÷600≈18.02(只)　取 19 只

　　每只整经轴上的整经根数＝总经根数÷整经轴数＝11530/19≈606.8(根)

$$606 \text{ 根} \times 19 \text{ 轴} = 11514 \text{ 根}$$

$$\text{总经根数缺} = 11530 - 11514 = 16(\text{根})$$

将这 16 根纱平均分配于 16 个轴上，则修正好后的每轴经纱根数为：

$$606 \text{ 根} \times 3 \text{ 轴} + 607 \text{ 根} \times 16 \text{ 轴}$$

（5）整经长度。整经长度的设定依据是经轴的最大容纱量，即经轴的最大绕纱长度。整经长度应略小于经轴的最大绕纱长度，并为织轴上经纱长度的整数倍，同时还应考虑浆纱的回丝长度以及经纱伸长率。

① 经轴的最大绕纱体积

$$V_{max} = \frac{\pi H}{4}(D^2 - d^2)$$

$$D = D_0 - 2$$

式中：H——经轴幅宽，cm；

D——经轴最大绕纱直径，cm；

D_0——经轴盘片直径，cm；

d——经轴轴辊直径，cm。

② 经轴的最大绕纱长度

$$L_{max} = \frac{1000 V_{max} \gamma}{m \, \mathrm{Tt}}$$

式中：L_{max}——经轴的最大绕纱长度，m；

V_{max}——经轴的最大绕纱体积，cm^3；

γ——选择该品种的卷绕密度，g/cm^3；

Tt——经纱线密度，tex；

m——整经根数。

③ 一缸经轴浆轴时制成的最多织轴个数

$$n_{max} = \frac{L_{max}(1 + \varepsilon)}{L_2}$$

式中：n_{max}——一缸经轴浆轴时制成的最多织轴个数；

ε——浆纱伸长率，%；

L_2——一只织轴的绕纱长度，m。

④ 一只织轴的绕纱长度

$$L_2 = if + l_1 + l_2$$

式中：L_2——一只织轴的绕纱长度，m；

i——一只织轴的绕纱匹数；

f——每匹墨印长度，m；

l_1——织机的上机回丝长度，m；

l_2——织机的了机回丝长度，m。

⑤ 实际整经卷绕长度

$$L = \frac{L_2 n_{max} + L_3}{1 + \varepsilon} + L_4$$

式中：L_3——浆回丝长度，m；

L_4——白回丝长度，m。

⑥ 长度比较。实际整经长度 L 应略小于经轴理论卷绕长度 L_{max}，即 $L < L_{max}$，一般整经的实际卷绕长度为经轴容纱量的 3/4 左右。

本案：查阅设备资料可知，经轴盘片间距（宽度）226cm，盘片直径80cm，轴辊直径26.5cm，实测该品种的卷绕密度0.46g/cm³；浆纱墨印长度为39.6m，织轴的卷绕匹数为84匹，织机的上了机长度为2.5m，浆回丝长度为20m、白回丝为20m，浆纱伸长率为1.2%。试进行相关工艺的计算。

a. 经轴的最大绕纱体积

$$V_{max} = \frac{\pi H}{4}(D^2 - d^2) = \frac{3.14 \times 226}{4} \times (78^2 - 26.5^2) = 954779(cm^3)$$

b. 经轴的最大绕纱长度

$$L_{max} = \frac{1000 V_{max} \gamma}{m Tt} = \frac{1000 \times 954779 \times 0.46}{18.2 \times 607} = 39756(m)$$

c. 一只织轴的绕纱长度

$$L_2 = if + l_1 + l_2 = 84 \times 39.6 + 2.5 = 3328.9(m)$$

d. 一缸经轴浆轴时制成的最多织轴个数

$$n_{max} = \frac{L_{max}(1 + \varepsilon)}{L_2} = \frac{39756 \times (1 + 1.2\%)}{3328.9} = 12.1(只) \quad 取 12 只$$

e. 实际整经长度

$$L = \frac{L_2 n_{max} + L_3}{1 + \varepsilon} + L_4 = \frac{3328.9 \times 12 + 20}{1 + 1.2\%} + 20 = 39513(m)$$

（6）分批整经工艺表。分批整经工艺设计实例见表1-3-1-9。

表1-3-1-9 分批整经工艺表

品种		CJ18.2tex，总经根数11530
机型		KY6041
整经速度/(m/min)		600
卷绕密度/(g/cm³)		0.46
整经长度/m		39512
整经配轴/（根×轴数）		606×3+607×16
张力配置	张力垫圈重量/g	14.6（铁华司2个，绿色胶木1个）
	张力座位置	前段：第3格 后段：第2格

2. 分条整经

分条整经工艺除包括整经张力、整经速度、卷绕密度外，还有整经条宽、定幅筘计算、斜度板倾斜角计算等内容。

（1）整经张力。分条整经的整经张力分滚筒卷绕和织轴卷绕两部分。滚筒卷绕时整经张力的工艺参数参照分批整经，织轴卷绕时的片纱张力取决于制动带对滚筒的摩擦程度。

（2）整经速度。新型分条整经速度的设计最高速度已达800m/min，实际使用速度为300～500m/min，设计原则参照分批整经。

（3）卷绕密度。卷绕密度的设计原则参照分批整经，分条整经卷绕密度的参考值见表1-3-1-10。

表1-3-1-10 不同线密度纱线分条整经的卷绕密度参考值

纱线种类	棉纱线	涤/棉股线	粗纺毛纱	精纺毛纱	毛/涤混纺纱
卷绕密度/(g/cm³)	0.50～0.55	0.50～0.60	0.40	0.50～0.55	0.55～0.60

（4）每条经纱根数。

① 生产条格及隐条织物，每条经纱根数（应是配色循环的整数倍）：

$$每条经纱根数\ m＝每花根数×每条花数$$

每花根数为每个配色循环所包含的经纱根数；每条花数为每条内所包含的配色循环数。

$$每条花数＝\frac{筒子架容量－单侧边经根数}{每花根数}$$

$$n＝\frac{M－a}{m}$$

式中：n——整经条数；

　　　M——织物所需的总经根数；

　　　a——边经根数。

第一和最后一条带的经纱根数还需修正，应加上各自一侧的边纱根数；对应 n 取整数后多余或不足的根数作加、减调整。

② 在素经织物生产中：

$$每条经纱根数\ m_2＝\frac{M}{n_1}$$

式中：n_1——整经条数。

当无法除尽时，应尽量使最后一条（或几条）的经纱根数少于前面几条，但相差不宜过大。

（5）整经条宽。整经条宽即定幅筘中所穿经纱的幅宽。

$$整经条宽\ B＝\frac{B_0 m}{M(1＋k)}$$

式中：B_0——织轴幅宽，cm；

　　　k——条带扩散系数，%。

一般有梭织机的织轴幅宽为上机筘幅加 8～10cm，无梭织机的织轴幅宽等于上机筘幅加 2cm 左右。条带宽度一般不小于 3cm，条带扩散一般 1～2 筘齿，经密大时取 2。

（6）定幅筘计算。

$$定幅筘的筘齿密度（筘号）N＝\frac{m}{BC}$$

式中：C——每筘齿穿入经纱根数。

短纤织物每筘齿穿入经纱根数，薄型织物一般小于 4 根，中厚型不大于 8 根，以滚筒上纱线排列整齐，筘齿不磨损纱线为原则。

（7）条带长度。

$$条带长度（整经长度）L＝\frac{lm_p}{1－a_j}＋h_s＋h_t$$

式中：l ——成布规定匹长，m；

　　　m_p——织轴卷绕匹数；

　　　a_j——经纱缩率，%；

　h_s、h_t——分别为织机的上机、了机回丝长度，m。

（8）斜度板倾斜角计算。

$$\tan\alpha＝\frac{c}{h}\quad（具有测厚功能的新型分条整经机）$$

$$\tan\alpha＝\frac{Ttm}{\gamma bh×10^4}$$

$$h = \frac{\mathrm{Tt}m}{\gamma b \tan\alpha \times 10^4}$$

式中：α——滚筒斜度板倾斜角；

h——滚筒转一转定幅筘横向移动的距离，也即导条速度，mm；

c——每层纱厚度，cm；

Tt——纱线线密度，tex；

m——一个条带的经纱根数；

γ——纱线卷绕密度，g/cm³；

b——条带宽度，cm。

测量纱层厚度，工厂实际生产中采用插入法，即用针插入已整好的条带纱层，实测纱层厚度来验证和调整斜度板高度；在一些新型分条整经机上具有自动测厚功能。表 1-3-1-11 为几种常用原料 α 值的推荐值。

表 1-3-1-11 常用原料的 α 值

纱线原料	α 的最大值	纱线原料	α 的最大值
棉	15°～26°	羊毛	17.5°
锦纶	23°	黏胶纤维	13.5°
涤纶	22°	涤纶低弹丝	11°～16.5°
腈纶、维纶	19°		

例 一纯锦缎条织物总经根数为 7212 根，两侧边经纱为 76×2 根，经纬纱线密度为 14.6 tex×14.6tex，色经循环为 112 根，织轴宽 165cm，织轴卷绕长度 20 匹×60m，上了机回丝 2m，经纱缩率 4%，筒子架容量为 480 只。试进行有关工艺上机计算。

① 每条经纱根数

$$每条花数 = \frac{筒子架容量 - 单侧边经根数}{每花根数} = \frac{480 - 76}{112} = 3.6(花) \quad 取 3 花$$

$$每条经纱根数 \ m = 每花根数 \times 每条花数 = 112 \times 3 = 336(根)$$

② 整经条数

$$n = \frac{M - a}{m} = \frac{7212 - 76 \times 2}{336} = 21.04(条) \quad 取 21 条$$

第 2 条～第 20 条：每条 336 根。

第 1 条和第 21 条：336＋76(边纱)＋2＝414(根)。

③ 整经条宽

不考虑条带扩散系数，则：

$$第 2 条～第 20 条条宽 B = \frac{B_0 m}{M(1 + k)} = \frac{165 \times 336}{7212} = 7.69(\mathrm{cm})$$

$$第 1 条和第 21 条条宽 B = \frac{165 \times 414}{7212} = 9.47(\mathrm{cm})$$

④ 定幅筘每筘穿入数

已知定幅筘号为 60 号，则：

$$每筘齿的穿入数 C = \frac{m}{BN} = \frac{336}{7.69 \times \frac{60}{10}} = 7.3(根)$$

穿筘：(2 齿×7 根＋1 齿×8 根)×14＋4 齿×7 根。

⑤ 计算整经长度

$$所用筘齿数 = 336 \times \frac{60}{10} = 46(齿)$$

$$L = \frac{lm_{p}}{1 - a_{j}} + h_{s} + h_{t} = \frac{60 \times 20}{1 - 4\%} + 2 = 1252(m)$$

⑥ 导条速度

设斜度板的倾斜角为 15°，卷绕密度为 0.55g/cm³，则导条速度 h：

$$h = \frac{Ttm}{\gamma b \tan\alpha \times 10^{4}} = \frac{14.6 \times 336}{0.55 \times 7.69 \times \tan15° \times 10^{4}} = 0.43(mm)$$

（三）浆纱

浆纱工艺设计的任务是根据织物品种、浆料性质、设备条件的不同，确定正确的上浆工艺路线，实现浆纱工艺的目的和要求。浆纱工艺设计主要确定浆液配方和调浆方法、浆纱工艺配置。

1. 浆液配方

浆料的选择与配合必须符合上浆、织造及印染各工序的工艺要求，同时考虑经济成本，并符合环保要求。确定浆液配方时要考虑纤维种类、纱线线密度及结构、织物组织和密度、加工条件等因素，同时应考虑浆料的来源、经济成本、环保、能耗等综合因素。选择浆料应遵循两个原则，即浆料配方的种类尽量少，各组分之间不发生化学变化。

一般来说，制定新的浆液配方，可参照同类型品种的有关配方，根据具体情况作一些必要的调整，先进行小批量的生产试验，再逐步确定实际使用的配方。

2. 一步法调浆方法举例（混合浆调制）

（1）常压调浆。先在调浆筒内加入适量水，开慢速搅拌，徐徐加入变性淀粉，搅拌约 5min，再加入 PVA，搅拌 10min，开汽温度升至 98℃后，高速搅拌 1.5h 后加入 PMA，继续高速搅拌 0.5h，加入乳化油等助剂，再高速搅拌 1h 后关汽，搅拌速度降至低挡，定积，测 pH 值和黏度，打至供应桶待用。

（2）高压调浆。在高压煮浆桶内加入适量水，加入助剂、变性淀粉、PVA 等，在 0.2MPa 下煮 1h 左右，再焖 15min 左右。

3. 浆液质量

（1）浆液总固体率。浆液中浆料的总干重对浆液的比重。

$$D = S/W_{0}$$

式中：D——浆液含固率，%；

S——上浆率，%；

W_{0}——压出加重率，%。

$$W_{0} = \frac{压出回潮率}{1 - 浆液含固率}$$

（2）浆液黏度。生产中浆液黏度的经验公式：

$$\eta = 60.2 \times \ln\frac{73.1}{139 - W_{0}}$$

式中：η——浆液的相对黏度，%。

（3）浆液使用时间。使用各类淀粉浆液时，为保证浆液黏度稳定，一般采用小量调浆，用浆时间以 2～4h 为宜，化学浆可适当延长使用时间。

（4）浆液温度。上浆温度应根据纤维种类、浆料性质及上浆工艺等参数制定。不同品种上浆时的浆液温度控制可参考表 1-3-1-12。

表 1-3-1-12　不同品种上浆时的浆液温度

纤维种类	浆液品种	高温上浆/℃	纤维种类	低温上浆/℃
纯棉纱	淀粉浆	93～98	—	—
	化学浆	95～98	—	—
	混合浆	95～98	—	—
涤/棉纱	混合浆	95～98	纯涤短纤	45～50
			T/C65/35	55～65
	化学浆	96～98	T/C80/20	50～55
			T/C45/55	60～70

（5）浆液 pH 值。棉纱的浆液一般为中性或微碱性，毛纱则适宜于微酸性或中性浆液，合成纤维不宜用碱性较强的浆液，粘胶纤维宜用中性浆液。

4. 浆纱工艺配置

（1）上浆率。确定上浆率应结合长期生产实践经验，考虑浆纱品种（纱线线密度、织物组织和密度）、所用浆料性能、织机性能及织造参数等因素。受浆液的含固率、温度、压浆辊的表面状态、压力、车速等因素影响。上浆率的计算如下。

$$S = \frac{P - P_0}{P_0}$$

式中：S——上浆率，%；

　　　P——织轴上浆纱干重，kg；

　　　P_0——织轴上原经纱干重，kg。

新品种的上浆率，通常可参考相似品种的上浆率，也可用经验公式计算。

不同浆料配方时的上浆率见表 1-3-1-13，使用有梭织机织制纯棉平纹织物时的上浆率见表 1-3-1-14。上浆率的织物组织修正、纤维种类修正、织机种类修正见表 1-3-1-15、表 1-3-1-16、表 1-3-1-17。

表 1-3-1-13　不同浆料配方时上浆率的参考值

浆料配方 PVA：淀粉：丙烯类	相对上浆率/%
3：6：1	100
2：7：1	100
6：3：1	80～90

表 1-3-1-14　有梭织机织制纯棉平纹织物时的上浆率

纱线线密度/tex(英支)	上浆率/%	
	一般密度织物（200 根/10cm）	高密度织物（200 根/10cm 以上）
29(20)	8～9	10～11
19.4(30)	9～10	11～12
14.5(40)	10～11	12～13
11.7(50)	11～12	13～14
9.7(60)	12～13	14～15

表 1-3-1-15　按织物组织修正上浆率

织物组织	上浆率修正值/%
平纹	100
斜纹	90～95
缎纹	80～86

表 1-3-1-16　按纤维种类修正上浆率

纤维种类	上浆率修正值/%
纯棉	100
再生短纤纱	60~70
涤纶短纤纱	120
涤/棉、涤/黏混纺纱	115~120
麻混纺纱	115

表 1-3-1-17　按织机种类修正上浆率

织机种类	车速/(r/min)	上浆率修正值/%
有梭织机	150~200	100
片梭织机	250~350	115
剑杆织机	200~250	110
高速剑杆织机	300 以上	120
喷气织机	400 以上	120

① 上浆率的检验。上浆率一般以检验退浆结果和按工艺设计允许范围（表 1-3-1-18）考核其合格率。

表 1-3-1-18　上浆率工艺设计允许范围

上浆率/%	6 以下	6~10	10 以上
允许差异/%	±0.5	±0.8	±1.0

② 上浆率的调节。上浆率一般通过改变浆液浓度和黏度加以调节。压浆辊加压重量的改变也能小幅度调节上浆率，但过大改变加压重量将造成浸透和被覆的不恰当分配，故一般不宜采用。

传统中低压上浆工艺中，浆液百分比浓度与经纱上浆率的比值范围见表 1-3-1-19。

表 1-3-1-19　浆液百分比浓度与经纱上浆率的比值范围参考值

经纱线密度/tex	14.5tex 以下短纤纱		14.5tex 以上短纤纱	
总经根数	2500 根以上	2500 根以下	2500 根以上	2500 根以下
浆液浓度对上浆率的比值	0.70~0.75	0.75~0.85	0.75~0.80	0.8~0.96

新型浆纱机浆槽中浆液的百分比浓度与浆纱上浆率的比值关系应按浆液浓度≥上浆率控制。

（2）回潮率。浆纱回潮率即浆纱所含的水分对浆纱干重之比的百分率。回潮率要求纵向、横向均匀，其波动范围一般设定在工艺设定值的±0.5%为宜。各种浆纱的回潮率见表 1-3-1-20。

调节回潮率有定速变温与定温变速两种方法，目前一般均采用定温变速的方法。

表 1-3-1-20　各种浆纱的回潮率

纱线品种	回潮率/%	纱线品种	回潮率/%
棉浆纱	7±0.5	涤/棉(50/50)混纺浆纱	3~4
黏胶浆纱	10±0.5	聚酯浆纱	1.0
涤/棉(65/35)混纺浆纱	2~3	聚丙烯腈浆纱	2.0

（3）伸长率。经纱在上浆过程中的伸长率越小越好。不同产品浆纱的总伸长率见表 1-3-1-21。

表 1-3-1-21　不同产品浆纱的总伸长率参考值

品　　种	伸长率/%	品　　种	伸长率/%
特细特棉织物	0.7~1.0	股线棉织物	-0.1~0.1
中特棉织物	0.9~1.0	涤/棉混纺织物	1~2
粗特棉织物	1.1~1.5	黏胶纤维织物	3~4

（4）加压方式及压力配置。根据浆纱品种及浆液配方确定加压方式及压力配置。

① 传统浆纱机压浆辊加压重量的配置。压浆力 4～6kN，称为低压上浆，上浆时两对压浆辊的压力配置为前重后轻，达到先浸透、后被覆的要求。

② 新型浆纱机压浆辊加压重量的配置。已逐步推广高压上浆新工艺，最大压浆力可达40kN，但必须配合高浓低黏性能的浆料，上浆时两对压浆辊的压力配置为前轻后重，逐步加压。

一般粗特纱、经密高、纱线捻度大的产品，压浆力应适当加重；反之，对细特纱可适当减轻压浆力。

（5）烘筒温度。不同原料的产品烘筒温度设置参考值见表 1-3-1-22。

表 1-3-1-22　不同原料的产品烘筒温度设置参考值

产品种类	预烘烘筒温度/℃	合并烘筒温度/℃	产品种类	预烘烘筒温度/℃	合并烘筒温度/℃
纯棉	135	130	涤/棉混纺	125	120
纯粘	125	120	涤/黏混纺	125	110
纯涤	120	110	棉/黏混纺	130	120

预烘部分纱线湿回潮率大，预烘温度低时容易黏浆，温度稍高有利于浆膜完整和减少毛羽。

（6）浆纱速度。浆纱速度的高低与上浆品种、设备条件等因素有关。在上浆品种、烘燥装置最大蒸发量、浆纱的压出回潮率和工艺回潮率已知的条件下，浆纱速度的最大值可用下式计算。

$$v_{\max}=\frac{G(1+W_g)\times10^6}{60TtM(1+S)(W_0-W_1)}$$

式中：$v_{\max}$——浆纱速度的最大值，m/min；

G——烘燥装置的最大蒸发量，kg/h；

W_g——原纱公定回潮率，%；

Tt——经纱线密度，tex；

M——总经根数；

S——上浆率，%；

W_0——浆纱压出回潮率，%；

W_1——浆纱离开烘燥装置的回潮率（即工艺回潮率），%。

浆纱机的实际速度根据设备和品种的不同，通常为 35～60m/min。

（7）纱线覆盖系数。用纱线覆盖系数来表示浆槽中纱线排列的密集程度，计算公式为：

$$K=\frac{d_0M}{B}$$

式中：K——纱线覆盖系数，%；

d_0——纱线计算直径，mm；

M——总经根数；

B——浆槽中排纱宽度，mm。

覆盖系数高，纱线排列过密，上浆率减小；覆盖系数一般以 50% 为宜，不宜超过 60%，覆盖系数过高则采用双浆槽或多浆槽上浆。

（8）浆纱墨印长度。浆纱墨印长度 f 可用公式计算。

$$f=\frac{L_p}{(1-a_j)}$$

式中：L_p——织物的公称匹长，m；

　　　a_j——经纱织缩率，%。

5. 浆纱工艺实例

浆纱工艺实例见表 1-3-1-23、表 1-3-1-24。

表 1-3-1-23　浆纱工艺实例一

浆液配方及上浆工艺	织物品种	JC50×JC 50 145×79 府绸	JC40×JC 40 133×100 防雨布	C32×(C 16+70 旦) 125×98 弹力直贡
浆液配方 /kg	PVA—1799	30	30	20
	PVA—205MB	25	—	—
	SL 纺织上浆剂	—	70	—
	磷酸酯变性淀粉	35	—	60
	KT(固体丙烯酸类)	4	4	4
	YL(浆纱油脂)	2.5	2.5	2.5
	NL—4(防腐剂)	0.15	0.15	0.15
上浆工艺	浆槽温度/℃	95±2	95±2	95±2
	浆槽黏度/s	14±1	14±1	14±1
	预烘温度/℃	120	120	120
	烘干温度/℃	105	105	105
	第一加压/kN	10	10	10
	第二加压/kN	$v=0$ 时,4 $v=40m/min$ 时,10	$v=0$ 时,4 $v=40m/min$ 时,12	$v=0$ 时,4 $v=40m/min$ 时,12
	覆盖率/%	64.2	97.4	80.2
	浆纱分层	双槽单层预烘	双槽单层预烘	双槽单层预烘
	湿分绞棒数	前后各一根	前后各一根	前后各一根
	车速/(m/min)	70±5	80±5	80±5
	上浆率/%	12.5±1	11.5±1	11.0±1
	回潮率/%	7±0.5	7±0.5	7±0.5
	伸长率/%	<1	<1	<1
	备注	采用后上蜡工艺		

表 1-3-1-24　浆纱工艺实例二

浆液配方及上浆工艺	织物品种	JC32/2×JC 32/2 108×58 线卡	T65/C35 45× T65/C35 45 133×72 涤/棉府绸	T/C45/2×T21 108×57 方格
浆液配方 /kg	玉米变性淀粉	25		
	TB225	25		
	PVA—1799	10	50	25
	PVA—205MB		15	
	磷酸酯淀粉		30	55
	KT	4	7	4
	油脂	1.5		
	YL		5	2.5
	NL—4	0.15	0.15	0.15

续表

织物品种 浆液配方及上浆工艺		JC32/2×JC 32/2 108×58 线卡	T65/C35 45× T65/C35 45 133×72 涤/棉府绸	T/C45/2×T21 108×57 方格
上浆工艺	浆槽温度/℃	95±2	95±2	95±2
	浆槽黏度/s	10±1	20±1	11±1
	预烘温度/℃	130	120	120
	烘干温度/℃	110	105	105
	第一加压/kN	10	10	10
	第二加压/kN	$v=0$ 时,4 $v=40$m/min 时,10	$v=0$ 时,3.5 $v=40$m/min 时,8.5	$v=0$ 时,3.5 $v=40$m/min 时,9.5
	覆盖率/%	105.2/2	67.6/2	75.4/2
	浆纱分层	双槽单层预烘	双槽单层预烘	双槽单层预烘
	湿分绞棒数	前后各一根	前后各一根	前后各一根
	车速/(m/min)	50±5	70±5	60±5
	上浆率/%	9±1	13.5±1	11.0±1
	回潮率/%	7±0.5	2~3	7±0.5
	伸长率/%	<0.5	<0.5	<1
	备注		采用后上蜡工艺	

本案：采用 GA308 型浆纱机，18.2tex 的精梳纯棉纱，纱线粗细适中，织物经密较高，上浆工艺宜采用"紧张力、匀卷绕、重浸透、求被覆、湿分绞、保浆膜"的上浆措施。上浆后的经纱表面光洁，韧性和耐磨性好，浆料选择应考虑经济性和环保性。

（1）浆液配方。纳米 ZM-03 0.3kg、AS 高性能纺织上浆剂 25kg、磷酸酯淀粉 62.5kg、蜡片 KT 4kg、浆纱油脂 YL 2.5kg、二萘酚 NL—4 0.15kg。

（2）浆液质量指标：浆液浓度 12.5%，浆槽温度 95℃±2℃，浆槽黏度 14s±1s，pH 值 7~8。

（3）上浆工艺：上浆工艺必须满足喷气织机高速织造的要求，通过上浆达到提高经纱强力、贴伏毛羽和提高经纱耐磨性的目的。

① 上浆三率的确定。结合长期生产实践经验，参考类似品种，确定本品种上浆率为 11.0%±1%；为了保证浆膜的完整性、耐磨性、耐屈曲性和黏附性，回潮率掌握在 7%±0.5%；伸长率控制在 1.2% 以内。

注意，回潮率应根据季节变化适当调整。

② 烘房温度的选择。烘房温度不宜过高，这有利于浆膜完整。结合生产经验选择预烘温度为 120℃，烘干温度为 105℃。

③ 加压方式及压力配置。GA308 型浆纱机属于新型浆纱机，应选择高浓低黏性能的浆料；环锭纺纱对生产有害的长毛羽较多，贴伏毛羽是浆纱的主要目的之一。为达到较好的被覆效果，应采用双浸双压的浸压工艺，压浆辊加压重量应采用前轻后重、逐步加压的工艺配置。具体为第一加压 10kN，第二加压 40kN。

④ 纱线覆盖系数 K。

取浆槽中排纱宽度 B 等于经轴宽度。

$$纱线计算直径\ d_0 = 0.037\sqrt{18.2} = 0.01578(\text{mm})$$

$$K = \frac{d_0 M}{B} = \frac{0.01578 \times 11530}{226 \times 10} \times 100\% = 80.5\%$$

本案覆盖系数超过 60%，采用双浆槽上浆；每只浆槽的浆纱出浆槽后各采用湿分绞棒一根，以利于进一步贴伏浆纱毛羽；分两层至预烘烘筒预烘，即每只预烘烘筒上，只有总经根数 1/4 的纱片。以降低每只预烘烘筒的浆纱覆盖率。

⑤ 浆纱速度。浆纱机的车速（80±5）m/min。

本案浆纱工艺汇总见表 1-3-1-25。

表 1-3-1-25 浆纱工艺（CJ18.2，总经根数 11530）

浆液配方/kg	玉米变性淀粉	25	上浆工艺	浆槽温度/℃	95±2
	TB225	25		浆槽黏度/s	10±1
	PVA—1799	10		预烘温度/℃	130
	PVA—205MB			烘干温度/℃	110
	磷酸酯淀粉			第一加压/kN	10
	KT	4		第二加压/kN	$v=0$ 时,4; $v=40$m/min 时,10
	油脂	1.5		覆盖率/%	105.2/2
	YL			浆纱分层	双槽单层预烘
	NL—4	0.15		湿分绞棒数	前后各一根
				车速/(m/min)	50±5
				上浆率/%	9±1
				回潮率/%	7±0.5
				伸长率/%	<0.5
				备注	采用后上蜡工艺

（四）穿经

穿经工序的工艺主要是根据织物品种、织机类型选择综、筘、片的规格；确定穿综、穿筘方法及停经片的排列；计算每页综丝数及验证综丝密度和停经片密度。

1. 停经片

（1）停经片规格。停经片的规格主要是形状和重量的选择，视纤维原料、纱线线密度、织机形式和织机车速等因素而定。电气式停经片规格见表 1-3-1-26。

表 1-3-1-26 电气式停经片规格

长度/mm	宽度/mm	厚度/mm	重量/g
124~128	7	0.2	0.9
	8	0.2	1.1
		0.3	1.7
	11	0.2	1.7
		0.3	2.5
		0.4	3.3
145	8	0.2	1.2
		0.3	1.9
	11	0.2	1.9
		0.3	2.9
		0.4	3.9
165	11	0.2	2.2
		0.3	3.3
		0.4	4.4
		0.5	5.5

（2）每根停经杆上停经片的排列密度。

$$P = \frac{M}{m(B+1)}$$

式中：P——每厘米停经杆中停经片的片数；

M——经纱总根数；

m——经停杆排数，通常为 4、6、8；

B——综框的上机宽度，cm。

实际生产中，每根停经杆上停经片允许密度与线密度的关系见表 1-3-1-27、表 1-3-1-28。不同织机采用的停经片厚度不同，见表 1-3-1-29。

表 1-3-1-27　无梭织机停经片重量与线密度的关系

纱线线密度/tex	<9	9～14	14～20	20～25	25～32	32～58	58～96	96～136	136～176	>176
停经片重量/g	<1	1～1.5	1.5～2	2～2.5	2.5～3	3～4	4～6	6～10	10～14	14～17.5

表 1-3-1-28　停经片最大排列密度与纱线线密度的关系

纱线线密度/tex	48 以上	42～21	19～11.5	11 以下
停经片最大排列密度/(片/cm)	8～10	12～13	13～14	14～15

表 1-3-1-29　停经片最大排列密度与停经片厚度的关系

停经片厚度/mm	0.15	0.2	0.3	0.4	0.5	0.65	0.8	1.0
停经片最大排列密度/(片/cm)	23	20	14	10	7	4	3	2

2. 穿综

（1）综丝的规格。综丝规格由经纱种类、梭口高度、织机型号确定。有梭织机用钢丝综，无梭织机用钢片综，钢片综的规格、密度及其与线密度的关系见表 1-3-1-30。

表 1-3-1-30　Grob 钢片综的规格、密度及其与线密度的关系

截面/mm	综眼大小/mm	综丝长度/mm					适用纱规格/tex	最大密度/(根/10cm)	
								直式	复式
1.8×0.25	5×1.0	260	280	300	330		14.5	16	24
2×0.30	5.5×1.2		280	300	330		29	12	20
2.3×0.35	6×1.5		280	300	330	380	420	58	10	17
2.6×0.40	6.5×1.8		280	300	330	380		72	9	14

（2）综丝（片）的密度。经纱穿综应尽可能使提综均匀，同时应遵循穿综原则，尽可能减少综框页数，综丝密度应控制在合理的范围内，可按下式计算。

$$综丝密度（根/cm）= \frac{每页综框上的综丝根数（根）}{综框宽度（cm）}$$

$$每页综框上的综丝根数 = \frac{内经纱数×每一穿综循环内穿入该片综的经纱数}{每一穿综循环的经纱数}$$

综框宽度一般为经纱穿筘幅宽加 1～2cm。若布边组织用地组织的综丝，则该页综框上所用的综丝数还应加上布边组织所用的综丝。

钢丝综的规格、密度及其与线密度的关系见表 1-3-1-31。

表 1-3-1-31　钢丝综的规格、密度及其与线密度的关系

综丝号数	纱线线密度/tex	综丝最大密度/(根/cm)
26	36～19	4～10
27	19～14.5	10～12
28	14.5～7	12～14

织造高经密织物时，为避免钢丝综密度超过最大排列密度的允许值，可以增加综框页数或增加综框上钢丝综的列数。

3. 穿筘

确定筘号应综合考虑织物的外观要求、组织结构、经纱的线密度、经纱密度和织造是否顺利等因素。筘号大，织物表面匀整细腻，筘痕少，但经纱所受的摩擦增大。钢筘的高度随梭口的大小而定，钢筘的长度由织机的型号决定。

本案：

（1）停经片的工艺。

① 停经片规格。查阅表 1-3-1-26，确定停经片的重量为 1.9g。

② 停经片的排列密度 P。

$$P=\frac{M}{m(B+1)}=\frac{11530}{6\times(226+1)}=8.47(\text{片}/\text{cm})$$

（2）穿综工艺。

① 综片规格。本案织机为喷气织机，因而采用钢片综，开口机构为凸轮开口机构，选择钢片综长度为 280mm，截面尺寸为 1.8mm×0.25mm。

② 综片的排列密度 P。

$$\frac{\text{边经纱每页综框}}{\text{上的综丝根数}}=\frac{\text{边经纱数}\times\text{每一穿综循环内穿入该片综的经纱数}}{\text{每一穿综循环的经纱数}}$$

$$=\frac{304\times1}{2}=152(\text{根})$$

$$\frac{\text{地经纱每页综框}}{\text{上的综丝根数}}=\frac{\text{地经纱数}\times\text{每一穿综循环内穿入该片综的经纱数}}{\text{每一穿综循环的经纱数}}$$

$$=\frac{(11530-304)\times1}{5}=2245(\text{根})$$

$$\text{地经纱综丝密度}=\frac{\text{每页综框上的综丝根数}}{\text{综框宽度}}=\frac{2245}{226+2}=9.85(\text{根}/\text{cm})$$

综框宽度取经纱穿筘幅宽加 2cm，计算结果小于综片允许最大排列密度 16 根/cm。

（3）钢筘。筘号的计算见织物技术规格设计与计算。

（4）本案穿经工艺。见表 1-3-1-32。

表 1-3-1-32　穿经工艺表

停经片	规格	g	1.9		规格	mm	302×5.5×0.3
	列数	列	6		页数	页	5+2(边经)
	穿法		123456		综丝/页	根	1～5：2246，6～7：80
筘	筘号	公制	169.5	综		地	12345
	筘幅	cm	225.2		穿法	边	左边：(6767)单×2+(67)双×36
	穿法	地	3 根/筘				右边：(67)双×36+(6767)单×2
		边	4 根/筘			废边	8 根，23456234

（品种：83 英寸 32 英支×20 英支+70 旦 139×84 弹力直贡）

（五）织造

织机工艺参数是指织机上一些主要部件的规格、安装的相对位置和运动时间，分固定工艺参数和可调工艺参数。

固定工艺参数在织机设计时就已制定，生产中不能再作调整，如筘座高度、连杆打纬机构的尺寸、片梭型号、钢筘与走剑板的夹角、筘座动程等。

可调工艺参数应在上机前确定，上机时统一调整。在可调的织造工艺参数中，有些是由织物规格所规定的，上机时作对应的调整和设定就可以了，如提综顺序（凸轮开口机构的凸轮、多臂、提花开口的纹版）、纬密设定（变换齿轮、纬密调节器的指针刻度、电子卷取设定值）、选纬顺序等。还有一些应根据生产时的具体情况，作具体的分析和试验后才能确定，主要有织机速度、梭口高度、经位置线（后梁位置）、上机张力、综平时间（开口时间）、引纬参数等。选择和确定这些参数时，既要考虑织物组织结构、外观风格、纱线种类、纱线线密度，又要考虑设备本身条件，注意开口、打纬、引纬动作的协调；同时还应考虑原纱条件和半制品质量等因素。织造不同品种的织物时，应根据具体情况制定织造工艺参数。

确定织造工艺参数应遵循以下原则。

（1）改善织物物理机械性能。

（2）提高织物的外观效应。

（3）降低织疵，提高下机质量。

（4）减少断头，提高生产效率。

（5）降低原材料、机物料和动力的消耗。

1. 织机速度

本案：产品虽密度较高，但经纱质量好，织造难度不是很大，结合以往生产经验本案织机速度取 650r/min。

2. 提综顺序

上机图中的纹板图规定了提综顺序。

本案：产品正织，提综顺序：（1）23456（2）12456（3）12346（4）13457（5）12357

3. 纬密设定

本案：织机采用橡胶刺毛辊，下机缩率取 3%。

$$机上纬密＝坯布纬密×（1－下机缩率）$$
$$＝330.5×（1-3\%）＝320.6（根/10cm）$$

根据上机纬密由设备说明书查出纬密牙，标准牙为 29 齿，变换牙为 60 齿。

4. 后梁与停经架位置

调整经位置线主要是调整后梁位置，改变后梁高低位置即是改变梭口上下层经纱的张力差异。

确定后梁高低位置应考虑原纱条件、织物品种的不同，同时应兼顾布面外观、断头率及织疵等因素，配置的原则如下。

（1）织制纬向紧度大或打纬阻力大的织物，应适当抬高后梁，以增大经纱的张力差异，取得较好的打纬条件；反之，则可放低后梁。

（2）容易呈现筘痕的织物，应适当抬高后梁，以求经纱排列均匀，布面丰满；反之，则可放低后梁。

（3）为使布面组织点突出颗粒效应，应采用较高后梁的不等张力梭口。

（4）对于经纱密度较大，易致梭口不清的织物，后梁不宜太高。

（5）织造斜纹织物时，应比织制平纹织物的后梁高度适当降低，以减少经纱张力的差异，可以使梭口清晰，断头减少。

（6）如原纱条干不匀及强力较差时，后梁应低些。

（7）使用多臂开口机构时，后梁高度比使用凸轮开口机构时应适当低一些。

后梁前后位置的改变实质上是改变受打纬过程影响的经纱长度。一般织造中特纱织物时，后梁居中；织造细特纱高密织物时，后梁前移，以利于开清梭口；织造粗特纱织物时，后梁应后移，以增加经纱对后梁的包围角，使张力保持均匀，织物平整挺括。

各类织机各类织物后梁高低参考值见表 1-3-1-33、表 1-3-1-34。

表 1-3-1-33　JAT710 型喷气织机各类织物后梁位置参考值

纱线类别	织造	后梁位置		纱线类别	织造	后梁高低
		前后	高低			
短纤	平纹	3	0	长丝	平纹、$\frac{2}{2}$斜纹	0
	斜纹、缎纹	3	+1		斜纹、缎纹 $\left(\frac{2}{1}、\frac{3}{1}、\frac{4}{1}\right)$	+1
					斜纹、缎纹 $\left(\frac{1}{2}、\frac{1}{3}、\frac{1}{4}\right)$	−2
	多臂开口机构	5	−20		多臂开口机构	0

表 1-3-1-34　SOMET 型剑杆织机各类织物后梁位置参考值

项目		纤维及织物类别					
		化纤（轻、中型）	毛纱（轻/厚型）	棉纱			
				轻、中型	中、厚型	牛仔布、防羽布	装饰中、厚型织物（提花开口）
后梁高低位置	窄幅	+0.5	0/+1/+2/+3	+1/+2	+2/+3	+4/+5	−0.5/+0.5
	宽幅	+2		+1/+2	+2/+3	+4/+5	−0.5/+0.5
后梁前后位置		8 页综以下第 2 孔，否则用第 3 孔		12 页综以下第 2 孔，超过用第 3 孔			第 3 孔
经停装置距最后一页综的距离	窄幅	500/600	350/450	350/450			300/600
	宽幅	400/600					500/600

注：织机型号为 SOMET　Thema—Super—Excel。

本案：参考 JAT710 型喷气织机设备说明书，确定本案产品前后位置为第 3 格，高低位置为 +1 格。

5. 经纱的上机张力

在实际生产中，确定上机张力时应做到打紧纬纱、开清梭口、保证织物外观和内在质量。

一般掌握织机上的单纱上机张力不大于细纱断裂强度的 20%～30%。在生产中常以布幅控制上机张力。

（1）JAT 系列喷气织机设定织造时经纱张力值可用下式计算。

$$短纤纱张力设定值\ T=\frac{W\mathrm{Tt_j}C}{583.1}$$

式中：W——总经根数；

$\mathrm{Tt_j}$——经纱线密度，tex；

C——系数，见表 1-3-1-35。

表 1-3-1-35　JAT 系列喷气织机不同品种短纤纱张力计算系数 C

织造			短纤纱系数	
			棉及混纺系列	化纤系列
平纹			1.0	1.1
正织 $\left(\frac{2}{1}、\frac{2}{2}、\frac{3}{1}\right)$		Tt≥100tex	0.55	0.65
		50tex≤Tt<100tex	0.6	0.7
		33.3≤Tt<50tex	0.7	0.8
		Tt<33.3tex	0.8	0.9
反织 $\left(\frac{2}{1}、\frac{2}{2}、\frac{3}{1}\right)$		Tt≥100tex	0.6	0.7
		50tex≤Tt<100tex	0.7	0.8
		33.3tex≤Tt<50tex	0.8	0.9
		Tt<33.3tex	0.9	1.0
多臂开口机构			0.9	1.0
提花开口机构			0.8	0.9

（2）剑杆织机调节经纱张力即调节各种后梁弹簧的垂直位置，见表 1-3-1-36。

表 1-3-1-36　SOMET 系列织机后梁弹簧垂直位置参考数据

项目		纤维及织物类别					
		化纤（轻、中型）	毛纱（轻/厚型）	棉纱			
				轻、中型	中、厚型	牛仔布、防羽布	装饰中、厚型织物（提花开口）
后梁弹簧的垂直位置	窄幅	1/2	1/2	1/2	2	2/3	1/2
	宽幅	1/2	1/2	1/2		2/3	2

本案：

$$张力设定值\ T = \frac{WTt_jC}{583.1} = \frac{11530 \times 18.2 \times 0.8}{583.1} \approx 588(g)$$

式中：C——系数，见表 1-3-1-34，取 0.8。

6. 开口时间

确定开口时间应当根据织物品种、原料和织机的条件综合考虑，而且要经过上机实践，得出最合理的数据。开口时间随机型及开口机构的不同而异，一般应在织机规定的开口时间范围内调节。开口时间的迟早决定了打纬时经纱张力的大小和采用不等张力梭口时上下层经纱张力的差异程度，它强化了上机张力和后梁高度对织物形成过程的影响。

如早开口，打纬时梭口较大，经纱张力也较大，有利于打紧纬纱且打紧的纬纱不易反拨，但钢箱对经纱的摩擦加剧。出梭口时，引纬器（梭子、剑杆）与经纱的摩擦也大。一般平纹织物用早开口；斜纹、缎纹织物用迟开口。各类织机的开口时间见表 1-3-1-37、表 1-3-1-38。

表 1-3-1-37　JAT710 型喷气织机各类织物开口时间参考值

纱线种类	参数	凸轮开口			曲柄开口	多臂开口
短纤	开口量	32°			32°	30°
	开口时间	1×2 综平	3×4 综平	斜纹、缎纹	310°	300°
		310°	290°	290°		
长丝	开口量				24°	
	开口时间				345°	

喷气织机织造高密平纹织物时，采用小双层梭口，例如第一、第二页综综平时间为 300°，第三、第四页综平时间为 280°。

剑杆织机通常300°～315°综平，称为中开口，小于300°称为早开口，大于315°称为迟开口。剑杆织机综平一般可依据以下几点。

（1）综平一般在打纬前30°完成。

（2）剑杆织机开口时间的调节范围在25°左右。

（3）需考虑引纬运动及布面质量。

表 1-3-1-38　SOMET 系列剑杆织机各类织物开口时间参考值

项目		纤维及织物类别					
		化纤 （轻、中型）	毛纱 （轻/厚型）	棉纱			
				轻、中型	中、厚型	牛仔布、 防羽布	装饰中、厚型织物 （提花开口）
钢筘处梭口高度 /mm	窄幅	28	28/30	28			30
	宽幅	28/30		28			30/32
开口时间	窄幅	325°～335°	300°～320°	320°		300°～330°	310°～320°
	宽幅	300°～340°		305°～330°		305°～320°	320°～340°

注：织机型号为 SOMET Thema-Super-Excel。

无梭织机织造时，纬纱出梭口侧的废边纱开口时间应比地经提早25°～30°，使纬纱出梭口侧获得良好的布边。

本案：

$$张力设定值 \ T = \frac{WTt_jC}{583.1} = \frac{11530 \times 18.2 \times 0.8}{583.1} \approx 588(g)$$

参考表 1-3-1-35，系数 C 取 0.8。

本案： 参考 JAT710 型喷气织机设备说明书，根据本案设备为凸轮开口，则开口时间确定为 290°。

7. 纬纱工艺参数

各类织机的引纬方法不同，其与引纬有关的工艺参数也不同。

（1）剑杆引纬

① 剑头进出梭口时间。视机型、筘座形式不同而不同，一般剑杆引纬是在综平后100°左右开始，在下一综平前10°～30°进梭口，具体可参见织机说明书。

剑杆引纬调整的原则是送纬剑进梭口时间不致使剑头进出梭口时摩擦经纱，不产生"三跳"等织疵。

② 剑杆动程。当改变上机筘幅时，需调节剑杆动程。具体调节方法视织机机型而定。

③ 剪纬时间。剪纬时间早，纬纱较短，反之则长。剪纬时间根据纬纱粗细而延迟或提早，当夹纱器有效地夹持纬纱后立即剪断纬纱，具体时间视织机机型而定。

④ 梭夹开夹时间。开夹时间早，则出口侧纱尾长，反之则短，应以纱尾长短合适为宜。

（2）喷气引纬

① 喷气时间。从主喷嘴开始喷气到最后一组辅助喷嘴结束喷气（始喷角到终喷角）的时间称为喷气时间，确定喷气时间除应考虑机型外，还应考虑纱线种类、织机车速、穿经筘幅等因素。车速快、筘幅大时，应加大喷气时间，纱线粗，喷气时间应长；反之，喷气时间可短些。

变更织物时，喷气引纬时间应随之改变，工厂一般都采用简便图形法，根据织物的上机筘幅改图形确定喷气时间。取主轴角度为横坐标，织物上机筘幅为纵坐标，选定引纬开始和结束时间，把纬纱当作匀速运动，就可以得到各组辅助喷嘴的喷气时间（图 1-3-1-2）。

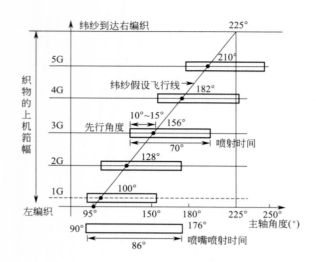

飞行开始定时：95°，主喷嘴喷射定时 90°～176°；

第一组辅助喷嘴喷射定时 90°～160°；纬纱头端到达定时 225°。

图 1-3-1-2　喷气织机上筘幅与喷气时间的关系

② 主辅喷嘴压力。当织机车速增大时，将推迟纬纱出梭口时间，应增大主喷嘴供气压力。但主喷嘴气压不能太高，气压高，气流对纬纱的作用力大，易吹断纬纱。但若气压太低，不仅纬纱难以顺利通过梭口，且会引起纬纱测长不准，产生短纬或松纬、出梭口侧布边松弛等疵点。

生产中应调整好主喷嘴压力后再调辅助喷嘴压力。

③ 储纬器测长量＝穿筘幅宽＋废边纱长度。

④ 辅助喷嘴的组数与经纱穿筘幅宽有关，具体参见产品说明书。

本案：

（1）主辅喷嘴气压

本案织机车速适中，应选择适中的气压，选择主喷喷气压力 3.2×10^4 Pa，辅喷喷气压力 3.5×10^4 Pa。

（2）剪纬时间

参考 JAT710 型喷气织机设备说明书，选择剪纬时间 25°。

（3）纬纱到达时间

参考 JAT710 型喷气织机设备说明书，选择纬纱到达时间 230°。

（4）喷气时间

参考 JAT710 型喷气织机设备说明书，结合本产品纬纱是弹力纱、筘幅较宽等特点，应加大喷气时间。

8. 织造工艺汇总

织造工艺汇总于表 1-3-1-39。

表 1-3-1-39 喷气织机织造工艺实例

品种：210.5 JC18.2tex×(C29.2tex+70旦) 547根/10cm×330.5根/10cm 弹力直贡

机型		JAT710—230		上机张力		g	588
速度	r/min	650		纬密牙			29×60
开口形式		凸轮开口		喷气压力	主喷	Pa	$3.2×10^4$
综框高度	第1页	mm	100		辅喷	Pa	$3.5×10^4$
	第2页	mm	98	喷气时间	主喷1	(°)	90～170
	第3页	mm	96		主喷2	(°)	90～170
	第4页	mm	94		辅喷1	(°)	90～150
	第5页	mm	92		辅喷2	(°)	112～172
	第6页	mm	90		辅喷3	(°)	143～203
	第7页	mm	90		辅喷4	(°)	168～228
综平时间		(°)	290		辅喷5	(°)	193～300
后梁位置	前后	格	3	剪纬时间		(°)	25
	上下	格	−1	纬纱到达时间		(°)	230
停经架高低		格	−1	落布长度		m	220
托布架垫片		mm	2	车间温湿度		℃	20℃,75%
边撑前后位置		mm	1.5				

组织图	提综顺序
	正织： 23456 12456 12346 ↓ 13457 12357

七、各道产量计算

（一）络筒产量计算

1. 公定回潮率时的理论产量

$$公定回潮率时每锭的理论产量\ G_1 = \frac{v×60Tt}{1000×1000}$$

式中：G_1——公定回潮率时每锭的理论产量，kg/h；

　　　　v——络纱速度，m/min；

　　　　Tt——纱线线密度，tex。

2. 公定回潮率时的实际产量

$$公定回潮率时每锭的实际产量\ G = KG_1$$

式中：G——公定回潮率时每锭的实际产量，kg/h；

　　　　K——生产效率，一般普通络筒机为 60%～80%，自动络筒机在 85% 左右。

本案：

经纱产量：

$$G_1 = \frac{v×60Tt}{1000×1000} = \frac{1200×60×18.2}{1000×1000} = 1.31(kg/h)$$

$$G = G_1K = 1.31×85\% = 1.11(kg/h)$$

根据企业以往经验生产效率 K 选择 85%。

纬纱产量：

$$G_1 = \frac{V \times 60 \mathrm{Tt}}{1000 \times 1000} = \frac{1300 \times 60 \times 31.3}{1000 \times 1000} = 2.44 (\mathrm{kg/h})$$

纬纱线密度（29.2tex＋70旦），折算后的纬纱线密度为（29.2＋2.1）＝31.3tex，

$$G = G_1 K = 2.44 \times 85\% = 2.07 (\mathrm{kg/h})$$

（二）分批整经机产量的计算

1. 理论产量

$$G_1 = \frac{vn \times 60 \mathrm{Tt}}{1000 \times 1000}$$

式中：G_1——整经机的理论产量，kg/（台·h）；

v——整经速度，m/min；

n——整经根数；

Tt——纱线线密度，tex。

2. 实际产量

$$G = G_1 K$$

$$K = \frac{设备实际运转时间}{设备理论运转时间}$$

式中：G——整经机的实际产量，kg/h；

K——时间效率.

本案：

$$G = \frac{vn \times 60 \mathrm{Tt}}{1000 \times 1000} = \frac{600 \times 607 \times 60 \times 18.2}{1000 \times 1000} = 397.7 [\mathrm{kg/(台·h)}]$$

$$G = G_1 K = 397.7 \times 60\% = 238.8 [\mathrm{kg/(台·h)}]$$

时间效率 K 取 60%。

（三）浆纱产量计算

1. 理论产量

$$P(\mathrm{kg/h}) = \frac{60 vm \mathrm{Tt}(1+W_\mathrm{j})(1+S)}{1000 \times 1000 \times (1+W_\mathrm{g})}$$

式中：v——浆纱速度，m/min；

m——总经根数；

Tt——纱线线密度，tex；

W_g——经纱公定回潮率，%；

W_j——浆纱回潮率，%；

S——上浆率，%。

2. 实际产量

$$P_1(\mathrm{kg/h}) = P\eta$$

式中：η——时间效率，%。

本案：

$$P = \frac{60 vm \mathrm{Tt}(1+W_\mathrm{j})(1+S)}{1000 \times 1000 \times (1+W_\mathrm{g})}$$

$$= \frac{60 \times 80 \times 11530 \times (1+7\%) \times (1+11\%)}{1000 \times 1000 \times (1+8.5\%)} = 60.6 (\mathrm{kg/h})$$

$$P_1 = P\eta = 60.6 \times 75\% = 45.5 (\mathrm{kg/h})$$

（四）织机的产量

1. 理论产量

$$P_{理}[\text{m/(台·h)}] = \frac{6N}{P_w}$$

式中：N——织机主轴转速，r/min；

　　　P_w——织物纬密，根/10cm。

2. 实际产量

$$P[\text{m/(台·h)}] = P_{理} \times \eta$$

式中：η——织机时间效率，%。

本案：

$$P_{理} = \frac{6N}{P_w} = \frac{6}{330.5} = 11.8[\text{m/(台·h)}]$$

$$P = P_{理}\,\eta = 11.8 \times 92\% = 10.86[\text{m/(台·h)}]$$

八、工艺表

弹力直贡机织工艺设计见表 1-3-1-40。

【课后训练任务】

1. 对规格为 160cm JC14.5tex×JC 4.5tex　523.5 根/10cm×283 根/10cm 的精梳府绸进行机织工艺设计。

2. 对规格为 165cm 18.2tex×18.2tex　311 根/10cm×307 根/10cm 的棉细纺布进行机织工艺设计。

3. 对规格为 160cm T/C65/35 36tex×48tex　377.5 根/10cm×188.5 根/10cm 的涤/棉纱卡 $\left(\text{组织}\frac{3}{1}\right)$ 进行机织工艺设计。

4. 对规格为 160cm J29tex×J29tex　401 根/10cm×236 根/10cm 的涤/棉防羽布进行机织工艺设计。

5. 对规格为 160cm C32tex×C 32tex　310 根/10cm×220 根/10cm 的哔叽 $\left(\text{组织}\frac{2}{2}\nearrow\right)$ 进行机织工艺设计。

6. 对规格为 160cm JC14.5tex×JC14.5tex　547 根/10cm×339.5 根/10cm 的防羽布进行机织工艺设计。

7. 对规格为 160cm C16tex×C16tex　511.5 根/10cm×275.5 根/10cm 的斜纹布进行机织工艺设计。

8. 对规格为 160cm C29tex×C29tex　425 根/10cm×228 根/10cm 的纯棉普梳纱卡进行机织工艺设计。

9. 对规格为 160cm JC7.3tex×2×JC7.3tex　2720 根/10cm×413 根/10cm 的全棉华达呢进行机织工艺设计。

10. 对规格为 160cm JC14.5tex×JC14.5tex　551.5 根/10cm×314.5 根/10cm 的直贡进行机织工艺设计。

表1-3-1-40　83英寸 JC32英支×C20英支+70旦 139×84弹力直贡机织工艺设计单案例

工艺项目		单位	规格
原纱	经纱	tex	JC18.2
	边纱	tex	JC18.2
	纬纱	tex	C29.2+70旦
组织	地		5/3经面缎纹
	边		3/2变化经重平
织物规格及技术条件	幅宽	cm	210.5
	折幅	cm	100.4~100.6
	联匹长度	m	547
	织物密度 经	根/10cm	330.5
	织物密度 纬	根/10cm	36.6×3
	织物紧度 经	%	86.4
	织物紧度 纬	%	66.2
	织物紧度 总	%	95.4
	织造缩率 经	%	7.5
	织造缩率 纬	%	7.0
	总经根数	根	11530
	其中边经根数	根	304
	百米用纱量 经	kg	22.9
	百米用纱量 纬	kg	21.7
	百米用纱量 合计	kg	44.7
	织物断裂强力 经	N	618
	织物断裂强力 纬	N	550
	疵点率	%	36
	格率结	%	18
整经	机型		KY6041
	整经速度	m/min	600
	卷绕密度	g/cm³	0.46
	整经根数	整经配轴(根×轴)	606×3+607×16
	整经长度	m	39512
	整经墨圈重量	g	14.6
	张力 张力架		前段:第3格 后段:第2格
调浆	变性淀粉	kg	87.5
	抗静电剂和柔软剂二合一	kg	10
	AS	kg	12.5
	ZM-03	kg	2

工艺项目		单位	规格
调浆	烧碱	kg	适量
	调浆体积	cm³	767
	焖浆时间	h	0.5
	供浆温度	℃	92±2
	pH值		7
	黏度	s	6~8
上浆	机型		GA308
	速度	m/min	50
	浆纱速度	m/min	226
	织缩长度	m	3328.9
	浆槽温度	℃	92±2
	浆槽黏度	s	6~8
	覆盖率	%	101.2
	湿分绞棒数		双槽单层预烘
	压浆辊 压力 前		前后各一根
	压浆辊 压力 后		
	预烘温度 前	℃	—
	预烘温度 后	℃	—
	烘干温度	℃	—
	上浆率	%	12.5
	回潮率	%	7±1
	伸长率	%	≤1.2
	停经片 规格	mm	165×11×0.3
	停经片 列数/列	列	6
	停经片 片数/页	片	1922
穿经	综 穿法		123456
	综 规格	mm	302×5.5×0.3
	综 页数/页	页	5+2(边经)
	综 综丝/页 地	根	1~5:2246
	综 综丝/页 边	根	12345
	筘 穿法 地		见备注
	筘 穿法 边		8根,2345623
	废边		—
	筘号	公制	169.5
	筘 筘幅	cm	225.2
	筘 穿法 地	根/筘	3根/筘
	筘 穿法 边	根/筘	4根/筘

备注　左边:(6767)单×2+(67)双×36　右边:(67)双×6+(6767)单×2

工艺项目		单位	规格
织造	机型		JAT710-230
	速度	r/min	650
	开口形式		凸轮开口
	综平时间 第1页	mm	100
	第2页	mm	98
	第3页	mm	96
	第4页	mm	94
	第5页	mm	92
	第6页	mm	90
	第7页	mm	90
	综平时间	(°)	290
	停经架 前后	格	3
	停经架 上下	格	−1
	停经架高低	格	−1
	托布架垫片位置		2
	边撑前后位置	mm	1.5
	喷气压力 主喷	Pa	3.2×10^4
	喷气压力 辅喷	Pa	3.5×10^4
	喷气时间 主喷1	(°)	90~170
	喷气时间 主喷2	(°)	90~170
	喷气时间 辅喷1	(°)	90~150
	喷气时间 辅喷2	(°)	112~172
	喷气时间 辅喷3	(°)	143~203
	喷气时间 辅喷4	(°)	168~228
	喷气时间 辅喷5	(°)	193~300
	上机张力	N	5880
	纬密牙		29×60
	剪纬时间	(°)	25
	纬纱到达时间	(°)	230
	落布长度	m	220
	车间温湿度	℃	20℃,75%
	备注 提综顺序		正织:23456 / 12456 / 12346 / 13457 / 12357

任务二 色织布机织生产工艺设计

一、接受生产任务单

表 1-3-2-1 是某纺织厂织造车间接到的生产任务单案例。

表 1-3-2-1 纯棉直贡织物生产任务单案例

品种规格	145.5cm(13tex＋7.3tex×2)×13tex 512 根/10cm×354 根/10cm 纯棉小提花织物		
生产数量	30000m	上机时间	××××年××月××日
批号	××××××	产品用途	休闲服面料
质量要求	符合《FZ/T 13007—1996 色织棉布》的规定		

制单： 复核： 日期：

经来样分析得知的相关资料如下。

1. 色经排列

特白	宝蓝	特白	宝蓝	特白
8	1	12	1	5

特白纱线密度为 13tex（45 英支），宝蓝纱线密度为 7.3tex×2（80 英支/2）。
纬纱为特白纱。

2. 织物组织

本案织物组织如图 1-3-2-1 所示。

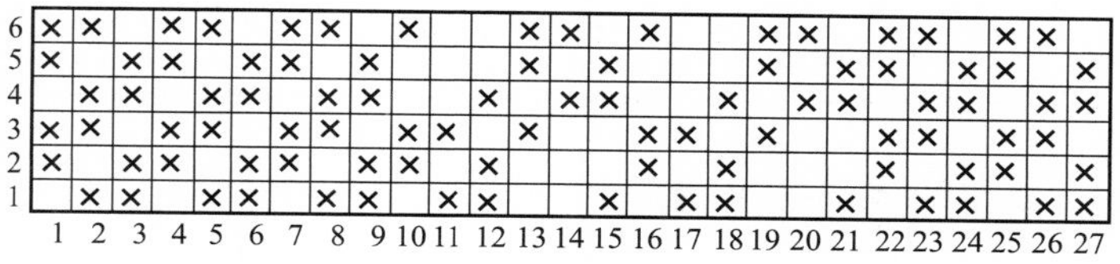

图 1-3-2-1 本案的织物组织

色织物是用色纺纱、染色纱、花式纱和漂白纱等纱按照一定的组织结构经织造、印染后处理加工而成的一大类纺织产品。色织物产品可通过改变纤维原料、经纬纱线密度、经纬密度、织物组织、纱线结构、纱线染色方法、织物后整理方法，形成或平整精致或凹凸粗犷、或轻薄透明、或厚实丰满、或清新淡雅、或色彩斑斓等，不同外观特征、不同风格的色织面料。

二、原料选配

由任务单可知，本案产品为色织小花纹织物，织物密度大、线密度低，浆纱、织造难度大，对原纱质量要求较高，应着重控制原纱条干 CV 值、单纱断裂强度、单纱强力 CV 值、粗节、细节、棉结、毛羽等指标，条干 CV 值、单纱强力 CV 值、细节水平应控制在乌斯特公报 5％～25％水平以内或《GB/T 398—2008 棉本色纱》优等纱标准。

1. 纱线断裂强度

依据上述品种要求，本产品应采用纯棉精梳纱。根据日本东洋纺公司提出的新型织机织制纯棉织物的单纱强力经验公式：

特白 13tex 单纱的断裂强度 $T' = \dfrac{8000(1+k)}{Ne} = \dfrac{80000(1+6\%)}{45} = 188.4(\text{g})$

宝蓝 14.5tex 股线断裂强度 $T' = \dfrac{8000(1+k)}{Ne} = \dfrac{8000(1+6\%)}{80} \times 2 = 212(\text{g})$

式中：k——修正系数，取值 6%。

2. 原纱条干均匀度 CV 值和粗节、细节、棉结数

查阅 2007 年乌斯特公报可知，采用 25% 水平时，14.5tex 的精梳棉筒子纱条干均匀度 CV 值可在 12.2% 以上，每千米 +50% 的粗节在 23 个以下，−50% 的细节在 2.0 个左右，+200% 的棉结在 57 个以下。

3. 原纱毛羽

7.3tex×2 精梳棉纱的毛羽指数 H 值可在 5 左右。

三、确定工艺流程

根据企业现有生产技术，本案采用分批整经上浆工艺，其工艺流程如下。

经纱：管纱→络筒→漂染→倒筒→分批整经→浆纱→穿经⎫
纬纱：管纱→络筒→漂染→倒筒　　　　　　　　　　　⎬→织机（剑杆）→整理

四、各道设备选择

根据企业现有生产设备，本案各工序选择的生产设备见表 1-3-2-2。

表 1-3-2-2　本案各工序生产设备

工序	络筒	整经	浆纱	剑杆织机
设备型号	Savio-Orion	KY6041	祖克 S432 型双浆槽浆纱机	天马超优秀型 Excel 剑杆织机

五、织物的技术规格设计与上机计算

色织物的坯布幅宽与长度、经纬纱织缩率、边纱根数及总经根数的计算公式可参照本色棉坯布中的计算公式。

1. 坯布幅宽与长度

参照本色棉坯布的技术规格与上机计算中织物幅宽及匹长的计算公式。色织物的染整幅缩率及染整长度缩率可查阅《印染手册》。

本案：经来样分析，成品幅宽为 145.5cm，成品匹长为 30m。

参考以往经验数据，幅缩率取 4.8%，染整长度缩率取 1.5%。

$$坯布幅宽(\text{cm}) = \frac{成品幅宽(\text{cm})}{1-染整幅缩率(\%)} = \frac{145.1}{1-4.8\%} = 152.3(\text{cm})$$

$$坯布匹长(\text{m}) = \frac{成品匹长(\text{m})}{1-染整长度缩率(\%)} = \frac{30}{1-1.5\%} = 30.45(\text{m})$$

2. 经纬纱密度

色织物的经纬密度是指织物的平均密度，平筘（穿入数相同）织物各处经密相同，经纬密的计算参照本色棉坯布经纬纱密度的计算。对花筘穿法（每筘穿入数不同）织物，各处经密不同，织物的经密用一花内经纱平均密度表示，计算公式如下。

$$经密 = \frac{一花经纱根数}{一花宽度}$$

纬向密度的计算方法同经密。

本案：

$$坯布经密＝成品经密×（1—染整幅缩率）$$
$$＝512×（1－4.84\%）＝487（根/10cm）$$
$$坯布纬密＝成品纬密×（1—染整长度缩率）$$
$$＝354×（1－1.5\%）＝348.5（根/10cm）$$

3. 经纬纱织缩率

参照本色棉坯布经纬织缩率的计算公式，双织轴织物的经纱织缩率，一般在试织比较后再定。

本案：根据以往经验，确定经纱织缩率为 6.5%，纬纱织缩率为 9%。

4. 确定布身每筘穿入数

在比较复杂的色织物组织中，一般平纹采用 2 入（表示 2 根/筘齿）或 3 入，斜纹采用 3 入或 4 入，五枚缎纹采用 3～5 入，股线、结子线和毛巾线等花饰线做经纱时，应减少每筘穿入数，联合组织可以在不同部位采用不同的穿入数（花穿），花穿要计算平均每筘穿入数，可用下式计算。

$$平均每筘穿入数＝\frac{一花经纱根数}{一花经纱占用筘齿数}$$

注：小数点后面保留 2 位。

本案：依据本案配色循环数和穿综循环，考虑生产操作人员穿筘记忆方便，布身采用 3 入。

5. 确定边纱根数、布边每筘穿入数及边纱用筘齿数

边纱根数确定应以保证织造和整理加工顺利以及平整美观为原则，一般取 0.5～1cm，也可根据需要加以确定。

本案：确定边纱根数为 50×2＝100（根）

布边采用(3 入×2＋4 入×11)×2，即布边穿法为靠近布身处两筘穿 3 根/筘，其余 11 筘为 4 根/筘。

$$边纱用筘齿数＝(2＋11)×2＝46（筘）$$

6. 计算总经根数

参照本色棉坯布边纱及总经根数的方法计算总经根数，劈花时，根据需要可能还要作必要的修正。

本案：

$$总经根数＝\frac{经纱密度}{（根/10cm）}×\frac{标准幅宽}{10}（cm）＋边纱根数×\left(1-\frac{布身每筘穿入数}{布边每筘穿入数}\right)$$
$$＝512×\frac{145}{10}＋100×\left(1-\frac{3}{4}\right)≈7449（根）$$

则：

$$布身经纱根数＝总经根数—边经根数＝7449－100＝7349（根）$$

每筘穿入数取 7347 根，则总经根数修正为 7347＋100＝7447 根。

7. 初算筘幅

参照棉本色坯布的计算公式。

本案：初算筘幅$＝\dfrac{坯布幅宽}{1-纬纱织缩率}＝\dfrac{152.3}{1-4.68\%}＝159.8（cm）$

8. 全幅花数

全幅花数可用下式计算。

$$全幅花数 = \frac{总经根数 - 边经根数}{每花根数}$$

全幅花数不为整数时，劈花时要考虑加减头，通常以选择加、减头中少的一方为宜。当上式不能整除且余数小于一花经纱数一半时，作加头处理，余数便是其加头数；余数大于一花经纱数一半时，作减头处理，全幅花数需加1，减头数等于一花经纱数减去其余数。

例1-3-2-1： 一织物的总经根数为5848根，边纱数为48根，一花经纱数为74根，求全幅花数。

解：全幅花数 $= \dfrac{5848-48}{74} = 78$ 花余28根

余数小于一花经纱数74根的一半，需做加头处理，其结果为78花加头28根。

例1-3-2-2： 一织物的总经根数为4620根，边纱数为48根，一花经纱数为112根，求全幅花数。

解：全幅花数 $= \dfrac{4620-48}{112} = 40$ 花余92根

余数大于一花经纱数的一半，作减头处理，减头数=112-92=20根，其结果为41花减头20根。

本案： 经来样分析得知色经排列如下：

特白	宝蓝	特白	宝蓝	特白
8	1	12	1	5/27 根

需做加头处理，其结果为272花加头3根。

9. 劈花与排花

确定经纱配色循环起止点位置称为劈花，劈花的主要目的是保证产品在使用上达到拼幅与拼花的要求，同时有利于浆纱排头、织造和整理的加工生产。

劈花无一定规则，依具体情况而定，一般劈花位置宜选择在色纱根数多、颜色浅、组织比较紧密的地方，具体掌握如下。

① 劈花一般选在白色及浅色格型比较大的地组织部位，并使两边色经排列尽量对称或接近对称，以使织物外观美观，且便于拼花、节约用料。

② 提花、缎条及泡泡纱的泡泡部分等松结构组织不能接近布边，即这些组织不能作为每花的起点，要求离布边处有1.5～2cm宽的平纹或斜纹，以保证织物在织造时不被边撑拉破及大整理时不被夹头拉坏；当不能满足上述要求时，可适当增加边纱的根数（如原边纱用48根，可增加到56根）；为了保证织物外观，边纱色泽宜与布身相同。

③ 对花型完整性要求较高的品种，全幅花数应是整数，以便拼幅。

④ 经向有花式线时，劈花时应注意避开。

⑤ 劈花时应注意各穿筘的要求，对采用花筘穿法的织物，要结合组织特点和要来劈花。

（1）调整花数为整数时的劈花。

例1-3-2-3： 某色织物一花色经排列规律为：

黄	黑	红	黑	红	黄	红	黑	黄	白
4	40	8	9	4	9	8	40	4	60/共186根

全幅共10花，根据劈花原则，可从右边60根白色纱的1/2处劈花，则色经的排列调

整为:

白	黄	黑	红	黑	红	黄	红	黑	黄	白
30	4	40	8	9	4	9	8	40	4	30/共186根

经调整后,布幅两侧的经纱对称。

例 1-3-2-4: 某女线呢织物的总经根数为2648根,其中边经38根,每花180根,色经排列如下(①为提花组织,其余为凸条组织)。

红	血牙	红	血牙	红	血牙	咖	血牙	咖	血牙
30	1	2	2	1	3	1	2	1	1

\ 2次/

咖	黑	绛	黑	绛	黑	绛	黑	红①	黑	黑①	红
2	1	2	2	1	3	1	14	8	54	16	30/共180根

根据本例资料,计算出全幅花数为(2648−38)÷180＝14花＋90根。

女线呢对花型完整性要求较高,全幅花数最好为整数。如果保持总经根数及筘幅不变,可将每花根数适当改变。一般在色经纱数较多的色条部分适当减少或增加少量经纱数。本例中将左边的30根红色经纱(为凸条组织,右边的30根红色经纱靠近提花组织)减去一个凸条6根,即本例中每花根数变为174根,此时全幅花数为(2648−38)÷174＝15花。调整后的经纱排列为:

红	血牙	红	血牙	红	血牙	咖	血牙	咖	血牙
24	1	2	2	1	3	1	2	1	1

\ 2次/

咖	黑	绛	黑	绛	黑	绛	黑	红①	黑	黑①	红
2	1	2	2	1	3	1	14	8	54	16	30/共174根

(2)加头时的劈花。根据劈花原则,首先将色经排列中最宽的较浅色条的经纱调至色经排列的首位,其数值设为A,将加头数设为B,将A与B相加,取其数值的一半,即$(A+B)/2$;然后将调至首位的色条分为两部分,即$(A+B)/2$和$A-(A+B/2)=(A-B)/2$两部分,将$(A+B)/2$的数值放在色经排列的首位,将$(A-B)/2$的数值放在色经排列的末位,这样色经排列中的首尾色纱基本对称,劈花就完成。如出现A小于B的情况,可将首位附近色条并至A条,设为A',直至A'大于B。

例 1-3-2-5: 某色织物总经根数为5776根,其中边经48根,色经排列如下。

黑	绿	白	黄	红
4	8	20	10	6/共48根

根据本例资料,计算出全幅花数为(5776−48)÷48＝116花＋16根。

依据劈花原则,将本例中最宽白色经纱20根调至左边首位,调整后的色经排列如下。

白	黄	红	黑	绿
20	10	6	4	8/共48根

将左边的白色经纱调整为两部分,左边首位为18根,右边末位为2根;最后一花右边为(20−18)+16根白色纱(为计算全幅花数中的余16根纱)。最终的色经排列如下。

边	白	黄	红	黑	绿	白	边
24	18	10	6	4	8	2	24/共48根

———————119花——————— (最后一花右边加16根白纱)

（3）减头时的劈花。根据劈花原则，首先将色经排列中最宽的较浅色条的经纱调至色经排列的首位，其数值设为 A，将加头数设为 B，将 A 与 B 相加，取其数值的一半，即 $(A+B)/2$；然后将调至首位的色条分为两部分，即 $(A+B)/2$ 和 $A-(A+B/2)=(A-B)/2$ 两部分，将 $(A+B)/2$ 的数值放在色经排列的末位，将 $(A-B)/2$ 的数值放在色经排列的首位，这样色经排列中的首尾色纱基本对称，劈花就完成。如出现 A 小于 B 的情况，可将首位附近色条并至 A 条，设为 A'，直至 A' 大于 B。

例 1-3-2-6： 某色织物总经根数为 4840 根，其中边经 48 根，色经排列如下。

红　蓝　白　绿　黄
8　12　40　8　6 ／共 74 根

根据本例资料，计算出全幅花数为 $(4840-48)÷74=64$ 花 $+56$ 根。

将其调整为 65 花，减头 $74-56=18$ 根。

本例需采用减头处理，依据劈花原则，将本例中最宽白色经纱 40 根调至左边首位，调整后的色经排列如下。

白　绿　黄　红　蓝
40　8　6　8　12 ／共 74 根

依据减花处理的方法，将左边的白色经纱调整为两部分，右边末位为 $(40+18)=29$ 根，左边首位为 $(40-18)÷2=11$ 根，最后一花右边为 $(29-18)$ 根白色纱（为计算全幅花数中的减头 18 根纱）。最终，色经排列如下。

边纱　白　绿　黄　红　蓝　白　边纱
24　11　8　6　8　12　29　24
└────── 65 花 ──────┘　（最后一花右边 29 根白色纱减 18 根）

本案：

边纱　特白　宝蓝　特白　宝蓝　特白　特白　边纱
8　1　12　1　5　3　50
└────── 272 花 ──────┘

10. 每花经纱根数、纬纱根数

$$每花经纱根数＝每花各色条经纱根数之和$$
$$每花各色条经纱根数＝每花成品各色经条宽度×成品经密$$
$$＝\frac{每花成品各色经条宽度×坯布经密×坯布幅宽}{成品幅宽}$$

每花经纱根数应根据组织循环经纱数、穿综、穿筘等要求作适当的修正。同样，根据纬密、纬色条的宽度，求得每花纬纱的分色纬纱数。

本案：

（1）每花经纱根数：

$$特白色＝8＋12＋5＝25（根）$$
$$宝蓝色＝1＋1＝2（根）$$
$$每花经纱根数＝25＋2＝27（根）$$

（2）各色经纱总根数：

$$特白色＝25×272＋3＋50×2＝6903（根）$$
$$宝蓝色＝2×272＋1＋1＝546（根）$$

11. 每花筘齿数、全幅筘齿数

$$每花筘齿数＝各色条筘齿数之和＝每花地经筘齿数＋每花花经筘齿数$$

$$一色条筘齿数＝\frac{一色条经纱数}{每筘穿入数}$$

$$全幅筘齿数＝每花筘齿数×花数±多余(或不足)经纱筘齿数＋边经筘齿数$$

$$＝\frac{布身经纱数}{布身平均每筘穿入数}＋边经筘齿数$$

本案：

$$每花筘齿数＝\frac{每花经纱数}{每筘穿入数}＝\frac{27}{3}＝9(齿)$$

$$全幅筘齿数＝\frac{布身经纱数}{布身平均每筘穿入数}＋边经筘齿数＝\frac{7349}{3}＋46＝2529(筘)$$

12. 筘号

参照棉本色坯布的计算公式。

（1）修正筘幅。用筘号修正筘幅，一般筘幅相差在 6mm 以内可不修正。凡经大整理的品种，其下机坯幅可在整理加工中得到调整，筘幅的修正范围可大些；不经过大整理的品种，则应严格控制坯幅和筘幅。

（2）核算坯布经密。计算经密与坯布经密下偏差控制在 4 根/10cm 以内，如不在控制范围内，则必须重新计算坯布经密。

本案：

$$公制筘号＝\frac{坯布经密(根/10cm)×(1-纬纱织缩率\%)}{每筘齿穿入数}$$

$$＝\frac{487×(1-4.68)}{3}＝154.7(齿/10cm)$$

$$取 155 齿/10cm$$

$$英制筘号＝0.508×公制筘号＝0.508×155＝78.74 \quad 取 79 齿/2 英寸$$

$$修正筘幅＝\frac{总经根数-边纱根数×\left(1-\frac{布身每筘穿入数}{布边每筘穿入数}\right)}{布身每筘穿入数×筘号}$$

$$＝\frac{7447-100×\left(1-\frac{3}{4}\right)}{3×155}×10＝159.6(cm)$$

筘幅相差 159.8 － 159.6＝2mm，在允许的 6mm 以内，可以不修正。

$$核算坯布经密＝\frac{总经根数}{坯布幅宽}×10＝\frac{7447}{152.3}×10＝489 \ (根/10cm)$$

与前述计算坯布经密 487 根/10cm 相差 2 根，在允许的范围内。

13. 1000m 经长的确定

1000m 经长是指 1000m 长织物所需的经纱，单位米。

$$1000m 经长(m)＝\frac{1000}{1-经纱织缩率}$$

本案：

$$1000m 经长＝\frac{1000}{1-经纱织缩率}＝\frac{1000}{1-6.54\%}＝1070(m)$$

14. 色织布的用纱量

（1）计算公式。

色织坯布各种经纱用量（kg/100m）＝

$$\frac{经纱线密度×各种经纱根数×百米经长(m)}{10^6×(1+经纱总伸长率)×(1-经纱回丝率)×(1-经纱染缩率)×(1-经捻缩率)}$$

色织坯布各种纬纱用量（kg/100m）＝

$$\frac{\frac{各种纬纱在一花中所占的根数}{一花总根数}×纬纱线密度×纬密(根/10cm)×筘幅(m)×100}{10^5×(1-纬纱回丝率)×(1+纬纱总伸长率)×(1-纬纱染缩率)×(1-纬捻缩率)}$$

① 染缩率是指色纱漂染后的长度对漂染染前原纱长度的百分比，各类纱线的染缩率见表 1-3-2-3。

表 1-3-2-3　各类纱线的染缩率

纱线类型	棉单纱	棉股线	丝光纱	涤/棉纱	中长纤维纱		黏纤纱
					浅色	深色	
染缩率/%	2.0	2.5	4.0	3.5	4.0	7.0	2.0

实际计算时有时不分纱线，不分漂染工艺，不分丝光、本色，一律取 2%。

② 捻缩率是指股线、花式线并捻后的长度对并捻前原纱长度的百分比。花式线捻缩率见表 1-3-2-4。

表 1-3-2-4　花式线捻缩率

纱线类型	平花线	复拼花线	棉纱、黏纤丝复拼花线	毛巾节子线	三股线
捻缩率/%	0	0.5	4.0	实测	0

有时并捻线 58.3tex 及以上取 3.5%，36.7～53tex 取 2.5%，36.4tex 及以下取 2%，其他捻线自定。

③ 伸长率是指纱线在加工过程中的伸长对其原纱长度的百分比，各种纱线的伸长率见表 1-3-2-5。

表 1-3-2-5　各类纱线伸长率

纱线类型		单纱色纱	股线色纱	本白纱线	黏纤丝
伸长率/%	经纱	0.6	0.6	股线0	0
	纬纱	0.7	0.7	单纱0.4	0

有时色纱不分经纬纱，单纱取 1%，股线取 0.5%；原色纱不分经纬纱，一律取 0。

④ 回丝率是指加工过程中回凹丝量对总用纱量的百分比，各种纱线的回丝率见表 1-3-2-6。

表 1-3-2-6　各类纱线的回丝率

纱线类型	经纱回丝率/%	纬纱回丝率/%	并线工序回丝率/%
32tex 及 32tex×2 以上色纱	0.6	0.7	0.6
29tex 及 29tex×2 以下色纱	0.5	0.6	0.6
用于花线内的黏纤长丝	0.5	0.5	0.6
8.3～13.3tex 黏纤长丝单丝用于经纱线	0.2	—	—

有时不分纱线粗细、不分经纬纱，棉纱线取 0.6%，再生丝和其他纤维纱线取 1%。

经漂白、丝光、树脂等整理的产品，按色织坯布计算，不必考虑自然缩率；经轧光、拉绒等整理或不经任何整理的产品，按色织成品用纱量计算，需考虑自然缩率、整理缩率或伸长率；经纬纱均用本白纱的产品，按白坯布用纱量计算。

（2）经验公式。由于上述各组公式使用过程中显得较繁琐，为了计算方便，可用下述公式计算。

$$各种经纱用纱量(kg/100m)=\frac{各种经纱的总根数}{1-经织缩率}\times\frac{用纱量计算常数}{各种经纱英制支数}$$

$$各种纬纱用纱量(kg/100m)=$$

$$\frac{\dfrac{各种纬纱在一花中的根数}{一花总根数}\times纬密(根/英寸)\times筘幅(英寸)}{各种纬纱英制支数}\times用纱量计算常数$$

经、纬纱用纱量的计算常数可参考表1-3-2-7确定。

表 1-3-2-7　用纱量计算常数

纱线类型 原料类型	漂染股线	漂染单纱	原色纱线	染色花式线
棉纱线	0.060834	0.060533	0.059916	0.062394
涤/棉纱线	0.061363	0.061059	0.060542	0.062280
中长、化纤纱线	0.063260	0.062954	0.062313	0.065563

本案：用经验公式计算，则：

$$特白色经纱用纱量(kg/100m)=\frac{6903}{1-6.5\%}\times\frac{0.060533}{45}=9.93(kg)$$

$$宝蓝色经纱用纱量(kg/100m)=\frac{546}{1-6.5\%}\times\frac{0.060834}{45}=0.78(kg)$$

$$特白色经纱用纱量(kg/100m)=\frac{137.2\times62.8}{45}\times0.060533=11.59(kg)$$

15. 织物上机图

本案织物上机图如图1-3-2-2所示。

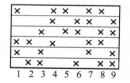

图 1-3-2-2　本案织物上机图

六、各道工艺参数的选择与计算

(一)经浆排花工艺

色织物在上机时色纱排列必须符合产品花型要求,这一任务在整经浆纱工序中完成。为了确保色织物的组织花型和外观特征,必须掌握色织物的品种特点,分析织物组织花型结构,考虑企业的设备技术条件,合理设计整浆排花工艺,使浆轴经纱排列匀直、张力均匀、浆轴卷绕平整,且便于穿综和织造。

1. 经浆排花工艺项目

(1)确定整经轴只数。根据产品总经根数、色经排列要求、结合整经筒子架最大容量及浆纱机经轴架数量等条件计算整经轴只数,经轴只数以少为宜,以保证浆轴质量,提高劳动生产率。整经轴只数的计算公式如下。

一色经纱:$整经轴只数 = \dfrac{总经根数}{每轴经纱根数}$

多色经纱:原则同一色经纱,但每轴根数不能过多,也不能过少。

(2)确定各轴整经根数。参照本色棉坯布整经根数的计算方法及确定原则。

(3)确定整经机伸缩筘规格。由于色织产品的花型变化较多,且各个产品批量较小,各个产品的色经排列各异且排花方法不同,各经轴的卷绕根数不同。为了保证经轴卷绕平整、密度均匀,根据每只经轴的卷绕根数和伸缩筘有效幅宽,选用不同密度的伸缩筘。目前,企业普遍采用采用 15 号、17 号、19 号、21 号、23 号、25 号等伸缩筘,生产中可以灵活选用。

(4)确定浆纱机伸缩筘的筘齿数及每筘经纱穿入数。根据产品幅宽、总经根数、纱线线密度和浆纱机伸缩筘的有效幅宽等因素,每个品种所使用的伸缩筘齿数应小于浆纱机伸缩筘有效幅宽内的筘齿数,而使用的最少筘齿数应大于极限筘齿数。

$$总筘齿数 = 每花筘齿数 \times 加头所需筘齿数 + 边纱筘齿数$$

$$筘齿平均穿入数 = \dfrac{总经根数}{使用总筘齿数}$$

极限筘齿数是指在满足幅宽条件下,伸缩筘达最大伸度时的筘齿数,如某伸缩筘生产幅宽为 1800cm 的产品时极限筘齿数为 650 筘,若设计产品所使用的筘齿数 少于 650 筘,则不能满足产品的工艺幅宽要求。

(5)确定分绞线。分绞线的目的是使各色各类纱线分清,便于穿经取头。一般情况下只放中心绞线,把经纱分为上下两层,最多不宜超过 3 根(即分成 4 层),过多也会给穿综和织造带来不便。

2. 经浆排花工艺应注意的问题

(1)整经机经轴卷绕方向。整经机的类型不同,其经轴的卷绕方向可能不同,整经机上经纱花型排列应考虑经轴卷绕方向和筒子的插筒方向。

浆纱机经轴架的形式及引纱方法不同(经轴回转方向不同),经轴花型排列方向也不同。目前浆纱机经轴架采用较多的形式有双层垂直退绕法[图 1-3-2-3(a)]和单层互退绕法[图 1-3-2-3(b)]。

由图可知,双层垂直退绕法四只经轴一组,其中每两只经轴的回转方向相同。从机前往机后方向,每组的后面两只作逆时针方向回转,每组的前面两只作顺时针方向回转。浆纱机上作逆时针方向回转的经轴,整经时筒子架上插筒方向为自左下方到右上方,经轴花型排列

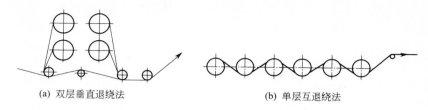

(a) 双层垂直退绕法　　　　(b) 单层互退绕法

图 1-3-2-3　浆纱机经轴架的形式与引纱方法示意图

自左向右；浆纱机上作顺时针方向回转的经轴，整经时筒子架上插筒方向为自右下方到左上方，经轴花型排列自右向左。

　　单层互退绕法的经轴架，从机前往机后方向，单数轴为逆时针回转，双数轴为顺时针方向回转。单数轴与双数轴的排花方向必须相反，才能使并轴时花型一致，为此，整经时筒子架上插筒方向，逆时针方向回转的单数轴的插筒方向为自左下方到右上方，经轴花型排列自左向右；顺时针方向回转的双数轴的插筒方向为自右下方到左上方，经轴花型排列自右向左。

　　（2）浆纱机伸缩筘的每筘穿入数。为了便于浆纱工操作，在不影响穿综质量的前提下，同一筘齿中应尽量穿入同一颜色的经纱；如不行的话，每筘齿中穿入的色纱数尽可能控制在2种以内；每筘的穿入数应力求一致，实在不行，每筘穿入数差异应控制3根以内，以使浆纱卷绕均匀。

　　3. 经浆排花工艺

　　经浆排花的原则是换筒次数少，花型清晰度高，浆纱机效率高，各轴经纱根数尽可能一致。经浆排花工艺主要有以下几种方法。

　　（1）分色分层法。

　　① 分色：根据经纱色泽等的不同，进行分轴整经。

　　② 分层：各色整经轴在浆纱机上合并，用放绞线的方法达到色分清的目的。

　　③ 适用：经纱不同色泽、纱线线密度、原料、组织、捻向等，色经排列循环较为简单的细条间隔排列、辐射型排列等产品。

　　④ 特点：整经浆纱都不需排花型，在浆纱机的伸缩筘处自由上筘，色泽大致均匀即可，因此生产效率高；同时由于不排花型，易造成浆轴花型不清、穿综时易产生小绞头，影响浆轴质量。

　　⑤ 安排分色分轴时，应把根数少的放在上层，根数多的放在下层；根数接近时，色泽深的、颜色种类多的放在上层，以便于穿综。

　　例 1-3-2-7： 某品种色经排列如下。

　　　　特白边　　特白　　浅粉红　　特白边
　　　　28　　　6　　　6　　　　28
　　　　　　　╲336 花╱

$$总经根数 = 28 + (6+6) \times 336 + 28 = 4088（根）$$
$$特白纱 = 28 + 6 \times 336 + 28 = 2072（根）$$
$$浅粉红纱 = 6 \times 336 = 2016（根）$$

经轴安排顺序如下。

上层 1~4 轴：浅粉红 2016÷4＝504（根）。

下层 5~6 轴：特白 2072÷4＝518（根）。

本例放一根分绞线即可。每轴经纱根数必须小于筒子架最大容筒量，下同。

例 1-3-2-8：某织物色经排列见表 1-3-2-8，经纱配色循环数为 99 花，边纱根数（白色）为 36×2 根。

表 1-3-2-8　某织物色经排列

序号	1	2	3	4	5	6	7	8	9	10	11	12	13	合计
漂白	8		2		6		4		4		4		8	36
深蓝		2					2		1					5
浅蓝				2		2						1		5

$$漂白色纱线根数（包括边纱）＝36×99＋36×2＝3636（根）$$
$$深蓝色纱线根数＝5×99＝495（根）$$
$$浅蓝色纱线根数＝5×99＝495（根）$$
$$总经根数＝（36＋5＋5）×99＋36×2＝4626（根）$$

经轴安排顺序如下。

1 轴：3(白边纱)＋495(深蓝)＋3(白边纱)＝501(根)。

2 轴：3(白边纱)＋495(浅蓝)＋3(白边纱)＝501(根)。

3～4 轴：3(白边纱)＋447(漂白)＋3(白边纱)＝453(根)。

5～10 轴：4(白边纱)＋445(漂白)＋4(白边纱)＝453(根)。

上层：3、4、5、6 轴，共 4 轴，各 453 根。

中层：6、7、8、9 轴，共 4 轴，各 453 根。

下层：1、2 轴，共 2 轴，各 5013 根。

浆纱分绞线安排：在 1～2 层和 2～3 层之间各放 1 根绞线，共 2 根。

（2）分区分层法。

① 工艺：将全幅色经纱排列分成若干区段（必须是偶数），把每个区段中相同色经合并，再将合并后的不同色经分上下层交替排列整经，浆纱机按工艺要求排筘，上浆并轴后，片纱呈分区交替上下分层状态，用绞线分开，以便穿综。

② 注意：每个区段中各色经纱根数应尽量满足两个条件，一是各色经纱根数应是所整经轴的倍数；二是各色经纱根数应是各色经纱循环根数的倍数。

③ 适用：经纱不同色泽、原料、捻向等，色经排列较为简单的中细条间隔排列、辐射型排列等产品。

④ 特点：在浆纱机上需要排花型，所以浆轴的花型排列应符合工艺要求，成形清晰，如遇绞头或穿错能在小区段内及早发现，便于重穿，减少绞头和拉头现象，有利于提高浆轴质量，便于后道操作；对于朝阳格、色白格等产品可减少筒子纱只数和经纱整经时的换筒次数以及筒脚纱，以提高整经效率；在浆纱机上排花型，会使浆纱机效率降低，同时因为排花型，浆纱机停车时间长，不能利用剩浆。

例 1-3-2-9：某色织物色经排列如下。

```
特白边　特白　浅灰　特白　浅灰　特白　特白边
  26      2     5     5     5     1     26
            \ 370 花/
```

解：本例为朝阳格（一种小正方格）产品，色经排列中的左首特白 2 和右侧浅灰 5 和特白1为劈花排花时的加头。整经时把全幅分成37个区段，每区段的经纱根数是浅灰5、特白5花型循环根数的的色经呈交替排列。经浆排列工艺如下。

特白边	特白	浅灰	特白	浅灰	特白	特白边
26	2	50	50	5	1	26

＼37次／

总经根数＝26＋2＋（5＋5）×370＋5＋1＋26＝3760（根）

上层：浅灰纱根数＝5×370＝1850（根），分4个轴。

下层：特白纱根数＝26＋2＋5×370＋5＋1＋26＝1910（根），分4个轴。

上下层对应复合，浆纱按工艺要求排筘，使浆轴上的花型与成品花型一致。

例1-3-2-10：某色织物色经排列如下，总经根数7540根，其中边纱根数（白色）为48×2根。

边	红蓝	深黑	红蓝	玫红	红蓝	深黑	红蓝	深黑	红蓝	边
48	1	1	5	4	1	8	1	1	2	48

————372花————

解：此种属于间隔辐射型排列品种，按色经循环的特点划分成3个区域，色经排列中的右侧红蓝1、深元1和红蓝2为劈花排花时的减头。具体经浆排列工艺见表1-3-2-9。

落轴前在4～5轴、8～9轴之间放两根绞线。

（3）组合法。用于色泽虽多，但其中某些颜色呈规律性出现而属于小格型品种。

将一种或两种色泽的经纱先分色整经，余下的排花型（表1-3-2-9）。

例1-3-2-11：某色织物色经排列如下。

普白边	普白	淡黄	普白	金黄	普白	金黄	普白	普白边
20	36	21	72	3	11	3	36	20

＼3花／

————18花————

解：在上述花型中，普白呈规律性间隔出现，从根数上看，仍是小格型，将普白色单独分色整经，其他颜色另行整经。具体经浆排花工艺如下。

总经根数＝20＋[36＋21＋72＋（3＋11）×3＋3＋36]×18＋20＝4900（根）

上层：普白＝普白边16＋（36＋72＋11×3＋36）×18＋普白边16＝3218（根），分8个轴，3218÷8＝402×6轴＋403×2轴，其他纱线放在9、10两轴。

下层：9轴，普白边2＋（淡黄11＋金黄6）×18花＋2＝310（根）×1轴；10轴，普白边2＋（淡黄10＋金黄6）×18花＋2＝292（根）×1轴；在8、9两轴间放绞线一根。

4. 生产中的注意事项

在实际生产中，色织物的品种极为复杂，整经工艺必须结合实际情况选用适当方法，以提高整经质量，为后部工序创造良好条件。

（1）整经根数。整经时纱线应排列均匀，以保持经轴卷绕平整。在正常情况下，每个经轴的整经根数可参考本色棉坯布机织生产工艺设计中表棉纱的整经根数。特殊情况下，由于整经根数较少而不足以布满经轴时，应采取均匀空出筘齿的措施，力求织轴卷绕平整。同时还应适当降低整经张力，以减少浆纱断头。

（2）纱线粗细。色织产品设计中，有时会适当配置不同粗细的纱线，以使织物具有特殊风格。由于较粗的纱线直径较大，因而整经时应在较粗的纱线之间适当空一到几个筘齿。

表 1-3-2-9　经浆排花工艺

排筘/(根/筘×筘)	3×10+9×2	10×8								10×8								10×8								3×10+11×2	
色名	边	红蓝	深黑	红蓝	玫红	红蓝	深黑	红蓝	边	红蓝	深黑	红蓝	玫红	红蓝	深黑	红蓝	边	红蓝	深黑	红蓝	玫红	红蓝	深黑	红蓝	边	红蓝	边
根数	48	1	1	5	4	1	8	1	48	1	1	5	4	1	8	1	48	1	1	5	4	1	8	1	48	2	48
循环					4								4								4						
花数													31														
排花 1	4	2		5					4								4								4		4
2	4	2		5					4								4								4		4
3	4		4	5		2			4								4								4		4
4	4		4	5		2			4								4								4		4
5	4										4	5		2	5		4								4		4
6	4											5		2	9		4								4	1	4
7	4											5	4	2	9		4								4		4
8	4											5	4	2	9		4								4	1	4
9	4														5	2	4		4	5	4		5		4		4
10	4														9	2	4			5	4		9		4	1	4
11	4														9		4			5	4	2	9		4	2	4
12	4														9		4			5	4	2	9		4	2	4

经轴配置：
1 轴：边 4+（红蓝 7+玫红 4+深黑 9）×31+深黑 1+边 4=629×1 轴
2~4 轴：边 4+（红蓝 7+玫红 4+深黑 9）×31+红蓝 1+边 4=629×3 轴
5~8 轴：边 4+（深黑 9+红蓝 7+玫红 4）×31+边 4=628×4 轴
9~12 轴：边 4+（玫红 4+深黑 9+红蓝 7）×31+边 4=628×4 轴

（3）纱线捻向。分批整经采用不同捻向的纱线时，同一经轴的纱线捻向必须相同，浆纱时应在不同捻向的经轴之间打好分绞线。

（4）经纱原料。经向配置金银丝时，金银丝一般不上浆，因而金银丝不通过整经工序，可在浆纱机前另设筒子架使金银丝直接卷绕在织轴上。

（5）操作。色织分批整经工艺复杂，质量要求高，因此操作中应严格执行工艺规定，贯彻预防为主的要求，开车前应认真检查纱线线密度、色别、筒子纱数量；按照工艺规定的色纱排列要求排纱，并分清色泽和深浅色差。

本案：色经排列如下。

边	特白	宝蓝	特白	宝蓝	特白	特白	边
50	8	1	12	1	5	3	50

└──────── 272 花 ────────┘

具体经浆排列工艺见表 1-3-2-10。

表 1-3-2-10 本案经浆排列工艺

排筘/(根/筘×筘)	排列1			11×2		11×2			11×3				
	排列2	10×5					10×1			10×2			
循环					136 花								
花型	色名	边	特白	宝蓝	特白	宝蓝	特白	宝蓝	特白	宝蓝	特白	特白	边	总根数
	根数	50	8	1	12	1	5+8	1	12	1	5	3	50	7446
排花	1	3		1		1			2				3	550
	2	3			2			1		1			3	550
	3	4					568						4	576
	4	4					569						4	577
	5	4					569						4	577
	6	4					569						4	577
	7	4					569						4	577
	8	4					569						4	577
	9	4					569						4	577
	10	4					569						4	577
	11	4					569						4	577
	12	4					569						4	577
	13	4					569						4	577
经轴配置	1 轴：边 3+（宝蓝 1+宝蓝 1+特白 2）×136+边 3＝550×1 轴													
	2 轴：边 3+（特白 2+宝蓝 1+宝蓝 1）×136+边 3＝550×1 轴													
	3 轴：边 4+特白 568+边 4＝576×1 轴													
	4~13 轴：边 4+特白 569+边 4＝576×10 轴													

（二）经轴退绕

本案：浆纱机经轴架采用双层垂直退绕法。因此，作逆时针方向回转的经轴，整经时筒子架上插筒方向为自左下方到右上方，经轴花型排列自左向右；作顺时针方向回转的经轴，整经时筒子架上插筒方向为自右下方到左上方，经轴花型排列自右向左。

(三) 经纱上浆

色织物生产中经纱先经过染色后再上浆，纱线经过煮、漂、染色、皂洗加工后，结构变松散，亲水性增加，有利于浆液的浸透，但同时纱线的强力降低，强力不匀率增加，断裂伸长和耐磨性变差，毛羽增加。因此，相较同品质的本色纱线应增加纱线强力，贴伏毛羽，增加纱线耐磨性，同时尽量保持纱线的弹性伸长。色织生产对浆纱工序要求具体体现在以下方面。

(1) 采用经轴染色生产时，经轴染色会对经纱进入浆槽前的预烘温度和回潮率有要求。

(2) 浆纱过程中要求各种色纱排列要均匀有序，色纱不能褪色和沾色。因此，浆槽温度不宜太高，在保证浆液流动性及浸透性的前提下，浆槽温度以偏低为宜。

(3) 排花过程会使纱线在烘燥区的时间较长，因此浆纱回潮率不宜过低，否则会增加干分绞阻力，浆膜易破碎、剥落。

(4) 根据产品花色要求，两个浆槽内经纱根数有时会差异较大，会给均匀上浆、纱线张力控制、烘燥温度控制等带来较大难度。

(5) 色织物后整理工艺比普通印染织物柔和，要求浆料退浆容易，使织物手感柔软、服用性能优良。

(6) 对双织轴织造品种应采取分别上浆的方式。

(7) 如有不需要上浆的经纱，可设置不需上浆的经轴或在浆纱机前设置不需上浆的经纱，然后再与浆纱一起卷绕到织轴上。

目前我国的上浆温度大体分为三种，即温度在 85℃ 以上的高温上浆、60～70℃ 左右的低温上浆和 40℃ 左右的室温上浆。长期以来，纯棉纤维织物主要是高温上浆，在工艺和操作方面都积累了较丰官的理论和实践经验。因为精练过程中已经消除了纯棉色纱中的蜡质，这对低温或室温上浆更为有利。

本案： 织物属于细特高密织物，由于纱线较细，单纱强力较低，因而上浆率应适当高些，以增加纤维间的抱合和纱线强力；本案织物紧度高，总经根数多，因此浆膜的耐磨性要好；本案经纱经松式络筒和倒筒工序，因此纱线有害毛羽增加较多，再加上织物经密大，织造时易开口不清，因此贴伏毛羽也很重要。综合上述因素，本案上浆的主要目的是增大纱线强力，贴伏毛羽，减小纱线摩擦。

(1) 浆液配方：PR—SU（马铃薯酯化淀粉）37kg、CP-L（马铃薯酯化淀粉）37kg、变性淀粉 37kg、KT（固体烯酸类）6kg、YL（浆纱油脂）1kg

PR—SU 和 CP—L 浆料具有较好的黏附力和耐磨性，浆液黏度低，流动性、渗透性好，可减少二次毛羽，同时易降解，易退浆，是绿色环保浆料。

(2) 浆纱工艺参数：浆槽含固量 15.2%，浆液黏度 9s，温度 95℃，车速 60 m/min，上浆率 14%，回潮率 7.5%±5%，压浆力 16kN。

(四) 织造工序

本案： 为细特高密织物，经密大，打纬阻力大，因此采用较高的后梁工艺，使梭口满开时，上层经纱张力小，下层经纱张力大，有利于打紧纬纱；同时，采用较早的开口时间、较低的上机张力，使布面丰满。工艺参数：机速 350r/min，后梁高度+5，综平时间 320°，张力弹簧 2/2 孔。

色织物工艺设计案例，见表 1-3-2-11。

表 1-3-2-11　色织物工艺设计案例

×××工艺设计表 ⟨右⟩ 订单号：

品名		经纬纱线密度		筘幅	总经根数		千米经长		上机纬密		织缩率	经
经密与纬密	成品		成品	全幅花数	边纱根数		筘穿入数		轴宽			纬
	坯布	幅宽	坯布	筘号					全幅筘数		后整理缩率	
纱类/线密度/色号/用纱要求		经纱排列							每花根数	全幅根数	用纱量/(kg/km)	
1												
2												
3												
重复次数												
经纱用纱												
纱类/线密度/色号/用纱要求		纬纱排列							每花根数	百分比	用纱量/(kg/km)	
重复次数												
纬纱用纱												
纹板图			穿综要求			备注							

【课后训练任务】

1. 已知经纬纱原料为棉/涤（70/30）混纺织物，经纬纱线密度均为 13tex，经纬密度为 512 根/10cm×276 根/10cm，幅宽为 145cm 的色织物，色经排列为特白 6 淡黄 12 棕色 12 特白 8，纬纱为特白色纱，织物组织为 $\frac{1\ 1\ 3\ 3}{1\ 1\ 1\ 1}$ 的复合斜纹，组织循环纱线数为 6 根，试对其进行工艺设计。

2. 已知经纬纱原料为棉/涤（70/30）混纺织物，经纬纱线密度均为 13tex，经纬密度为 512 根/10cm×276 根/10cm，幅宽为 145cm 的色织物，色经排列为红 1 深黑 1 红 5 玫红 4 红 1 深黑 8，纬纱为深黑色纱，织物组织为平纹 3 根，$\frac{2}{2}$ 右斜纹 3 根的复合斜纹，试对其进行工艺设计。

3. 已知经纬纱分别为 C14.6tex 和 11.1tex 涤纶长丝，经纬密度为 472 根/10cm×315 根/

10cm，幅宽为 145cm 的色织纬长丝织物，色经排列为红 8 绿 6，纬纱为白色长丝，织物组织为 $\frac{3}{1}\frac{1}{1}\frac{2}{2}$ 复合斜纹，试对其进行工艺设计。

4. 已知某纯棉色织泡泡纱织物的规格为 145cm（14.6tex＋18.2tex×2）×14.6tex，315 根/10cm×268 根/10cm。色纬排列为白 8 红 6，泡比为 1.28；色经排列为白 10 红 8，试对其进行上机工艺设计。

5. 已知规格为 148cm，JC40tex×JC40tex，68 根/10cm×62.5 根/10cm 的色织府绸，色经排列为红 1 蓝 1；纬纱为蓝色。试对其进行工艺设计。

6. 试对 147cm　13tex×13tex　502 根/10cm×203 根/10cm 的斜纹布进行机织上机工艺设计。已知色经排列为特白 7 深蓝 10 特白 2；纬纱为特白纱。

7. 试对规格为 147cm　13tex×13tex　512 根/10cm×276 根/10cm 的色织府绸进行机织上机工艺设计。已知色经排列为特白 12 罗紫 12 特白 12 深灰 12；纬纱为特白纱。

8. 试对 160cm　7.3tex×2×7.3tex×2　720 根/10cm×413 根/10cm 全棉华达呢进行机织各工序上机工艺设计。

9. 已知某织物色经排列如下。

白边	白	桔	红	白	白	白边
32	2	180	180	384	2	32

其中桔、红、白三项（180 180 384）为 8 个循环。

其织物规格 160cm　C29tex×C29tex　425 根/10cm×228 根/10cm，织物组织为 $\frac{2}{1}$ 斜纹。已知筒子架的最大容量为 640 只，若采用分批整经，进行机织各工序上机工艺设计。

10. 某织物色经排列为（12a、7b、11c、55b）两次、20a、14c，织物规格为 190cm JC9.7tex×JC9.7tex　877 根/10cm×502 根/10cm 的府绸织物。已知筒子架的最大容量为 714 只，若采用分批整经，求整经条带数和每份条带中的经纱根数。试进行机织各工序上机工艺设计。

第二模块
纺织典型设备工艺实施

第四项目 ▶ 棉纺典型设备工艺实施

技术知识点

1. 梳棉工序的工艺上机内容。
2. 梳棉机工艺状态的检查及其调整方法。
3. 棉纺精梳工序的工艺上机内容。
4. 棉纺精梳机工艺状态的检查及其调整方法。
5. 棉纺细纱工序的工艺上机内容。
6. 棉纺细纱机工艺状态的检查及其调整方法。

任务一 梳棉机工艺状态检查与工艺上机

一、梳棉机工艺状态检查

1. 速度

（1）检查电动机皮带轮直径是否与工艺设计要求的速度匹配。

（2）检查电动机皮带轮直径和刺辊皮带轮是否与工艺设计要求的速度匹配。

（3）检查传动道夫变频电动机的频率是否与工艺设计要求的速度匹配。

（4）检查盖板速度成对变换齿轮是否与工艺设计要求的速度匹配。

2. 牵伸倍数

测试生条定量和梳棉机落棉率，计算梳棉机的实际牵伸倍数和机械牵伸倍数。

3. 隔距

梳棉机两机件之间的隔距配置紧而准，通常用五页或七页测微片进行校正和检查，见表2-4-1-1。复查三大隔距，即给棉板-刺辊、刺辊-锡林、锡林-道夫。另外，抽查道夫-剥棉罗拉-上轧辊，给棉罗拉-给棉板等处的隔距，必要时检查锡林-盖板隔距。

表 2-4-1-1　梳棉机隔距检查及允许范围

机件部位	检查项目		允许限度		备　注
			mm	英寸	
给棉刺辊部分	给棉罗拉-给棉板	入口	+0.05 −0.03	+0.002 −0.001	
		出口	+0.08 −0.03	+0.003 −0.001	
	给棉板-刺辊		+0.08 −0.03	+0.003 −0.001	回转刺辊，用隔距片全面检查，允许有 4 个低凹处，低凹隔距可按允许限度 +0.002 英寸，每个低凹处最大面积不超过 77cm²
	刺辊-除尘刀		+0.08 −0.03	+0.003 −0.001	
给棉刺辊部分	除尘刀	高度	±0.20	±0.008	
		角度	±1°		
	刺辊-分梳板		±0.20	±0.008	
	刺辊-小漏底	入口	±0.30	±0.012	
		出口	±0.20	±0.008	
	刺辊-锡林		+0.08 −0.03	+0.003 −0.001	锡林停在任意位置，回转刺辊，用隔距片全面检查，允许有 4 个低凹处，低凹隔距可按允许限度 +0.002 英寸，每个低凹处最大面积不超过 77cm²
锡林盖板道夫部分	锡林-盖板		±0.03	±0.001	
	锡林-后固定盖板		±0.05	±0.002	
	锡林-前固定盖板		±0.05	±0.002	
	锡林-大漏底	后	+0.08	+0.003	
		中	+0.127	+0.005	
		前	+0.254	+0.010	
	锡林-后罩板	上口	±0.05	±0.002	
		下口	±0.05	±0.002	
	锡林-前上罩板	上口	±0.05	±0.002	
		下口	±0.08	±0.003	
	锡林-前下罩板	上口	±0.08	±0.003	
		下口	±0.05	±0.002	
	锡林-道夫	普通	+0.03 −0.03	+0.002 −0	锡林停止在任何位置，回转道夫，全面检查，以隔距片能插入的最大及最小处为准。允许有 2 个低凹处，面积不超过 25cm²，低凹处隔距可按允许限度 +0.001 英寸。弹性针布两端避让一隔距片宽度测查
		金属淬火	+0.05 −0	+0.002 −0	
剥棉部分	盖板-斩刀		±0.08	±0.003	
	道夫-剥棉罗拉		±0.08	±0.003	
	剥棉罗拉-上轧辊		±0.08	±0.003	
	上轧辊-下轧辊		±0.05	±0.002	

二、梳棉工艺参数机上调整

1. 速度

（1）锡林转速 n_c(r/min)：更换主动皮带轮来改变锡林转速。

$$n_c = 1460 \times 121/542 \approx 326 （纺化纤）$$

$$n_c = 1460 \times 132/542 \approx 356 （纺棉、化纤）$$

$$n_c = 1460 \times 159/542 \approx 428 （纺棉）$$

（2）刺辊转速 n_T（r/min）：更换刺辊皮带轮来改变刺辊转速。

$$n_T = 1460 \times 132/240 \approx 803（纺棉）$$

$$n_T = 1460 \times 159/240 \approx 967（纺棉）$$

$$n_T = 1460 \times 121/262 \approx 674（纺化纤）$$

$$n_T = 1460 \times 132/262 \approx 736（纺棉、化纤）$$

$$n_T = 1460 \times 159/262 \approx 886（纺棉）$$

（3）盖板速度 v_F（mm/min）：盖板速度与成对变换齿轮相关，见表 2-4-1-2。

$$v_F = n_c \times \frac{100}{134} \times \frac{Z_1}{Z_2} \times \frac{1}{26} \times \frac{1}{26} \times 14 \times 36.5 = \frac{0.5641 n_c Z_1}{Z_2}$$

表 2-4-1-2　Z_1/Z_2 变换齿轮的齿数

n_c/(r/min) ＼ Z_1/Z_2 ＼ v_F/(mm/min)	18/42	21/39	26/34	30/30	34/26
326	79	99	141	184	240
356	86	108	154	201	263
428	103	130	185	241	316

（4）道夫工作转速 n_D（r/min）：传动道夫的电动机为变频电动机，可通过改变道夫电动机频率来改变道夫的工作转速，见表 2-4-1-3。

$$n_D = \frac{960}{50} f \times \frac{18}{40} \times \frac{Z_3}{32} \times \frac{16}{96} = 0.045 f Z_3$$

式中：f——道夫电动机供电频率，Hz；

Z_3——棉网张力牵伸同步带轮齿数（18^T、19^T、20^T）。

表 2-4-1-3　f、Z_3 与道夫工作转速 n_D

Z_3/齿 ＼ n_D/(r/min) ＼ f/Hz	30	31～69	70
18	24.3	道夫电动机供电频率 f 每增加 1Hz,道夫工作转速 n_D 增加 0.81r/min	56.7
19	25.65	道夫电动机供电频率 f 每增加 1Hz,道夫工作转速 n_D 增加 0.855r/min	59.85
20	27	道夫电动机供电频率 f 每增加 1Hz,道夫工作转速 n_D 增加 0.9r/min	63

（5）道夫生头转速 $n_{D生}$（r/min）：见表 2-4-1-4。

表 2-4-1-4　f、Z_3 与道夫生头转速 $n_{D生}$

Z_3/齿 ＼ $n_{D生}$/(r/min) ＼ f/Hz	7	8	9	10
18	5.7	6.48	7.29	8.1
19	6.0	6.84	7.7	8.55
20	6.3	7.2	8.1	9.0

（6）小压辊出条速度 v（m/min）。

$$v = 60\pi \times \frac{960}{50} f \times \frac{18}{40} \times \frac{30}{23} \times \frac{127}{92.5} \times \frac{1}{1000} = 2.92 f = 87.6 \sim 204$$

2. 牵伸倍数

$$E_{大压辊-皮圈} = \frac{76}{86.4} \times \frac{21}{21} \times \frac{15}{20} \times \frac{45}{55} \times \frac{32}{Z_3} \times \frac{38}{28} = 23.44/Z_3$$

$$E_{大压辊-道夫} = \frac{76}{706} \times \frac{96}{16} \times \frac{32}{Z_3} \times \frac{38}{28} = 28.05/Z_3$$

$$E_{小压辊-道夫} = \frac{76}{706} \times \frac{96}{16} \times \frac{32}{Z_3} \times \frac{30}{23} \times \frac{127}{92.5} = \frac{29.23}{Z_3}$$

Z_3 与牵伸倍数的关系见表 2-4-1-5。

表 2-4-1-5　Z_3 与张力牵伸

Z_3/齿　牵伸倍数 张力牵伸	$E_{大压辊-皮圈}$	$E_{大压辊-道夫}$	$E_{小压辊-道夫}$
18	1.30	1.56	1.624
19	1.23	1.48	1.538
20	1.172	1.40	1.46

$$E_{小压辊-棉卷罗拉} = \frac{v_{小压辊}}{v_{棉卷罗拉}} = \frac{60\pi n_{小压辊}}{152\pi n_{棉卷罗拉}} = \frac{60\pi \times \frac{18}{40} \times \frac{30}{23} \times \frac{127}{92.5} \times n_{道夫电动机}}{152\pi \times \frac{20}{36} \times \frac{26}{36} \times \frac{14}{40} \times \frac{1}{60} \times n_{给棉罗拉电动机}}$$

$$= 135.95 \times \frac{n_{道夫电动机}}{n_{给棉罗拉电动机}} \approx 98 \sim 177$$

其中，$n_{给棉罗拉电动机}$ 的额定值为 1395r/min，$n_{道夫电动机}$ 的额定值为 960r/min。设定 $n_{道夫}/n_{给棉罗拉} = 5 \sim 7.5$，得出 $n_{道夫电动机}/n_{给棉罗拉电动机} \approx 0.72 \sim 1.3$。若改变牵伸倍数，则改变传动给棉罗拉电动机频率或传动道夫电动机频率。如果梳棉机不是用变频电动机传动，则改变梳棉机的牵伸变换齿轮齿数。

3. 隔距

梳棉机主要隔距是以锡林为基准，用五页或七页测微片进行校正。

机后部分，先调整刺辊与锡林间的隔距，松开刺辊轴承的螺栓，校好刺辊和锡林间隔距，定好轴承座前后左右位置后紧固螺栓。再依次调整给棉板与刺辊、给棉罗拉与给棉板间的隔距。机前部分先调整道夫与锡林间隔距，再调整剥棉罗拉与道夫、下轧辊与剥棉罗拉间的隔距。

4. 后车肚落杂区长度

FA231A 型梳棉机后车肚落杂区的长度可通过前后移动分梳板位置及更换前侧托棉板长度予以调整。纺棉及纺化纤分梳板后侧分别配有除尘刀及托棉板，用户可根据实际需要调整各落杂区长度，其调整范围见表 2-4-1-6，FA231A 型梳棉机后车肚落杂区长度调整见表 2-4-1-7。

表 2-4-1-6　落杂区长度范围

落杂区　　　原料	纺棉/mm	纺化纤/mm
第一落杂区 S_1	44.6	30
第二落杂区 S_2	50～63	48.5～62
第三落杂区 S_3	5～33	5～33

表 2-4-1-7　FA231A 型梳棉机后车肚落杂区长度调整

落杂区			长度/mm	调整
S_1	纺棉		44.6	除尘刀(A186F—1119)平机架与机架水平面成 90°
	纺化纤		30	除尘刀(A186F—1119)高机架 13mm，与机架水平面成 95°
S_2	纺棉	最大	63	分梳板调至机前侧，分梳板后装除尘刀 QFT207-0011
		最小	50	分梳板调至机后侧，分梳板后装除尘刀 QFT207-0011
	纺化纤	最大	62	分梳板调至机前侧，分梳板后装托棉板 QFT207-0000-2，长度 $L=30$mm
		最小	48.5	分梳板调至机后侧，分梳板后装托棉板 QFT207-0000-2，长度 $L=30$mm

续表

落杂区		长度/mm	调整
S_3 （纺棉、纺化纤）	最大	33	分梳板调至机后侧,分梳板前装托棉板 FA231-1101A,长度 $L=10$mm
		28.5	分梳板调至机后侧,分梳板前装托棉板 QFT207-0008,长度 $L=15$mm
		23.5	分梳板调至机后侧,分梳板前装托棉板 QFT207-0009,长度 $L=20$mm
		18.5	分梳板调至机后侧,分梳板前装托棉板 QFT207-0010,长度 $L=25$mm
	最小	20	分梳板调至机前侧,分梳板前装托棉板 FA231-1101A,长度 $L=10$mm
		15	分梳板调至机前侧,分梳板前装托棉板 QFT207-0008,长度 $L=15$mm
		10	分梳板调至机前侧,分梳板前装托棉板 QFT207-0009,长度 $L=20$mm
		5	分梳板调至机前侧,分梳板前装托棉板 QFT207-0010,长度 $L=25$mm

【课后训练任务】

1. 将梳棉机道夫转速调整到 43r/min。
2. 将梳棉机刺辊与锡林的隔距调整到 0.18mm。
3. 将梳棉机的机械牵伸倍数调整到 104 倍。

任务二 棉纺精梳机工艺状态检查与工艺上机

一、速度

1. 锡林速度 n_1（钳次/min）

通过改变皮带轮 A 和 B 的直径改变锡林速度。

$$n_1 = 1475 \times \frac{A \times 29}{B \times 143} = 299.13 \times \frac{A}{B}$$

式中：A—— 电动机皮带轮直径，mm；

$\quad\quad B$—— 输入轴皮带轮直径，mm。

锡林速度与主电动机和输入轴带轮的关系见表 2-4-2-1。

表 2-4-2-1 锡林速度与相应带轮直径的关系

锡林速度/(钳次/min)	A/mm	B/mm	锡林速度/(钳次/min)	A/mm	B/mm
200	144	218	300	154	154
225	126	168	325	168	154
250	144	168	350	168	144
275	144	154			

2. 毛刷转速 n_2（r/min）

通过改变皮带轮 C 和 D 的直径改变毛刷速度。

$$n_2 = 960 \times \frac{C}{D} = 960 \times \frac{C}{109} = 8.81 \times C$$

式中：C—— 毛刷电动机皮带轮直径，mm；

$\quad\quad D$—— 毛刷皮带轮直径，mm。

毛刷转速与相应带轮直径的关系见表 2-4-2-2。

表 2-4-2-2　毛刷转速与相应带轮直径的关系

毛刷直径/mm	C/mm	毛刷转速/(r/min)
110～95	109	1000
95～80	137	1200

二、每钳次喂给长度和给棉长度

1. 承卷罗拉喂给长度 L_1（mm/钳次）

$$L_1 = 70 \times \pi \times \frac{13 \times 37 \times 40 \times 40 \times 40 \times 40 \times 143}{13 \times F \times 138 \times 138 \times 138 \times 138 \times 29} = \frac{283.21}{F}$$

式中：F—— 喂卷调节齿轮齿数。

2. 给棉罗拉喂给长度 A（mm/钳次）

$$A = 30 \times \pi \times \frac{1}{E} = \frac{94.2}{E}$$

式中：E—— 给棉罗拉棘轮齿数。

F、L_1、E、A 之间的计算值见表 2-4-2-3。

表 2-4-2-3　F、L_1、E、A 之间的计算值与张力牵伸 E_1

F	L_1	E	A	给棉方式	E_1
52	5.45	16	5.9	前进、后退	1.081
53	5.34	16	5.9	前进、后退	1.103
58	4.88	18	5.2	前进、后退	1.074
59	4.80	18	5.2	前进、后退	1.092
60	4.72	18	5.2	前进、后退	1.110
65	4.36	20	4.7	后退	1.080
66	4.29	20	4.7	后退	1.098

三、牵伸

1. 部分牵伸

（1）承卷罗拉和给棉罗拉间张力牵伸 E_1

$$E_1 = \frac{A}{L_1} = \frac{\dfrac{94.2}{E}}{\dfrac{283.21}{F}} = 0.3328 \times \frac{F}{E}$$

式中：E—— 给棉罗拉棘轮齿数；

　　　F—— 喂卷调节齿轮齿数。

（2）给棉罗拉和分离罗拉间的分离牵伸 E_2

$$E_2 = \frac{S}{A} = \frac{31.71}{\dfrac{94.2}{E}} = 0.3364E$$

E 与 E_2 的对照关系见表 2-4-2-4。

表 2-4-2-4　E 与 E_2 的对照关系

E	E_2
16	5.3739
18	6.0973
20	6.7460

（3）分离罗拉和车面压辊间棉网张力牵伸 E_3

$$E_3 = \frac{L_2}{S}$$

式中：L_2—— 车面压辊输出长度，mm/钳次；

$\quad\quad$ S—— 分离罗拉有效输出长度，mm。

$$L_2 = \frac{143 \times 40 \times 40 \times 40}{29 \times 138 \times 138 \times 76} \times 50\pi = 34.2504$$

$$E_3 = \frac{L_2}{S} = \frac{34.2504}{31.71} = 1.08025$$

（4）车面压辊和后牵伸罗拉间车面的张力牵伸 E_4

$$E_4 = \frac{L_3}{L_2} = \frac{L_3}{34.2504}$$

式中：L_3—— 后牵伸罗拉输出长度，mm/钳次。

$$L_3 = \frac{143 \times 40 \times 45 \times 28 \times 28 \times 28}{29 \times 140 \times 45 \times 38 \times 70 \times 28} \times 27\pi = 35.2223 \text{（mm/钳次）}$$

则：$E_4 = 1.028$

（5）后区牵伸 E_5

$$E_5 = \frac{27 \times 28J}{27 \times 28 \times 28} = \frac{J}{28}$$

式中：J—— 后区牵伸变换齿轮（32^T、38^T、42^T）。

则后区牵伸倍数分别为 1.14 倍、1.36 倍、1.5 倍。

（6）前后罗拉间总牵伸 E_6

$$E_6 = \frac{35 \times 28 \times 70G \times 104}{27 \times 28 \times 28H \times 28} = 12.037 \times \frac{G}{H}$$

式中：G、H—— 牵伸变换齿轮齿数。

G、H 与 E_6 的计算关系见表 2-4-2-5。

表 2-4-2-5 G、H 与 E_6 的计算关系（附同步带规格）

G/H	30/40	30/38	33/40	33/38	30/33	38/40
E_6	9.0	9.5	9.9	10.5	10.9	11.4
同步带长度/mm	584	560	584	584	536	600
同步带齿数	73	70	73	73	67	75
G/H	38/38	40/38	33/30	38/33	40/33	38/30
E_6	12.0	12.7	13.2	13.9	14.6	15.2
同步带长度/mm	600	600	536	584	584	560
同步带齿数	75	75	67	73	73	70

（7）前罗拉和圈条压辊间张力牵伸 E_7

$$E_7 = \frac{28}{42} \times \frac{53.25}{98.5} \times \frac{44}{28} \times \frac{59.5}{35} \times 1.1 = 1.059$$

式中，1.1 为沟槽系数，因为圈条压辊外圆表面带沟槽。

2. 总牵伸

精梳机的机械总牵伸是指圈条与承卷罗拉间的牵伸倍数。

$$总牵伸倍数 = E_1 \times E_2 \times E_3 \times E_4 \times E_5 \times E_6 \times E_7$$

四、隔距

1. 锡林梳理隔距

在梳理过程中，控制梳理隔距主要是控制最紧点梳理隔距，因 FA266 型精梳机梳理隔距为 0.41～0.76mm，所以只要上钳板前缘与锡林针尖的距离不小于 0.41mm 即可。

2. 落棉隔距

生产过程中调节落棉隔距有逐眼调节和整机调节两种方法。

（1）落棉刻度盘调节。控制每个机台的落棉率，具体方法如图 2-4-2-1 所示，在 24 分度时调节落棉刻度盘。在 FA266 型精梳机钳板摆轴上装有一直径为 132mm 的落棉刻度盘，落棉刻度标尺厚度为 1mm，定位标尺 5 上落棉刻度范围为 5～12，相邻两刻度间的圆心角为 1°。在落棉刻度为 5 时，调节落棉隔距的最小值为 6.34mm，松开螺丝后，调节螺丝，使钳板摆轴及后摆臂随之摆动，从而使落棉隔距也随之改变。落棉刻度每增大 1，后摆臂向后摆动 1°，使落棉隔距增大。FA266 型精梳机在不同落棉刻度下对应不同的落棉隔距，具体数据见表 2-4-2-6。为防止由于装配精度等原因引起各眼落棉隔距不一致的现象，在整机调节落棉刻度盘之后，要逐眼复查落棉隔距。

表 2-4-2-6 落棉刻度与落棉隔距的关系

落棉刻度	5	6	7	8	9	10	11	12
落棉隔距/mm	6.34	7.47	8.62	9.78	10.95	12.14	13.34	14.55

（2）落棉隔距调节。每眼落棉率的调节方法：在 24 分度时调节每眼落棉隔距。拧开所有螺丝，在分离罗拉与下钳板间插入隔距块（6.34～14.55mm），用塑料锤轻敲重锤盖，使钳板前摆，最后将螺丝拧紧，如图 2-4-2-2 所示。

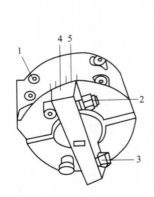

图 2-4-2-1 落棉刻度盘调节示意图
1、2、3—螺丝 4—定位块 5—定位标尺

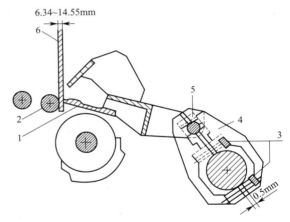

图 2-4-2-2 落棉隔距调节示意图
1—下钳板 2—后分离罗拉 3、5—螺丝 4—重锤盖 6—隔距块

3. 顶梳隔距

FA266 型精梳机顶梳进出和高低的调整方法分别如图 2-4-2-3、图 2-4-2-4 所示。调整顶梳进出使用定位工具，使顶梳与后分离罗拉的表面距离为 1.5mm，当落棉隔距改变时，顶梳进出需重新调整，无论落棉隔距多大，顶梳插入深度都应保持同一数值。

顶梳高低使用偏心旋钮调整，顶梳高低共有 5 档，分别标以 -1、-0.5、0、+0.5、+1，标值越大，顶梳刺入须丛越深，每增减一档，落棉率将增减 1% 左右，顶梳高低一般选用 +0.5。分离隔距大于 10mm 时，不能采用 -1，因为此时锡林针尖会与梳针相碰。如落棉率需控制在 6%～12% 时，可采用 +0.5 或 +1 的梳针深度。生产中还需注意，锡林梳针和顶梳梳针间最小要有 0.5mm 的间隙，调整顶梳后，要检查这一尺寸是否符合要求。具体调节尺寸见表 2-4-2-7。

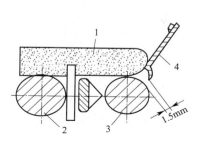

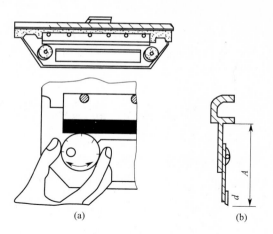

图 2-4-2-3　FA266 型精梳机顶
梳进出位置的调节示意图

1—进出定位工具　2、3—前后
分离罗拉　4—顶梳

图 2-4-2-4　FA266 型精梳机顶
梳高低位置的调节示意图

表 2-4-2-7　顶梳调节与深度尺寸

分离隔距调节	顶梳插入深度刻度	插入深度/mm	顶梳与锡林隔距/mm
8.25	+1.0	53.5	0.7
8.75	+0.5	53	0.7
9.25	0	52.5	0.7
9.50	−0.5	52	0.7
10.00	−1.0	51.5	0.7

五、定时定位

FA266 型精梳机各机件的运动配合如图 2-4-2-5 所示。

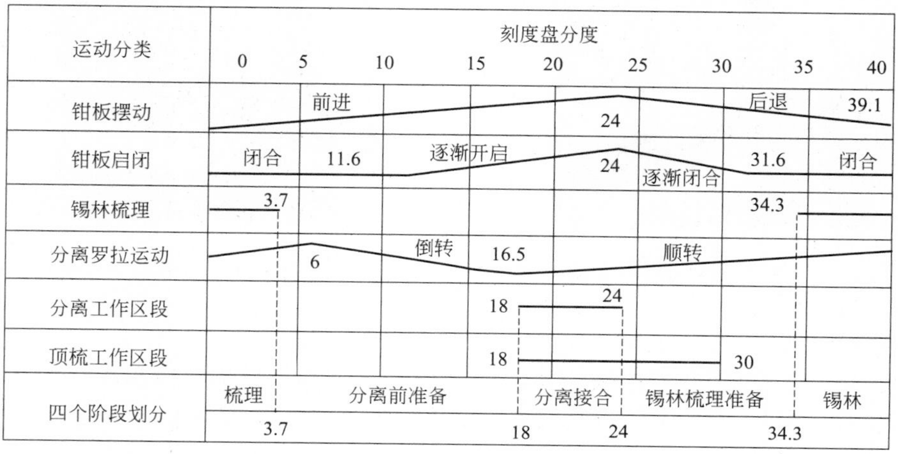

运动分类	刻度盘分度								
	0	5	10	15	20	25	30	35	40
钳板摆动		前进			24		后退		39.1
钳板启闭	闭合	11.6	逐渐开启		24	逐渐闭合		31.6	闭合
锡林梳理	3.7						34.3		
分离罗拉运动		6	倒转	16.5		顺转			
分离工作区段				18	24				
顶梳工作区段				18		30			
四个阶段划分	梳理	分离前准备			分离接合	锡林梳理准备		锡林	
	3.7		18		24		34.3		

图 2-4-2-5　FA266 型精梳机各机件的运动配合示意图

【课后训练任务】

1. 将精梳机的落棉隔距调整到落棉率为 15%。
2. 将精梳机的顶梳隔距调整到落棉率为 0.5%～1.0%。
3. 将精梳机的给棉长度调整到 5.89mm。

任务三　棉纺细纱机工艺状态检查与工艺上机

一、隔距的调整与检查

1. 罗拉隔距

松罗拉滑座，做隔距，按工艺要求，将罗拉隔距规调到设计的数值，并用游标卡尺测量。确定后分别放入前中及前后罗拉间，如图 2-4-3-1、图 2-4-3-2 所示。要求使隔距规能自然落下及用规定塞尺插不进为良好，如图 2-4-3-3 所示。然后紧固螺丝。为了避免隔距规经常变动产生误差，前中、前后隔距规应固定分开使用。检查时，采用塞尺，以塞尺塞不进为好，定规左右移动要求流畅。

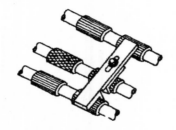

图 2-4-3-1　前中罗拉隔距示意图

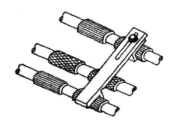

图 2-4-3-2　前后罗拉隔距示意图

图 2-4-3-3　罗拉隔距检查示意图

图 2-4-3-4　上罗拉隔距规放在摇架体顶面示意图

2. 摇架隔距

摇架卸压掀起手柄与摇架体成 31°时，将上罗拉隔距规放在摇架体顶面以钩住摇架体后端面为基准（采用另一种工具则以摇架体前端顶面上 φ7mm 孔为基准，调整方法相同），如图 2-4-3-4 所示。松开摇架体顶面上两个 M6 内六角螺钉，分别使中、后区加压结合件沿摇架体内的长槽滑动，使 M6 内六角螺钉的 φ13mm 圆柱头接触上罗拉隔距规的定位块后，拧紧 M6 内六角螺钉，如图 2-4-3-5 所示。再用 0.10mm 塞尺片检测接触处间隙，插不进为好，但在取出上罗拉隔距规时，应以手感觉不太紧为宜。检查上罗拉隔距，如图 2-4-3-6 所示。按同法调整其余摇架的上罗拉隔距达到标准，摇架隔距检查方法与罗拉隔距的检查方法相同。

图 2-4-3-5　上罗拉隔距调整示意图

图 2-4-3-6　上罗拉隔距检查示意图

二、罗拉加压的调整与检查

前中后罗拉的压力，应按原料、纺纱品种和纺纱工艺的要求来确定。调整方法和工具与摇架的型号有关。

1. 摇架整体压力

调整摇架后方的压力螺丝（图 2-4-3-7），螺丝紧，压力大；螺丝松，压力小。

2. 前皮辊加压

前罗拉可在 100N/2 锭（无色）、140N/2 锭（绿色）、180N/2 锭（红色）三种压力值之间选用，另有 60N/2 锭（白色）的压力值是在摇架半释压状态下专供长时间停车时使用，这有利于保护胶辊和再开车时减少断头。

图 2-4-3-7　摇架整体
压力调整示意图

调整前罗拉的压力，须在摇架卸压状态下进行，利用调压扳手，插入前加压杆前端的调压块凹槽内，向前或向后转动调压块，通过改变其位置而得到所需的加压力值，如图 2-4-3-8所示。专用工具下板有三档，向下，压力大。加压检查时，如图 2-4-3-9、图 2-4-3-10 所示，用专用工具检查加压大小，要求灵活取出，且同机台一致。

图 2-4-3-8　前皮辊加压
调整示意图

图 2-4-3-9　前皮辊压力
调整工具示意图

图 2-4-3-10　摇架整体
压力检查示意图

三、牵伸倍数的调整与检查

牵伸隔距和压力全部调整结束后，再进行牵伸倍数的调整。调整车头牵伸变换齿轮，包括左右牵伸变换齿轮（左轻重牙、右轻重牙）、后牵伸变换齿轮（罗拉头牙），如图 2-4-3-11 所示。其作用为根据成纱品质要求和总牵伸倍数的大小选择、调整各部牵伸倍数。

右牵伸变换齿轮

左牵伸变换齿轮

图 2-4-3-11　调整牵伸倍数的示意图

调整时，首先领取对应的变换齿轮，将车上正在生产的产品整体取下。若需调换粗纱，整体调换。再打开车头，更换齿轮。调整工具为套筒扳手。检查时，要使变换齿轮平齐，啮合适当，否则会出现条干不匀、粗节、细节等疵病。

四、捻度的调整与检查

调整车头捻度变换齿轮，方法同牵伸变换齿轮的调整。

【课后训练任务】

1. 将棉纺细纱机的牵伸倍数分别调整到 30 与 28。
2. 将棉纺细纱机的捻度分别调整到 90 捻/10cm 与 80 捻/10cm。

第五项目　毛纺典型设备工艺实施

技术知识点

1. 针梳工序的工艺上机内容。
2. 针梳机工艺状态的检查及其调整方法。
3. 毛纺精梳工序的工艺上机内容。

4. 毛纺精梳机工艺状态的检查及其调整方法。

任务一 针梳机工艺状态检查与工艺上机

以国内毛条制造通用生产线上的 B306 型针梳机为例。B306 型针梳机传动系统如图 2-5-1-1 所示。

一、针梳机工艺状态检查

（一）检查针梳机前隔距

先在针梳机牵伸机构出条部分的左右两侧找到隔距标尺，再分别确定机上前罗拉座定位脚前沿底线在隔距标尺上相吻合的刻线，刻线的示值即对应侧的机上前隔距，两侧的前隔距数值应该一致。

（二）检查针梳机牵伸倍数与出条速度

先根据相应设备的传动示意图，确定机上牵伸变换齿轮 A 与 B 所在的位置，再打开机左侧前罗拉传动箱门罩，找到变换齿轮 A 与 B，分别确定机上 A 与 B 的齿数；再根据 A 与 B 的齿数查找传动箱门罩内侧的《牵伸倍数与工作速度表》，确定对应的牵伸倍数值，即机上牵伸倍数；同时，根据电动机皮带盘与主轴皮带盘之间的直径搭配，进一步确定机上前罗拉线速度。

（三）检查针梳机前罗拉压力

先找到机右侧的压力表，再确定压力表中压力指示针所指示的压力值（kgf/cm² 或 MP），即机上前罗拉压力。

（四）检查针梳机前张力牵伸值

先根据相应设备的传动示意图，确定机上前张力变换齿轮 T 所在的位置；再打开机左侧卷绕滚筒传动箱门罩，找到前张力变换齿轮 T，确定机上 T 的齿数；根据机上 T 的齿数查找相应设备的《前张力牵伸变换表》，确定对应的牵伸倍数，即机上前张力牵伸值。

（五）检查针梳机后张力牵伸值

先根据相应设备的传动示意图，确定机上后张力变换齿轮 C 所在的位置，再打开机右侧后罗拉传动箱门罩，找到后张力变换齿轮 C，确定机上 C 的齿数；根据机上 C 的齿数查找相应设备的《后张力牵伸变换表》，确定对应的牵伸倍数值，即机上后张力牵伸值。

二、针梳工艺参数机上调整

使用工具为六角扳手。

（一）调整针梳机前隔距

1. 调整部位
机左侧前罗拉轴传动箱、前罗拉座定位脚。

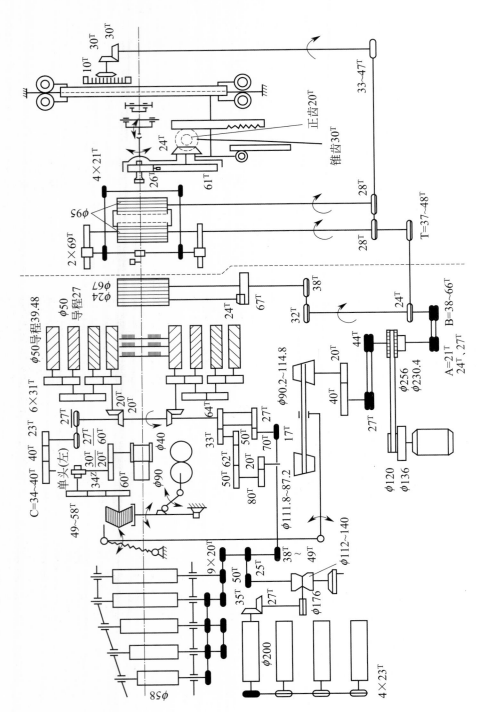

图 2-5-1-1 B306 型针梳机传动系统示意图

2. 操作机件

隔距标尺、前罗拉座、紧固螺母、垫圈、螺钉、小台板、传动箱门罩、链条、张紧轮。

3. 调整步骤

（1）根据所需前隔距值，确定前罗拉座的移动方向（前移还是后移）。

（2）根据相应设备的传动示意图，确定机上前罗拉轴的传动路线。

（3）如图 2-5-1-2 中转向箭头所示，掀启前罗拉轴传动箱左侧的小台板，放稳，再如图 2-5-1-2 中直向箭头所示，分别旋松前罗拉轴传动箱门罩的紧固螺钉，取下门罩。

（4）如图 2-5-1-3 中直向箭头所示，微量旋松张紧轮的紧固螺母，通过反时针旋转使张紧轮脱离链条，使链条适量放松，再及时旋紧紧固螺母，为前隔距的调整作准备。

（5）如图 2-5-1-4 中圆圈处所示，分别适量旋松前罗拉座两侧座脚的紧固螺母，再根据要求的前隔距，前移（放大前隔距时）或后移（缩小前隔距时）前罗拉座，使两座脚前沿底线同时平移至前隔距标尺上要求的刻线处（如图 2-5-1-5、图 2-5-1-6、图 2-5-1-7 中圆圈处或箭头所示），注意左右两侧的一致性，以保证前隔距横向的一致性。

（6）分别旋紧前罗拉座两侧座脚的紧固螺母。

（7）重新微量松开前罗拉轴传动箱内张紧轮紧固螺母，同时通过顺时针旋转使张紧轮适当张紧链条，并及时旋紧张紧轮紧固螺母，满足传动要求。

图 2-5-1-2　前隔距调整示意图Ⅰ

图 2-5-1-3　前隔距调整示意图Ⅱ

图 2-5-1-4　前隔距调整示意图Ⅲ

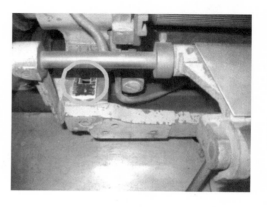

图 2-5-1-5　前隔距调整示意图Ⅳ

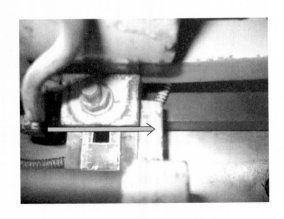

图 2-5-1-6　前隔距调整示意图 V　　　　　　　图 2-5-1-7　前隔距调整示意图 Ⅵ

（二）调整针梳机牵伸倍数

1. 调整部位

机左侧牵伸变换传动箱。

2. 操作机件

前罗拉传动箱门罩、牵伸倍数与工作速度表、牵伸变换齿轮 A 与 B、链条、张紧轮、紧固螺母、垫圈、螺钉。

3. 调整步骤

（1）开启前罗拉传动箱门罩。

（2）根据相应设备的传动示意图，找到机上牵伸变换齿轮 A、B 所在的位置。

（3）如图 2-5-1-8 所示，查门罩内侧《牵伸倍数与工作速度表》，根据所要求的牵伸倍数确定对应的牵伸变换齿轮 A、B 的齿数 Z_A 与 Z_B，如图 2-5-1-9 所示。

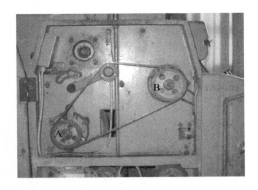

图 2-5-1-8　牵伸倍数调整示意图 Ⅰ　　　　　　图 2-5-1-9　牵伸倍数调整示意图 Ⅱ

（4）选择齿数符合要求的牵伸变换齿轮 A 与 B，并分开，对应放置，以备待用。

（5）分别微量旋松牵伸变换齿轮 A、B 的紧固螺母，但不取下。

（6）微量旋松张紧轮紧固螺母，通过顺时针旋转使张紧轮脱离链条，使链条适量放松，并及时旋紧紧固螺母。

（7）取下链条，放于地面。

（8）分别按序取下原牵伸变换齿轮 A、B，及时换上现在所需的变换齿轮 A、B，并及时旋紧相应的紧固螺母；更换齿轮时，注意过程的条理性，注意对紧固螺母、螺钉、垫圈的管理，并将换下的链轮及时挂于备用齿轮架上。

（9）装链条，重新微量松开张紧轮紧固螺母，同时通过反时针旋转使张紧轮适当张紧链条，并及时旋紧张紧轮紧固螺母，满足传动要求。

（三）调整针梳机前罗拉压力

1. 调整部位

机右侧。

2. 操作机件

如图 2-5-1-10 所示，操作机件有压力表、梳箱阀、前罗拉阀、踏脚板、控制杆。

图 2-5-1-10　前罗拉压力调整示意图（1）

3. 调整步骤

（1）关闭梳箱阀（旋紧），打开前罗拉阀（适当旋松）。

（2）如图 2-5-1-11 中直向箭头所示，查压力表，根据所需的前罗拉压力值，确定压力表指示针所需指向的刻度位置。

（3）如图 2-5-1-12 中圆圈处所示，当需要加压（减压）时，用手向里推动（向外拨动）控制杆，使控制杆与踏脚板杠杆接触（脱开）。

（4）如图 2-5-1-12 中双向箭头所示，右脚前掌短动程地反复、连续踩踏加踏脚板，直至压力表中的压力指示针指向所需的刻度。

（5）关闭前罗拉阀（旋紧）。

图 2-5-1-11　前罗拉压力调整示意图（2）

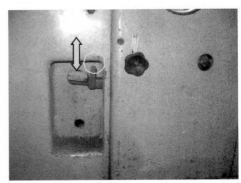

图 2-5-1-12　前罗拉压力调整示意图（3）

（四）调整针梳机前张力牵伸值

1. 调整部位

如图 2-5-1-13 中直向箭头所示的机左侧卷绕滚筒传动箱。

2. 操作机件

卷绕滚筒传动箱门罩、前张力变换齿轮 T、链条、张紧轮、紧固螺母、垫圈、螺钉。

3. 调整步骤

（1）开启卷绕滚筒传动箱门罩。

（2）根据相应设备的传动示意图，找到机上前张力变换齿轮 T 所在的位置。

（3）选择齿数符合要求的前张力变换齿轮 T。

（4）微量旋松变换齿轮 T 的紧固螺母，但不取下。

（5）如图 2-5-1-14 中直向箭头所示，微量旋松相应张紧轮紧固螺母，通过顺时针旋转使张紧轮脱离链条，使链条适量放松，再及时旋紧紧固螺母。

（6）将链条从变换齿轮 T 上取下，使其挂靠左侧。

（7）按序取下原变换齿轮 T，及时换上现在所需的变换齿轮 T，并及时旋紧相应的紧固螺母。

（8）装链条，并重新微量松开相应张紧轮的紧固螺母，同时通过反时针旋转使张紧轮适当张紧链条，并及时旋紧张紧轮紧固螺母，满足传动要求。

图 2-5-1-13　前张力调整示意图（1）

图 2-5-1-14　前张力调整示意图（2）

（五）调整针梳机后张力牵伸值

1. 调整部位

如图 2-5-1-15 中直向箭头所示的机右侧后罗拉传动箱。

2. 操作机件

传动箱门罩、后张力变换齿轮 C、啮合齿轮 40^T、定位齿架、紧固螺母、垫圈、螺钉。

3. 调整步骤

（1）掀启后罗拉传动箱门罩，放稳。

（2）根据相应设备的传动示意图，找到机上后张力变换齿轮 C 所在的位置。

（3）选择齿数符合要求的后张力变换齿轮 C。

（4）微量旋松变换齿轮 C 的紧固螺母，但不取下。

（5）如图 2-5-1-16 中直向箭头所示，按序旋下对应啮合齿轮 40^T 定位齿架上方的紧固螺母、垫圈、螺钉，通过顺时针旋转使 40^T 齿轮与变换齿轮 C 脱开啮合。

（6）按序取下原后张力牵伸变换齿轮 C，及时换上现在所需的变换齿轮 C，并及时旋紧相应的紧固螺母。

（7）通过反时针旋转使 40^T 齿轮与变换齿轮 C 正常啮合，同时重新装上定位齿架上方的紧固螺钉、垫圈、螺母，旋紧，满足传动要求。

图 2-5-1-15　后张力牵伸值调整示意图（1）　　　图 2-5-1-16　后张力牵伸值调整示意图（2）

【课后训练任务】

1. 检查现有针梳机的机上前隔距，并根据生产工艺设计单要求将前隔距调整为 30mm、45mm。

2. 检查现有针梳机的机上牵伸倍数与出条速度，再根据生产工艺设计单要求将牵伸倍数调整为 5.66、7.65，并确定其调整后的出条速度。

3. 检查现有针梳机的机上前钳口压力，并根据生产工艺设计单要求将前钳口压力调整为 9MPa、10MPa。

4. 检查现有针梳机的机上前张力牵伸值，并根据生产工艺设计单要求将前张力牵伸值调整为 1.06、1.01。

5. 检查现有针梳机的机上后张力牵伸值，并根据生产工艺设计单要求将后张力牵伸值调整为 1.009、1.037。

任务二　毛纺精梳机工艺状态检查与工艺上机

以国内毛条制造通用生产线上的 B311C 型精梳机为例。B311C 型精梳机传动路线如图 2-5-2-1所示。

一、精梳机工艺状态检查

（一）检查精梳机喂入长度

先根据相应设备的传动示意图，找到下喂毛罗拉所在轴上的喂毛棘轮 B，确定机上棘轮 B 的齿数；再根据喂毛罗拉的加压、表面状况和纤维的软硬程度，确定喂毛罗拉周长系数 a；最后，根据机上 B 的齿数与确定的周长系数 a，通过查找相应设备的《喂入长度表》确定机上喂入长度。

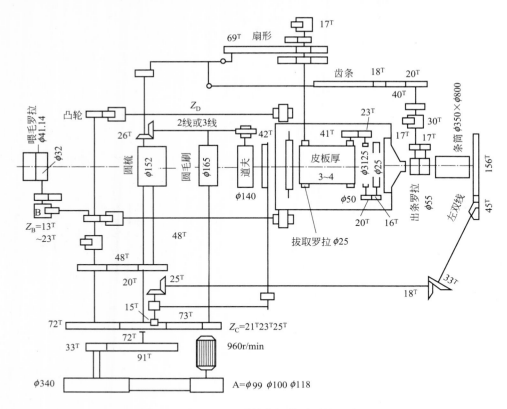

图 2-5-2-1　B311C 型精梳机传动系统示意图

（二）检查精梳机拔取隔距

先转动精梳机机右侧的手轮，使拔取车运动至后死心位置，即使 9 号凸轮外侧表盘上刻度值 90 刻线对准指针；再抬起顶梳架；选用适当规格的拔取隔距板，分别校测左右两侧的拔取隔距，校测点分别于下钳板左右两侧向里 3cm 处。如图 2-5-2-2 所示，校测时隔距板的弧形部分与拔取上罗拉吻合，另一侧与下钳板的钳唇吻合。如果不能吻合，则重新选择隔距板，重新校测，直至所选的隔距板能与拔取上罗拉及下钳板的钳唇吻合，则相应隔距板的规格数据即机上拔取隔距。

（三）检查精梳机拔取长度

先在精梳机机右侧找到扇形齿架尾端的弧形标尺，确定机上拐臂在扇形齿架尾端弧形槽中的联结点所对应的弧形标尺刻度值，再利用公式计算拔取长度值，该拔取长度计算值即机上拔取长度。

二、精梳工艺参数机上调整

使用工具为六角扳手、拔取隔距板。

（一）调整精梳机喂入长度

1. 调整部位

喂入机构、机左侧。

2.操作机件

手轮、喂毛棘轮 B、支架、紧固螺母、垫圈、螺钉。

3.调整步骤

（1）根据相应设备的传动示意图，找到机上喂毛棘轮 B 所在的位置。

（2）选择齿数符合要求的喂毛棘轮 B。

（3）转动机右侧的手轮至适当位置，以方便更换喂毛棘轮 B。

（4）按要求更换机上喂毛棘轮 B。

（5）如图 2-5-2-3 所示，调整传动路线上螺钉 2 在支架 3 中的位置，满足加工时撑头正常推齿的运动要求。

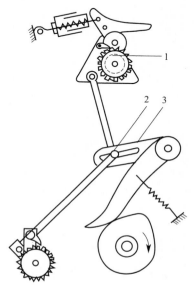

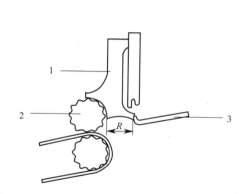

图 2-5-2-2 拔取隔距校测示意图

1—拔取隔距板 2—上拔取罗拉 3—下嵌板

图 2-5-2-3 喂毛罗拉传动示意图

1—喂毛棘轮 B 2—螺钉 3—支架

（二）调整精梳机拔取隔距

1.调整部位

拔取机构、机两侧。

2.操作机件

手轮、机右牵手及其 9 号凸轮滑轮紧固螺母、垫圈、螺钉、托脚，机左牵手及其 3 号凸轮滑轮紧固螺母、垫圈、螺钉、托脚。

3.调整步骤

（1）转动机右侧的手轮，使拔取车运动至后死心位置，使 9 号凸轮的最小半径与其滑轮接触，此时 9 号凸轮外侧表盘上刻度值 90 刻线对准指针。

（2）选择隔距符合要求的拔取隔距板。

（3）如图 2-5-2-3 所示，使所选隔距板与下钳板钳唇、上拔取罗拉弧面及上钳板板面三处同时接触、吻合，一般先左后右地进行校测，校测点分别位于下钳板两侧向里 3cm 处，且须保持两侧的一致性。

（4）如图 2-5-2-4 所示，紧固两侧牵手及其相应凸轮滑轮在托脚中的位置，一般先左后右地进行。

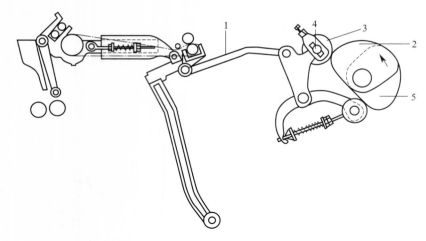

图 2-5-2-4　拔取机构传动示意图

1—机右牵手　2—9 号凸轮　3—9 号凸轮滑轮　4—紧固螺母　5—3 号凸轮

（三）调整精梳机拔取长度

1. 调整部位

拔取机构、机右侧。

2. 操作机件

手轮、扇形齿架、弧形标尺、弧形槽、拐臂、紧固螺母、垫圈、螺钉。

3. 调整步骤

（1）转动机右侧的手轮至适当位置，以方便对扇形齿架尾部的操作。

（2）如图 2-5-2-5 所示，根据要求的弧形标尺刻度值改变拐臂在扇形齿架尾端弧形槽 3 中连接螺钉 5 的紧固位置。

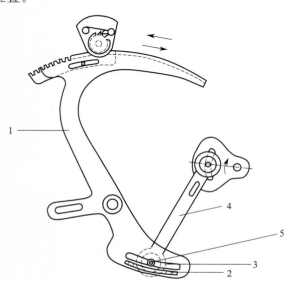

图 2-5-2-5　拔取罗拉传动示意图

1—扇形齿架　2—弧形标尺　3—弧形槽　4—拐臂　5—连接螺钉

【课后训练任务】

1. 检查现有精梳机的机上喂入长度，并根据生产工艺设计单要求将喂入长度调整为 8.9mm、7.0mm、6.4mm。

2. 检查现有精梳机的机上拔取隔距，并根据生产工艺设计单要求将拔取隔距调整为 20mm、24mm、26mm、28mm。

3. 检查现有精梳机的机上拔取长度，并根据生产工艺设计单要求将拔取长度调整为 127mm、163mm、182mm。

第六项目　机织典型设备工艺实施

技术知识点

1. 喷气织造工序的工艺上机内容。
2. 喷气织机工艺状态的检查及其调整方法。
3. 剑杆织造工序的工艺上机内容。
4. 剑杆织机工艺状态的检查及其调整方法。

任务一　喷气织机工艺状态检查与工艺上机

一、喷气织机工艺状态检查

（一）引纬时间

喷气织机引纬时间由闭环系统控制。以纬纱到达捕纬侧的设定时间为目标，由探纬器将实际到达的时间信息送入织机电脑，电脑按设定程序计算并发出指令，调整引纬执行机构（电磁阀开闭或气压大小），自动控制纬纱飞行的到达时间（或到达角）稳定在允许范围内。图 2-6-1-1 为喷气织机的引纬时间的自动控制示意图。该织机上带有推荐程序设计，只要向织机功能键盘输入织物品种、规格、速度及引纬到达时间等参数，引纬闭环自控系统即能控制电磁针及主、辅喷嘴的动作，达到稳定引纬的目的。若须对时间参数重新调整（不按织机自带程序），可另行输入。为防织机启动时第一纬因织机转速未到正常而导致引纬不正常，织机另设有第一纬时间控制的设定功能。

（二）引纬飞行时间

1. 纬纱始飞行角及磁针提升角

纬纱始飞行角指织机的开口和打纬机构允许纬纱进入梭口时的角度。确定方法如图 2-6-1-2所示。把织机转至上层经纱离筘槽上唇 5mm 时，主轴的位置角就是纬纱始飞行角。不同机型的始飞行角稍有不同，通常 80°～90° 为允许纬纱进入梭口的时间。磁针提升角是指纬纱起飞时间。确定储纬器挡纱磁针提起时间时，应考虑电磁阀的迟滞时间，即应再提前一个角度。不同电磁阀的迟滞量不同，可用度数表示。

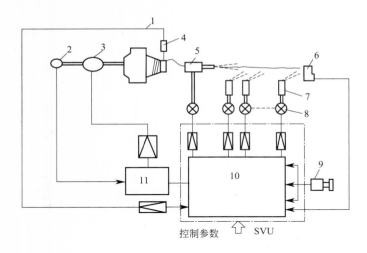

图 2-6-1-1　引纬时间自动控制系统示意图

1—测长贮纬装置　2—脉冲发生器　3—电动机　4—挡纱磁针　5—主喷嘴　6—探纬器

7—辅助喷嘴　8—电磁阀　9—编码器　10—引纬控制　11—同步控制

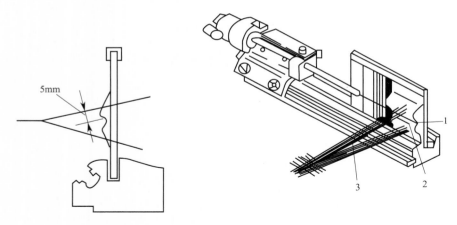

图 2-6-1-2　纬纱始飞行角的设定示意图

1—筘槽　2—纬纱头　3—左端经纱

2. 辅喷终喷角

辅喷终喷角是指最后一组辅助喷嘴终止喷射时间。其确定方法是转动织机至上心附近，上层经纱已回到离筘槽上唇 3～5mm 处，且辅助喷嘴头已退至下层经纱 1～2mm 处，此时的主轴位置就是辅喷终喷角，如图 2-6-1-3 所示。

3. 纬纱总飞行角

纬纱总飞行角是指纬纱始飞行角至辅喷终喷角间的主轴转角，是允许纬纱在梭口飞行的总时间。在此时间内，梭口开放，筘座在下心至后心和上心间摆动。超过总时间，纬纱头可能碰撞经纱而引纬失败。如测得织机总飞行角为 180°，始飞行角为 80°，则辅喷终喷角为 260°。

4. 纬纱到达角

纬纱到达角是指纬纱到达探纬器时的主轴转角。为了有利于纬纱伸直，纬纱到达角应稍

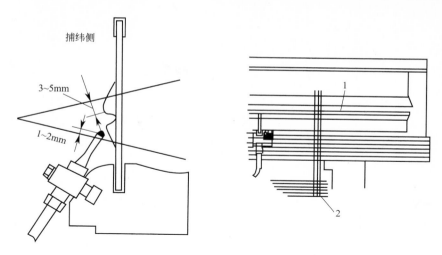

图 2-6-1-3　设定辅喷终喷角的示意图
1—纬纱头　2—右端经纱

早于辅喷终喷角。也即，纬纱飞抵捕纬侧，辅喷和延伸喷气流尚未关闭。不同机型的开口、打纬机构不同，允许纬纱总飞行角也不同。总飞行角大，不仅有利于增加幅宽，还可适当降低气耗。

如果纬纱到达角比辅喷终喷角提前 20°。若辅喷终喷角为 250°或 260°，纬纱最大到达时间为 230°或 240°，目标设定到达时间可定为 225°或 230°。

（三）引纬时间的配合

引纬时间配合指以纬纱按设定时间到达捕纬侧为目标，对磁针、主喷、延伸喷的时间进行选择，使参数形成合理配合。

（1）主喷始喷时间早于挡纱磁针升起时间。主喷始喷时间略早于挡纱磁针升起，有利于纬纱头端先得到气流牵引伸直。提早量在 10°左右。

（2）主喷终止时间早于挡纱磁针落下时间。主喷终止时间早于挡纱磁针落下是为了纬纱从自由飞行状态过渡到约束状态时，降低引纬张力峰值，减少断纬。提早量在 5°～10°。但此时辅喷并未关闭，目的在于使纬纱在约束牵引时得到伸展，防止弯曲。

（3）前组辅喷的关闭时间晚于后组始喷时间。前组辅喷的关闭时间晚于后组始喷，是为了使后组辅喷与前组辅喷间有一段重叠时间，以确保纬纱得到足够的能量，使纬纱头端飞行有力、伸直和减少飘飞。第一组辅喷的始喷时间可与主喷相同，以后各组较前组关闭时间早 40°～50°开始喷射；最后的 1～3 组比前一组均提前 50°～60°开始喷射，因为纬纱飞抵最后一组时，质量增加，头端不易伸展。

（4）辅喷终喷关闭时间晚于纬纱到达时间。辅喷终喷关闭时间晚于纬纱到达时间，是为了防止纬纱松弛。当纬纱被挡纱磁针挡住时，主喷已经停喷，但最后一组辅喷不能关闭。辅喷较纬纱到达角的滞后量控制在 20°～30°。

（5）挡纱磁针在一次引纬储纱圈数的倒数第二圈退绕后落下挡纱磁针。设磁针落下时正值倒数第二圈已退绕半圈，于是落下时间可用下式计算。

磁针落下时间(°)＝纬纱始飞行角＋

$$\frac{（一次引纬储纱圈数-0.5)\times（设定纬纱到达角-纬纱始飞行角)}{纬纱圈数}-$$

磁针感应迟滞角

（6）开车后第一纬主喷及磁针脱纱时间较正常工艺晚。由于织机停车后第一转的车速稍慢，在有的喷气织机上设有开车后第一纬专调功能，使第一纬主喷和磁针提升（脱纱）时间均晚约10°。例如，原工艺为60°，第一纬定为70°，主喷关闭时间可不变，磁针落下时间也可后延10°。

（7）综平后延伸喷嘴停止喷射。延伸喷嘴装在纬纱出口侧，位于边纱的外侧。为防止纬纱出现纬缩和扭结，延伸喷嘴的始喷时间在纬纱即将到达捕纬侧，关闭时间在纬纱已被经纱夹持，即综平后。例如，始喷210°，终喷310°。

（四）喷气压力

确定喷气压力时，要求产生必要的飞行速度，又要求尽可能降低气耗，节约能源。喷气压力的设定项目有主喷、辅喷、剪切喷。调节喷气压力的方法，一般先由高压起，逐渐降低气压，直至纬纱按设定到达角抵达捕纬侧，布面不出现织疵为止。主喷嘴气压一般在0.25～0.4MPa，辅助喷嘴气压一般为0.3～0.45MPa，可根据具体品种确定。

二、喷气织机工艺上机调整

喷气织机设备工艺调整，主要是针对产品变更和织造过程中出现的产品质量问题进行的检查调整工作，下面针对喷气织机生产中的常见疵点进行讨论。

（一）断纬

断纬的种类很多，主要有纱尖缠结或弯曲型断纬、纬纱弯曲型断纬、纬纱与左侧布边经纱缠结型断纬、纬纱与经纱缠结型断纬、引纬长度不匀型断纬、纱尖吹断型断纬等。

1. 纱尖缠结或弯曲型断纬

在织物右侧布边的纬纱尖端处，有轻微的缠结或弯曲，形成断纬，产生停台。调整方法如下。

（1）加大经纱张力或去除纱疵、飞花附着。

（2）降低主喷嘴压力或调整主喷嘴压力位置。

（3）提前或延迟电磁针的作用时间，并将主喷嘴喷气时间提前或延迟至适当时间。

（4）按定时标准和安装规格进行检查，调整电磁针。

（5）定期对压缩空气管道进行检查。

（6）提高辅助喷嘴压力，并检查其高度和角度（根据纬纱种类而定）。

（7）左侧剪刀片务必保持锋利。

（8）绞边经纱在综丝和钢筘中的穿法要正确。

（9）保持异形筘筘面清洁。

（10）按控制板上的测试键，如发现电磁阀停止工作，则检查电磁阀，如电磁阀工作，但连续运转时不工作，则检查编码器。

2. 纬纱弯曲型断纬

纬纱呈U形弯曲是由于引纬力不足、开口不良和纬纱延时到达所致，使织机产生停台或形成双稀纬疵点。调整方法如下。

（1）提前或延迟电磁针的开启时间，并将主喷嘴的喷气时间提前或延迟。

（2）调整左剪刀、导纱器作用时间，以减小切断阻力；或适当提高剪切吹气压力。

（3）检查弯曲或漏气的机械阀和气管，进行调节或更换。

（4）适当提高辅助喷嘴压力。

（5）严格掌握经纱接头小于 3mm 的规定，除去大接头、羽毛纱和飞花附着等经纱疵点。

（6）增加开口量，检查并调整开口时间。

（7）将辅助喷嘴横移 0.1～0.2mm，并检查辅助喷嘴头端光滑情况。

（8）测量并增加经纱张力。

（9）用主喷嘴定规正确调节其位置。

3. 纬纱与左侧布边经纱缠结型断纬

开口时间与纬纱飞行时间配合不当，纬纱被左侧布边的经纱缠结，织机产生停台或形成纬向织疵。调整方法如下。

（1）延迟纬纱脱离电磁针时间和提前开口时间。

（2）校正绞边纱和假边纱张力，或校正开口时间。

（3）用主喷嘴定规进行正确调节。

4. 纬纱与经纱缠结型断纬

纬纱与中部经纱绞住，形成 S 形弯曲。主要是经纱片纱张力不匀或经纱附有纱疵等造成开口故障，使织机产生停台或形成双脱纬疵点。调整方法如下。

（1）测量并增加经纱张力，排除产生局部张力不均匀等因素。

（2）去除纱疵，接头尾纱不超过 3mm。

（3）适当增大开口高度。

（4）调整左剪刀作用时间及刀片啮合量，使剪刀锋利。

5. 引纬长度不匀型断纬

引入织口的纬纱长短不一，出现长、短纬现象。主要是测长储纬不稳定，引纬力不足造成的。消除方法如下。

（1）清除飞花，检查喷气气流情况。

（2）重新正确绕纱。

（3）按规定方法和标准调整压力。

（4）适当增加储纬器的预卷绕量。

（5）延迟电磁针的关闭时间。

（6）增加主喷嘴压力。

（7）清除堵塞部件的棉绒。

（8）更换纬纱卷绕的形式，改善纬筒硬度，大力提高纬纱质量，减少纱疵。

6. 纱尖吹断型断纬

主要是引纬的喷气压力太高或纬纱弱节形成的。调整方法如下。

（1）降低主喷嘴压力。

（2）减小剪切吹气压力。

（3）更换纬纱，采取措施提高纬纱质量。

7. 纬纱中间吹断型断纬

引纬力太强，作用时间太长或纬纱细节在布幅宽度范围内被吹断，使织机产生停台或形成双稀疵点。调整方法如下。

（1）适当增大释放角。

（2）降低主辅喷嘴压力，检查纬纱飞行曲线，减小开度（开始和结束的时间），避免过度喷气，减小辅喷嘴喷射角度。

（3）调换纬纱，提高纬纱质量。

8. 纬纱在储纬侧断裂型断纬

在纬纱释放停止过程中，因引纬力量太强或纬纱有细节弱纱而产生。

9. 剪切失误型断纬

剪切失误型断纬是主喷嘴侧纬纱在引纬后打纬前未曾剪断而形成。调整方法如下。

（1）按周期研磨刀片，使其啮合良好。

（2）根据剪刀安装规格校正位置，并调整时间。

（3）适当减小剪切吹气压力。

（4）增加主辅喷嘴压力，延长辅喷嘴喷气时间。

10. 失误停台

纬纱达到正常，但由于纬纱飞行不正常、绞边纱、捕纬边纱、电气故障等原因，误发无纬纱到达信号，导致停机。调整方法如下。

（1）调节喷嘴位置，清除棉绒，解决纬纱松弛问题。

（2）调整边纱张力，使边纱穿筘符合规格。

（3）调节最后一组辅助喷嘴的角度，并保持与探纬头 WWF1 的距离为 50mm 左右。

（4）及时更换有故障的探纬器，保持探头与钢筘的清洁。

（5）检查纬纱探测器的灵敏度，使其不空关车。同时检查并更换纬探板。

（6）根据安装规格要求调整探纬头与钢筘的间隙。

（二）烂边、松边、豁边、毛边

烂边是指绞边经纱未按组织要求与纬纱交织，致使边经纱脱出毛边之外产生的疵点。松边是指绞边经纱虽与纬纱交织，但交织松散，使边部经纱向外滑移。豁边是指边经纱与纬纱交织不紧，致使边经纱滑脱的疵点。毛边是指废边纬纱不剪，或剪纱过长的疵点。

1. 烂边、松边、豁边的调整方法

（1）定期检查绞边传感器，上轴后将绞边纱换成满筒。翻改品种时，选用合适规格的绞边纱，提高绞边筒子的卷绕质量，以减少断头。

（2）清洁机台或检修时，防止飞花或回丝缠绕在边经纱、绞边纱上。生产操作人员认真检查，及时清除。

（3）调整好绞边纱张力和作用时间。

（4）更换绞边纱筒时，应细心操作，防止穿错。

（5）调整合理的边撑刺入角度。

（6）整经浆纱时，经轴两边的经纱要比地经纱稍加大一点张力。

2. 毛边的调整方法

（1）加强检查维修，保持剪刀作用良好。

（2）生产操作人员交接班，应加强检查废边纱张力机穿综、穿筘情况，以保持穿筘正确。

（3）废边纱断裂或用完调换时，应细心操作，穿筘位置正确，一般距探纬头 WWF1 的距离为 3mm 左右。

（4）调整好最后一组辅助喷嘴的角度和喷射时间。

（5）选择比较适宜的废边纱品种和线密度。

（三）纬缩

纬缩是指纬纱在张力较小的情况下，扭结织入布内或起圈显于布内的疵点。喷气纬缩在布面上的分布有左侧布边纬缩、右侧布边纬缩和全幅性纬缩三种类型。

1. 左侧布边纬缩消除方法

（1）适当调低主喷嘴压力，提前关闭主喷嘴电磁阀。

（2）适当推迟剪切时间，试验剪纱效应。

2. 右侧布边纬缩消除方法

（1）检查工艺设定是否符合上述增强右侧气流的原则。

（2）检查辅助喷嘴气路是否有泄漏，如气管是否漏气，连接处是否密封。

（3）检查主喷嘴压力，如压力过大，宜酌情降低。

（4）针对纬纱反弹入梭口，宜适当减少废边回丝长度，适当降低辅助喷嘴压力。

（5）校正开口、引纬时间，务使两者密切配合。

3. 全幅性纬缩消除方法

（1）供气压力严重不足的宜及时纠正。

（2）按实物质量要求，设定工艺参数；检查喷嘴的气压、喷嘴电磁阀的开关时间是否符合工艺要求。

（3）检查喷嘴连接件和连接气管是否漏气，如有漏气立即更换。

（4）随时检查纱罗绞边装置的工作状态并校正。

（5）检查辅助喷嘴位置并按规格校正。

（6）及时测试钢筘的引纬气流，发现筘片不良、磨损等情况，应立即纠正。

（四）双脱纬、稀纬

双脱纬、稀纬是由纬纱探测器故障和处理纬停过程中，操作失误引起的。调整方法如下。

（1）定期做好纬纱探纬器 WWF1、WWF2 的清洁工作和灵敏度的检查，保持作用正常，织机运转中，不得随意关闭断纬自停开关，使纬纱探纬器 WWF1、WWF2 失去作用；上轴、修机后，要检查开关。

（2）定期做好织口板位置的检查，特别是上轴修机后，更应做好校正工作。

（3）生产操作人员务必熟练掌握设备操作要领，正确使用正、反转按钮开关。

（4）断经接头纱必须放在边撑盖下面后才可开车。

（五）断经

织造中经纱断头的原因很复杂。经纱质量差、纱疵多、络筒捻接不良、经纱单纱强力不足、经轴浆纱不好（清浆）、车间温湿度没达到要求都会影响断头。此外，在织造中辅助喷嘴受损、钢筘受损、钢筘与边撑的安装尺寸不标准、织口移动量太大、不合理的上机工艺、生产操作人员没有循环检查都会造成经纱大面积断头。

以上这些都是在生产过程中经常出现的问题，要减少经纱断头只有从以上各项入手，掌握不同品种的特性，配置合理的织前准备工艺和上机工艺，加强车间管理和劳动管理。

【课后训练任务】

1. 针对具体的断纬情况，分析成因并进行喷气织机的工艺调整。
2. 针对的具体断经情况，分析成因并进行喷气织机的工艺调整。

任务二 剑杆织机工艺状态检查与工艺上机

一、剑杆织机工艺状态检查

织机上直接影响织造工艺过程和产品质量的一些变动因素，称为织造工艺参数。织造工艺参数包括固定参数和可变参数两大类。固定参数是指织机各主要部件构成其能够运转的基本条件，在织机设计和机台平装时已确定，在运转和生产过程中一般不作调整。可变参数是在织造时，根据织制的织物品种、纱线、半制品的质量及其他工艺条件不同的需要，可以调整的一些机件安装规格和相对位置等因素。可变参数包括经位置线、梭口高度、开口时间、开口机构种类、引纬工艺、上机张力、纬密变换齿轮等。在可变参数中，影响经纱在织造过程中伸长的张力，进而影响织物结构及品质风格的，且在织物上机时必须确定其大小的可变参数，称为上机工艺参数。通常上机工艺参数主要有经位置线、开口时间、引纬工艺、上机张力等参数。上机工艺参数与生产的关系非常密切，正确选择和确定上机工艺参数，才能保证最佳的工艺过程，以达到优质高产。

（一）开口时间

开口时间以角度表示。一般在 $290°\sim300°$，调节范围在 $\pm10°$ 左右。通常根据综平时主轴曲拐所处的位置不同来区分早开口、中开口和迟开口。中开口是指综平时曲拐位于上心，早开口是指综平时曲拐位于上心之前，迟开口是指综平时曲拐位于上心之后。开口早，进剑时梭口清晰度高，有利于减少边纱断头，织物外观效应好。但开口早，梭口闭合也早，出剑时挤压度增加，剑头磨损加快，出口侧易断边纱；开口迟，进剑时梭口清晰度差，不利于减少边纱断头，织物外观效应也较差。开口迟，梭口闭合也迟，出剑时挤压度减小，剑头磨损降低。开口时间应根据纱线性能、织物结构、开口方式等因素确定。

织制普通平布时，通常采用中开口或稍早开口，对紧度高的宜采用早开口，紧度低的可采用中开口或迟开口。织制紧度高的府绸时，其开口时间比普通平布稍早，使开口更为清晰，对减少三跳织疵、提高布面匀整、减少条影均有利。织制斜卡织物时，由于开口方式和打纬阻力较小的关系，宜采用迟开口，以达到降低经纱断头和提高布面纹路清晰的目的。贡缎织物由于经纬交织点少，打入织口的纬纱容易反拨，打纬区宽度增加，纬纱松弛，容易产生纬缩起圈。随着开口时间的提早，打纬区宽度逐渐减小，纬纱起圈也随之减少；但开口时间过早，由于经纬纱的相互作用剧烈，会增加经纱断头。

（二）经位置线

经位置线是指平综时经纱自后梁经过停经片、综眼到织口的连线。决定经位置线的因素有边撑盒（拖布脚）位置、筘座在后死心时的高低及斜度、停经架的位置及后梁高低等因素。

实际生产中，边撑盒（拖布脚）位置、筘座的高低位置，一般在安装织机时调整确定，以后即不再作大的调整，只是根据品种微量调整，所以后梁位置的高低是决定经位置线的重要参变数，它与织造工艺过程和织物结构有密切关系。后梁的高低应根据织物品种所需的上下层经纱张力的差异确定。一般平纹织物（经密较小）适当抬高后梁，使织物布面丰满平整；府绸织物要求布面颗粒突起，后梁要高，以使张力较小的上层经纱能突起于布面；斜纹织物及小提花织物为了突出布面纹路，适当降低后梁高度；浆纱质量较差、线密度低、强力低的织物宜适当降低后梁高度；涤/棉织物，后梁略低，以减少上下层经纱张力差异，开清梭口。

通常后梁的高度大于拖布梁，这样可形成上下层经纱张力不相等的不等张力梭口。不等张力梭口在工艺上有两个作用，一是有利于打紧纬纱，纬纱沿张力大的经纱滑行，使张力小的经纱产生弯曲容纳纬纱；二是能消除筘痕，同一筘齿内有张力比较大的和比较小的经纱，张力大的经纱通过纬纱使张力小的经纱产生横向移动，从而消除筘痕。

（三）剑头进梭口时间

送纬剑、接纬剑剑头进梭口时间是指剑头头端到达钢筘边铁条（或废边纱）的时间。剑头进梭口时间调整的合理与否，直接影响开口与引纬时间的配合，若剑头进梭口时间调整的过早，则梭口还未开清的情况下剑头即进入梭口，进剑时挤压度增加，易造成边部三跳织疵或边部经纱断头；若剑头进梭口时间调整的过迟，出剑时挤压度增加，剑头磨损加快，出口侧易断边纱。织制普通的棉或棉型织物时，剑头进出梭口时挤压度确定，一般掌握在剑头进、出梭口的挤压度要分别小于 25% 和 60%。

（四）剑杆动程（纬纱交接时间）

在筘座上筘幅中央都有标记，借此标记调整剑头在梭口中央交接纬纱的时间，分度盘为 180° 是交接纬纱的时间，送纬剑头应进到筘幅中央标记的位置。调节送纬剑、接纬剑到达梭口中央的动程，就是为了确保送纬剑和接纬剑在织机的中部顺利交接纬纱。若剑头伸进的动程不足，两剑相遇交接纬纱的时间过短，送纬剑可能难以及时释放纬纱，而接纬剑难以及时捕捉纬纱，会造成纬纱的交接失败。反之，若剑头伸进的动程过大，一方面因接纬剑伸入送纬剑头内过多，会加大送纬剑与接纬剑的摩擦，影响剑头的使用寿命，另一方面，可能造成纬纱嵌入接纬剑钳口太深，造成接纬剑出梭口后脱纬困难。

（五）选纬时间

在送纬侧的剑杆导板上方，剑杆通道的机前和机后各有一根搁纱棒，当筘座从前止点开始向机后摆动时，选纬指把需要交织的纬纱向下压，使其搁在前、后搁纱棒上，剑杆携带剑头从机外伸向机内时，纬纱就能正确地进入送纬剑的夹纱钳口而被夹牢。

（六）剪纬时间

剪纬时间一般是指送纬剑从选纬指上握持待引纬纱后，剪纬装置将待引纬纱另一端剪断的时间。

安装时，应掌握好钢筘距纬纱剪刀 1～2mm 这个基准，大于这个距离会影响纬纱进入剪刀内，造成断纬，并浪费纬纱；小于这个距离，钢筘与剪刀易产生碰撞。另外，钢筘下面的钢皮条要垫好。以 180 型织机为例，筘幅在 1700mm 时，纬纱剪刀应放在轨道片的第三档，筘幅在 1600mm 时，剪刀应放在轨道片的第四档或第五档上。筘幅在 1500mm 左右时，剪刀应放在轨道片的第六档上。

（七）接纬剑开夹时间

所谓接纬剑开夹时间，即接纬剑出梭口时释放纬纱的时间。接纬剑退出梭口时夹纱器碰到开夹器即失去夹持力而把纬纱释放。纬纱释放时间的早晚，影响织物两侧布边的质量。纬纱释放时间过早，易使织物左侧布边外的纬纱纱尾过长；若纬纱释放时间过迟，易使织物右侧布边产生断纬、双纬。

（八）上机张力

经纱上机张力是指综平时经纱在静态下所承受的力，其作用是保证经纱在织造过程中形成清晰的梭口，并获得良好的打纬条件。

上机张力大小须根据机型、车速、品种等因素确定。剑杆织机一般是弹簧张力装置，可通过调整弹簧的刚度（直径）、弹簧初始伸长量或弹簧悬挂位置等因素来调节，调节时应注意两侧一致。在确定弹簧刚度之后，主要根据织口的游动情况与梭口清晰状态、经纱断头、布幅宽窄等情况，通过调节弹簧的悬挂位置来调整力臂长度。力臂长，初始伸长量大，则张力大。

二、剑杆织机工艺参数机上调整

织物上机织造前，需要调整上机工艺参数。调整的依据是工艺员下达的工艺要求。实际操作时，还要考虑原纱和半制品的质量、机械本身的条件等因素。具体调整方法与步骤如下。

（一）开口时间

剑杆织机配备的开口机构多数是凸轮和多臂开口机构，所以调整开口时间时，应视织机的开口机构而采用不同的调整方法。

1. 踏盘式开口机构

（1）松开踏盘的紧固螺丝，使踏综杆平齐，综框平齐。

（2）将织机主轴转至工艺规定值，一般在 280°～310°。

（3）紧固踏盘螺丝。注意吊综高低位置应使剑头进梭口时不碰擦上、下层经纱，出布边时不碰断经纱为宜。

2. 多臂式开口机构

（1）松开多臂龙头传动链轮与传动轴的张紧轮，松开多臂输入轴上的同步带轮。

（2）打开多臂箱的盖板，顺时针慢慢转动织机，用专用工具同时插入多臂的两个小孔中，此时位置为多臂的 0°。

（3）顺时针转动机台到工艺规定的开口时间角度，刹车。

（4）先装好张紧轮，然后再拧紧同步带轮。

（5）取下专用工具，装好多臂罩壳。

严禁通过多臂箱中小锥齿轮调同步。

调整后开动织机，观察综平时间与送纬、接纬剑头进出边纱的时间配合情况，有无因增加剑头进出梭口的挤压度，出现两侧断头现象。

（二）开口大小及位置

1. 增加开口大小，降低开口位置

开口大小与位置调试方法如图 2-6-2-1 所示。

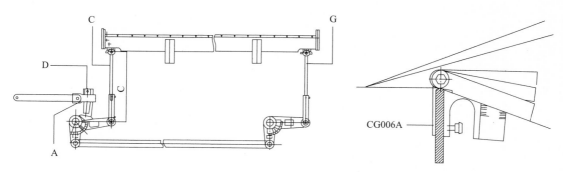

图 2-6-2-1　开口大小与位置调试示意图

（1）调整隔距 CG006A 对齐底层纱。

（2）降低隔距 CG006A 的量尺，到所需增加开口大小的一半。

（3）调整连杆相对于摇杆的位置，直到底层纱对齐量尺。

（4）再次降低量尺到所需增加开口大小的一半。

（5）调整传动杆的距离，直到底层纱对齐量尺。

2. 减小开口大小，增加开口位置

如果要减小开口大小，增加开口位置，同样依据上述步骤，所不同的是提高量尺至所需减小开口大小的一半。

（三）经纱张力

上机张力大小须根据机型、车速、品种等因素确定。

1. A 系列织机

（1）弯轴转至上心偏后 10°（此时送经臂转子与送经凸轮大半径相切）。

（2）按工艺要求，固定张力重锤杆端头与墙板上平面距离为 120mm±3mm。校正张力拉簧挂脚缺口上平面在后杆托脚上平面偏上 10mm，紧固张力拉簧挂脚螺丝。

（3）张力重锤杆位置不变，向车后方拉足张力缓冲器，紧固张力缓冲器螺丝，注意张力缓冲器下端最凸出处不超过后杆托脚（可调节张力连杆接头与连杆相对位置）。

（4）向机前推紧送经杆，调节送经运动臂与挡块之间的间隙为 0～0.5mm，紧固套筒支丝，将紧圈与套筒紧靠，紧固支丝。手松开后，弹簧内两套筒间的间隙亦是 0～0.5mm。

（5）装上空织轴，校正送经齿轮位置，校正两侧织轴托脚平行，同时检查检测辊与织轴是否平行接触。

（6）按织机运转方向手转弯轴手轮一周，应不送经，后梁加压力（仿经纱张力）应送经，压力加大，送经量亦加大，此时即可准备上机。

2. KT566Ⅲ型织机

（1）张力归零调整。在经纱完全放松的情况下（经纱对张力杆的压力为 0），调整两侧弹簧预压缩量，保持阻尼器两中心孔距 185mm，两侧弹簧压缩后的长度 L 一致，锁紧弹簧，观察显示屏上的即时张力值，该张力值即为经纱归零张力值。

（2）经纱张力设定值。调整完张力归零后，按紧纱按钮将经纱张紧，用手感觉布面张力，当张力达到一定值时，开一纬慢车，观察此时显示屏上的即时张力值，将此值设定为"经纱张力设定值"。

（3）经纱张力下限。经纱张力设定值乘 $A(A=0\sim50\%)$，即为经纱张力下限。

（4）经纱张力上限。经纱张力设定值乘 $A(A=50\%\sim100\%)$，即为经纱张力上限。

（四）经位置线

通常调整经位置线是在边撑杆（拖布脚）、边撑盒、筘座高低位置确定后，调节后梁高低位置，相应调节停经中导棒高低，使经纱与走梭板密接。调整时应注意保持和减小综平时经纱在综眼处的曲折程度，减少断头。

1. 停经架调整

停经架的深度与后梁位置有关，调整停经机构的高度与倾斜度，使开口时下层经纱轻微碰触到停经装置的上横梁。

（1）高度调整。如图 2-6-2-2 所示。

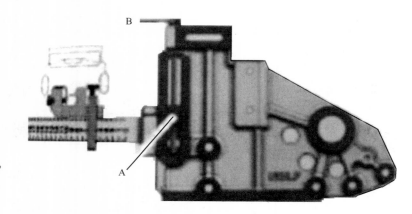

图 2-6-2-2　停经架高度调整示意图

① 将织机转至综平状态。

② 放松螺母 A。

③ 将螺栓 B 转至所需高度。

④ 拧紧螺母 A。

（2）前后位置调整，如图 2-6-2-3 所示。

① 松开织机两侧的螺栓 A。

② 将停经支架移至 B 所需位置。

③ 拧紧织机两侧的螺栓 A。

（3）倾斜度调整，如图 2-6-2-4 所示。

① 拧紧螺栓 A。

② 固定停经架 B。

③ 使停经支架与打开的梭口成一直线。

④ 拧紧螺栓 A。

踏盘开口机构，织平纹织物停经架高度取 65mm，斜纹类织物取 40mm；多臂开口机构，停经架高度取 30~40mm。由于停经片铁杆系电气元件，不宜弯折，严禁敲打，以防杆

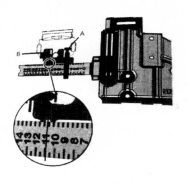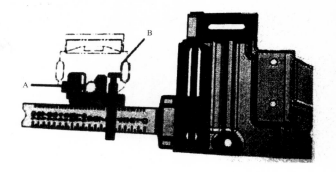

图 2-6-2-3　停经架前后位置调整示意图　　　　图 2-6-2-4　停经架倾斜度调整示意图

内部绝缘层损坏而失效。注意调整停经架时两侧上下高度，前后深度须一致。

2. 后梁的调整

（1）高度调整，如图 2-6-2-5 所示。

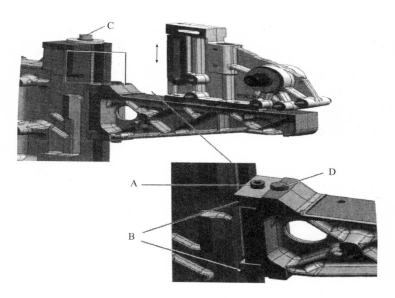

图 2-6-2-5　后梁高度调整示意图

① 放松螺栓 A，直至两个夹块 B 都松动（请勿将螺栓拧得过松，否则螺栓 D 会折断）。

② 转动螺杆 C，以达到后梁所需的高度，后梁的高度可通过夹块 B 顶部的标尺来读取。注意要交替调整左右两侧后梁支架，以免扭曲后梁。

③ 拧紧螺栓 A。

④ 拧紧螺杆 C，使其不会因震动而松动。

⑤ 在显示屏上输入后梁高度。

（2）深度调整，如图 2-6-2-6 所示。

① 取下螺栓 A 和 B。

② 将后梁移至所设置的位置。

③ 将螺栓 A 和 B 拧入相应的孔并拧紧。

④ 在显示屏上输入后梁深度。

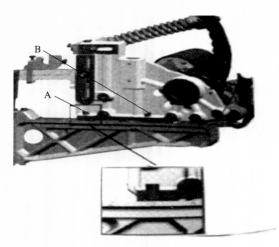

图 2-6-2-6　后梁深度调整示意图

若采用踏盘开口机构，织造平纹织物时后梁高度取 70mm，斜纹类织物取 110~120mm；采用多臂开口机构，后梁高度取 90~110mm。

调整后经纱盘片与张力杆最少有 3mm 的距离；左右两侧张力杆要在同一水平，同一深度，以保持轴承最低摩擦，且张力杆必须左右对称于织机，这样才能使两侧弹簧承受同等压力。

（五）交接纬纱时间和剑杆动程

1. 交接纬纱时间

（1）顺时针转动机台到 180°。

（2）松开左右侧剑带轮的锁紧套。

（3）用手转动左侧剑带轮，剑带轮驱动剑带前行，使正常夹着纬纱的送纬剑头端超过筘座中心 50mm±6mm，同时保持剑带轮中心位于滑座燕尾槽中心，然后锁紧其剑带轮锁紧套。

（4）用手转动右侧剑带轮，剑带轮驱动剑带前行，使接纬剑的钩纱器超过送纬剑所夹持的纬纱 0~1mm，同时保持剑带轮中心位于滑座燕尾槽中心，然后锁紧其剑带轮锁紧套。

（5）顺时针慢慢转动机台，在剑头进入滑座前，钢筘不能碰撞剑头。

2. 调整剑杆动程

（1）正慢车转动机台到 0°，松开右引纬箱中的连杆螺母。

（2）转动剑带轮，使接纬剑剑头距右滑座断面为工艺规定距离 A，锁紧连杆螺母。

（3）松开左引纬箱的连杆螺母，转动剑带轮，使送纬剑剑头距左滑座断面为工艺规定距离，锁紧连杆螺母。

用 35N 的力矩拧紧螺母。距离 A、B 具体数值视机台宽度而不同，见下表。

剑头距滑座断面距离

机型	A/mm	B/mm
190	190	225
230	228	270
280	290	310
360	335	350

调整时应注意以下问题。

送纬、接纬剑头在筘座中央交接纬纱时，观察两剑头的左右、高低位置，以防两剑头相碰。

确保送纬、接纬剑头的交接冲程。织机主轴在 180°时，应使接纬剑钩子超过送纬剑剑头所夹持的纬纱 6~8mm，且剑头夹纱弹簧片的张力应适当。

经过上述方法调整后，用定规沿剑杆带通道检查是否通行无阻，如通行不顺，则调整轨道的安装。然后点动或慢速转动织机，观察剑头深入梭口的情况是否符合上述要求，若伸进的动程达不到规定位置，则应放大动程，反之，则减小动程。

（六）选纬时间调整

应考虑与送纬剑进梭口的时间相配合，一般曲轴位于 35°~40°时为选纬时间。可通过调节钢丝绳的连接钩来调节钢丝绳长短，或通过调节多臂机的提综臂动程来实现。采用调节钢丝绳长短的方法时，可通过调节钢丝绳的连接钩抽拉钢丝绳，使选纬指下降到最低点，在感觉受阻后，再轻轻回拉一点，即导纱摆杆摆到碰上挡销时，使导纱杆端边缘距离导剑槽顶2~3mm，然后将连接钩挂好。调节时注意查看选色箱小拉绳的长度应调至在选色拉杆后极限位置时，导纱摆杆轻轻靠上挡销。

多色纬织造选用多个选纬指时，为防止纬纱互相纠缠，应使选纬指的下降动程以递增形式配置，即第一个选纬指降到最低点时所处的位置最高，其余几个依次降低。

（七）剪纬时间调整

调节剪纬时间之前应先调节送纬剑头弹簧片，使其松紧适当。一般先将纬纱用手卡入弹簧片内，手感张力松紧适当为宜。剪纬时间一般控制在织机主轴转至75°~80°时。纬纱被夹持在送纬剑头弹簧片中央时，为最佳剪纬时间。若纬纱被夹持在送纬剑头弹簧片最里端时，纬纱才被剪断，说明剪纬时间太晚；若纬纱被夹持在送纬剑头弹簧片最外端时，纬纱就被剪断，说明剪纬时间太早。可通过调整偏心联轴器与剪刀传动轴的角度来调整剪纬时间。具体调整方法是松开联轴器的紧固螺丝，向前转动，剪纬时间提早，向后转动，剪纬时间变晚。当两刀片定在剪切位置上以后，调整两刀片之间有0~1mm的间隙。

调整好剪纬时间后，可开动织机，观察一段时间，看有无断纬、缺纬现象，若没有，说明剪纬时间恰当。因剪刀不锋利而调换剪刀时，要重新调整剪纬时间。

（八）接纬剑开夹时间

调整接纬剑开夹时间的方法是松开梭口开夹器与箅座的紧固螺丝，适当调节开夹器的高低、左右位置，使接纬剑夹持杆与开夹器在接纬剑脱出梭口时接触。以右侧布边以外的纬纱纱尾长度为依据，一般掌握在纱尾长度不超过0.3cm左右。开夹时间迟，出梭口纱尾长，反之，则短。故调节开夹时间以出梭口侧纱尾长短合适为依据。

【课后训练任务】

1. C14.5tex×14.5tex　531.5根/10cm×354根/10cm斜纹织物的上机张力为4500N，开口时间为290°，请进行调节。

2. C14.5tex×14.5tex　531.5根/10cm×354根/10cm斜纹织物的后梁高度为100mm，停经架高度为40mm，请进行调节。

3. 14.5tex×14.5tex　519.5根/10cm×393.5根/10cm涤/棉防羽织物的第1、2片综框开口时间为300°，第3、4片综框开口时间为290°，请进行调节。

第三模块
纺织典型设备维护

第七项目　棉纺典型设备维护

技术知识点

1. 梳棉设备维护的工作内容与具体方法。
2. 梳棉设备安装的工作内容与具体方法。
3. 棉纺精梳设备维护的工作内容与具体方法。
4. 棉纺精梳设备安装的工作内容与具体方法。
5. 棉纺细纱设备维护的工作内容与具体方法。
6. 棉纺细纱设备安装的工作内容与具体方法。

任务一　梳棉机主要部件的维修与安装

一、梳棉机主要部件及易损部件的维修

1. 给棉板和给棉罗拉的整修

整修给棉板及给棉罗拉的原因有两种，即磨损变形和异物损伤。异物损伤是由于异物喂入和隔距过小而与刺辊接针造成的。

（1）给棉板和给棉罗拉损伤的修整。

① 用锉刀或刮刀修理损伤部位，去除异常突起部分。

② 砂纸打磨，去除毛刺。

③ 用铜焊补缺损部分。

④ 用锉刀、刮刀、砂纸粗修焊补部分，使其和工作面基本平齐。

⑤ 给棉板平面刮削，刮削质量要求达到中等平面质量要求，即 25mm×25mm 面积内的贴合点达到 8～15 点。

⑥ 用细砂纸或抛光机打磨光滑给棉板。

（2）给棉板变形的检查。给棉板受压部位横向母线直线度<0.05mm，如果差异太大，易造成棉卷加压不均匀，给棉罗拉对纤维的握持力差异较大，刺辊对纤维的梳理横向差异较大，可以根据所纺纤维的类别、生条质量要求等因素决定是否修理或更换给棉板。

2. 盖板铁骨的检修

（1）外观检查。

① 检查盖板铁骨有无裂痕、缺损，如有需更换盖板铁骨。

② 检查铁骨条有无磨损、生锈，如有打磨去锈。

（2）盖板铁骨技术要求的检查。

① 盖板铁骨条大平面的平面度差异≤0.05mm，差异过大时，须更换或修理。

② 盖板铁骨踵趾面差为0.56mm±0.03mm，差异过大时，须更换或修理。

③ 盖板铁骨两端踵趾面扭曲≤0.02mm，差异过大时，须更换或修理。

3. 拆装FA231A型梳棉机锡林轴

（1）拆卸前后罩壳，并把罩壳顶盖拆下，两边立柱、底板、罩壳等与机体相连的罩壳全部拆除。

（2）拆卸活动盖板（从与盖板转动相反方向拆卸），拉开三罗拉和道夫，尽量与锡林保持最远距离。

（3）先拆下匀整器、后给棉电动机，抬下给棉板，拆下除尘刀并把两边除尘刀固定托脚拆下；拆下后导流板，再拆卸大漏底，大漏底要从后面拿出。

（4）拆卸锡林上的前后罩板、前后棉网清洁器、固定盖板，拆卸前后曲轨，拆下活动盖板的两个支撑托脚，拆下盖板齿轮箱，先把盖板刷辊、清洁辊抬下，把后部托脚结合件两边销子打出，拆卸下来，从右侧把后托脚轴承盖打好，用拉马拉出右侧托脚，拆下整个后支撑托脚结合件，然后拆卸中曲轨，拆卸锡林墙板。

（5）拆下锡林两边的皮带轮和锡林轴承座上端盖，用专用工具或千斤顶顶在锡林轴上，把锡林顶起，把两边锡林轴承底座拆下来，把锡林底部铺上软木或损伤不到锡林针布的物体，并把锡林固定住，拆下锡林轴承。

（6）拆下筒体两边的端板，松开锡林筒两边固定轴的螺栓，从一侧敲出锡林轴。

（7）安装锡林轴，按照拆卸锡林轴相反步骤安装并调试，装完锡林轴后，重新校正锡林四角，装上墙板，用专用工具定好墙板位和筒体隔距，装上曲轨和后支撑托脚结合件，复查墙板和筒体隔距，然后安装并调试前后罩板、固定盖板、棉网清洁器、隔距，调试道夫、剥棉罗拉隔距，装上刺辊定好位，再抬下刺辊，装上大漏底、小漏底，并用专用工具找出隔距，调好分梳板、托棉板隔距，抬上刺辊并固定住，安装调试除尘刀隔距，安装给棉板，调节给棉罗拉和给棉板、给棉板和刺辊隔距，最后装上并调节活动盖板和各部罩壳。

4. 传动齿轮异响

传动齿轮异响主要因各传动齿轮齿尖磨损、偏心、啮合不良，或铸铁齿轮表面过于毛糙造成的。各传动齿轮磨损超过1/3以上，应调换新件。齿轮偏心应小于0.5mm。齿轮啮合，一般铸齿为3：7搭，铣齿为2：7搭。铸齿表面过于毛糙，应修理或调换。

各齿轮轴不平行、不垂直（正交圆锥齿轮）或齿轮轴孔和轴间隙过大也会造成传动齿轮异响。按工作法安装各传动齿轮系，严格要求各齿轮轴平行或垂直，使齿轮啮合平齐，吃力均匀，传动正确，并正确掌握各齿轮轴孔和轴的磨灭限度，超过规定者应及时修理或调换。

此外，轴承损坏、缺油也会造成传动齿轮异响，应调换轴承，及时加油。

5. 圈条成形不良

圈条箱直立轴或小压辊轴弯曲，致使圆锥齿轮啮合时松时紧，传动不正常。用专用工具校正轴弯曲，如果圈条箱直立轴与上、下轴承间隙过大，也会影响齿轮系正常运转。圈条箱直立轴与上、下轴承间隙过大，可采用烧焊、车旋直立轴、轴承镶套管、调换含油轴衬等方法修理。磨损严重时，应调换新件。修理后应使直立轴与轴承间隙小于 0.2mm。

如圈条齿轮中心与底盘中心的偏心距不对、圈条盘与圈条座不平齐，应进行检修和校正。

圈条斜管内有污垢、毛刺或砂眼，钢球和钢丝跑道磨损或接头不良，会使圈条成形不良，解决方法是用旧砂纸打光，并擦以滑石粉，清洁油垢，调换磨损的钢球，钢丝跑道可调转 180°再使用，但其磨损程度不超过 0.4mm。

6. 轴承发热、震动和漏油

引起发热的原因有轴承缺油或严重磨损、轴与轴承配合过紧或轴承位置不正、传动带过紧。应更换轴承，或调节传动带张力。

引起震动的原因有轴承上盖与轴承间隙过大、轴头偏弯、轴与轴承间隙过大、轴承座螺丝松动。检修方法是检修校正轴承上盖，校正轴头或调换，缩小轴与轴承间隙，校正轴承座并紧固螺丝。

引起漏油的原因有加油过多、轴承座与上盖不密合。检修方法是按加油规定适量加油，锉修校正或调换新的轴承。

二、梳棉机主要部件的安装

1. 地脚施工

梳棉机地脚施工简单，全机电动机均装在机架上。根据地脚图确定机器的位置，找出机器中心线及锡林中心线，在地面上画出机架地脚，制作出安装电气控制柜的电源进线管及安装圈条器回转底盘用的沉入地面的 80mm 基座。

2. 机架、锡林、道夫的安装与调整

（1）机架与前后横挡连接牢固，锡林长轴端向右放在地面中心线上。用保全工具锡林道夫千斤顶（A189—G001）顶起锡林距机架上平面约 310mm，装上锡林轴承座，如图 3-7-1-1 所示。将四只机架调节工具（FA201—G0018）放在刺辊和道夫下面的部

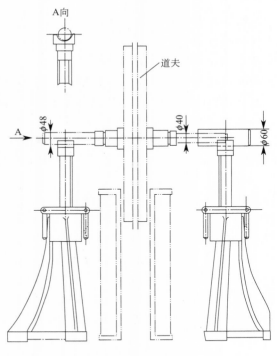

图 3-7-1-1　锡林道夫千斤顶示意图

位，然后托起机架和锡林，使机架底面距地面 10mm，机架调节工具如图 3-7-1-2 所示。

（2）用保全工具机架中心线挂杆（A186—G0032）配线坠找正机架中心，锡林轴两端挂线坠找正锡林中心，并使锡林轴承中心标记对正机架侧面中心标记，如图 3-7-1-3 所示。在前后横挡处，将大直尺（A186—G0070）放在短圆辊（A186—G0033）上，校机架横向水平，如图 3-7-1-4 所示。将大直尺放在车面直尺搁脚（FA201—G0001）上，校机

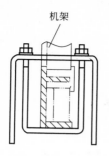

图 3-7-1-2 机架调节工具示意图

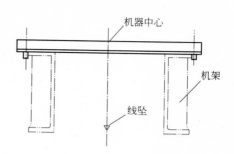

图 3-7-1-3 机架中心线挂杆示意图

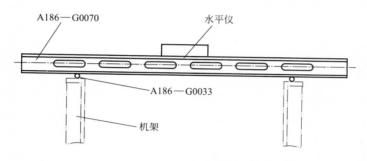

图 3-7-1-4 短圆辊、大直尺示意图

架纵向水平，校好水平的机架底面距地面高度应控制在 8～12mm，然后塞紧斜铁。斜铁露出机架底脚外侧不大于 8mm，内侧不大于 3mm，拆去机架千斤顶，复校机架水平正确后，将机架底面斜铁与地面用水泥砂浆浇注牢固，但外侧水泥砂浆高度不得高于机架底面 6mm，如图 3-7-1-5 所示。

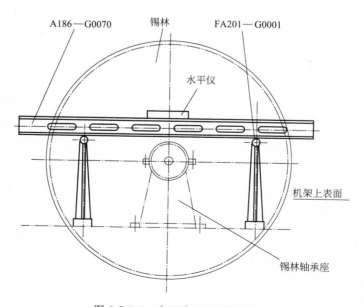

图 3-7-1-5 车面直尺搁脚示意图

（3）装锡林轴承时，应使左侧轴承外侧面至轴承套外端面底的尺寸为 10mm，以保证左侧轴承轴向有 2mm 的游动间隙，右侧轴承外圈轴向卡紧。同样装道夫轴承时，用保全工具（A186E—G0003）道夫轴承隔距测轴定位，保证左侧轴承轴向游动间隙为 1.5mm。2mm 间隙端如图 3-7-1-6（a）所示，无间隙端如图 3-7-1-6（b）所示。

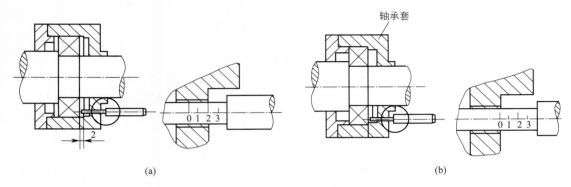

(a)　　　　　　　　　　　　　　　　(b)

图 3-7-1-6　道夫轴承隔距侧轴示意图

（4）使用保全工具锡林轴节（A186E—G0025）、道夫轴节（A186E—G0072）、锡林千斤顶（A189—G0001）、锡林四角高低定规（A186—G0035）等安装校正锡林轴节，如图 3-7-1-7、图 3-7-1-8、图 3-7-1-9 所示，A 面紧排机架上表面外侧，使 B 面接触锡林、道夫两侧端面，以确定锡林、道夫端面与机架的距离。

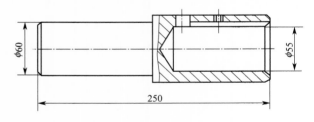

图 3-7-1-7　锡林轴节示意图

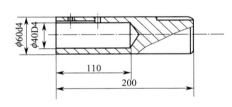

图 3-7-1-8　道夫轴节示意图

（5）锡林、道夫是梳棉机的主要机件，精度要求高，出厂前均已经过精磨外圆并校动平衡。

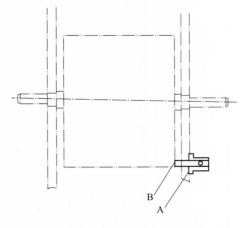

图 3-7-1-9　锡林四角高低定规示意图

校动平衡速度，锡林以 280m/min 为宜，道夫以 250m/min 为宜。本机可用 1701A 型磨锡林道夫机磨光和磨斜，磨斜量为 0.05mm。用锡林平衡装置（A186E—G0001）、道夫平衡装置（FA201—G0009）校动平衡。

3. 包卷针布

（1）先包锡林，后包道夫。包卷金属针布前先车制嵌放边条的沟槽，车制沟槽前应先测量边条的实际厚度，使边条在沟槽内有适当的过盈量，以保证边条嵌入牢固。沟槽宽度过盈量一般掌握在 0.02~0.04mm 为宜，沟槽深度以 2~2.2mm 为宜，边条外侧离筒体端面 3mm，车完沟槽即可镶入边条。

（2）包卷速度。锡林以 8～15r/min、道夫以 13～24r/min 为宜。针布包卷拉力为针布基部厚度（mm）×100N。侧压力开始时 78N，开车包卷时 137N。

（3）针布端头应锉一长 250～300mm 的斜面，头部应紧紧地塞入边条开口内，并将齿条头部向前弯 90°，用冲头冲紧边条，开口夹牢针布的起点，收尾要塞紧，最后用 910 胶将头尾粘牢，锡林每隔 60°、道夫每隔 90°粘一段，长度为 100mm，最终修平。针布包卷后应清除油污（通常用滑石粉塞满针布空隙，然后用刷辊刷掉）和找平。新针布不宜重磨，以保证其平整和锋利度。发现个别齿高时，先用冲头轻敲针布凸台修平，用油石修平高齿，再顺磨，使 80% 齿尖见到轻微火花，然后用刷辊少许刷光。

（4）包卷安全清洁辊针布，可在机上进行，包卷前，先将安全清洁辊光辊表面清洗干净，在辊子表面涂上 801 强力胶，将需要开孔的包卷用直角钢丝弹性针布周围的钢丝拔掉，包卷时用保全工具清洁辊摇手（FA201—G0041）从左端向右端右旋包卷，如图 3-7-1-10 所示，包卷拉力 F 在 295～345N。

4. 锡林前后大漏底的安装与调整

安装前，先检查大漏底是否变形，如发现变形应进行修理。用保全工具锡林尖口检验器（FA201—G0003）和锡林弧度样板（A186—G0039A）进行检查，然后将漏底揩净、打光、涂滑石粉，如图 3-7-1-11、图 3-7-1-12 所示。安装时用大漏底入口隔距片（FA201—G0016）校入口隔距。先校准后大漏底，后校准前大漏底隔距，然后紧固调节托脚和偏心套。注意安装大漏底时不要碰到锡林针布，以免造成表面毛刺，发生挂花现象，如图 3-7-1-13 所示。

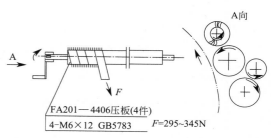

FA201—4406压板(4件)
4-M6×12 GB5783　　F=295~345N

注意：针布方向不要包反

图 3-7-1-10　清洁辊摇手示意图

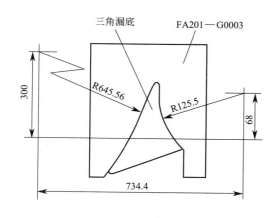

图 3-7-1-11　锡林尖口检验器示意图

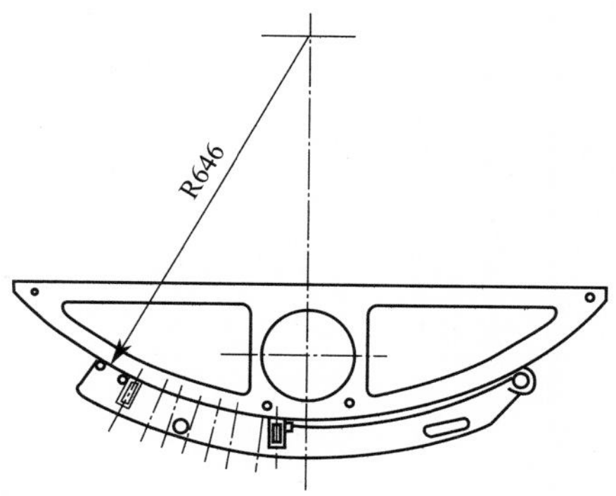

图 3-7-1-12　锡林弧度样板示意图

5. 机架两内侧面的安装

由后向前在机架两内侧面安装车肚侧面板，在其上放置大底板，要求底板表面洁净，涂以滑石粉使底板表面光滑，不挂纤维，然后安装中间隔板和后车肚吸罩。

6. 圆墙板、曲轨、盖板各支撑托脚、盖板传动齿轮箱、前后固定盖板及前后罩板的安装与调整

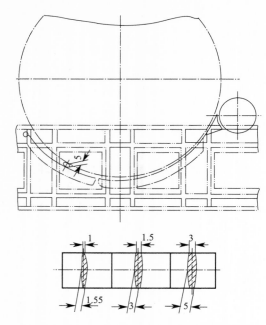

图 3-7-1-13　大漏底入口隔距片示意图

（1）圆墙板与锡林端部相对位置，用保全工具圆墙板前后进出定规（A189—G0002）校准。首先用 7mm 处测量圆墙板外圆与锡林壁端间隙初校圆墙板相对位置，如图 3-7-1-14（a）所示；然后用定规的一侧面紧靠圆墙板曲轨托脚槽内侧底两面，测量圆墙板曲轨托脚槽内侧底平面与锡林端面距离，如图 3-7-1-14（b）所示；最后用工具尺寸 35mm 的一边对齐圆墙板曲轨托脚槽一边，另一边则对准锡林法线，以确定圆墙板与锡林前后位置，如图 3-7-1-14（c）所示。

（2）安装曲轨及前后弓板时，应校准内侧面与锡林端面 0.6～0.8mm 的隔距，外弧面素线与锡林表面素线平行，可用保全工具四角定规（A186—G0045）校正之，如图 3-7-1-15 所示。用保全工具盖板托盘曲轨隔距片（FA201—G0017）调前后托盘至曲轨表面为 12mm，如图 3-7-1-16 所示。

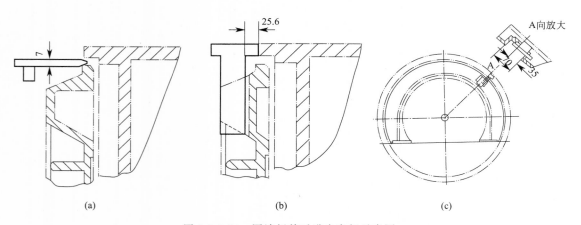

图 3-7-1-14　圆墙板前后进出定规示意图

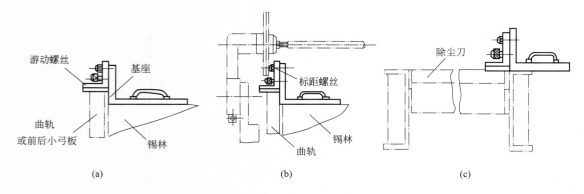

图 3-7-1-15　四角定规示意图

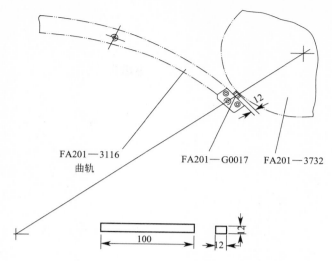

图 3-7-1-16　盖板托盘曲轨隔距片示意图

（3）安装前罩板应检查其刀口面的平直度，以防碰擦锡林针布。安装前下罩板时，可用保全工具前下罩板高低定规（FA201—G0004、FA201—G0005）定位，此工具用螺钉紧固在前小弓板上，并以工具确定罩板下刃口至机架的距离，如图 3-7-1-17 所示。装前上罩板时，可将两只保全工具前上封板高低轧头（A186—G0050）分别紧固在前小弓板上，托住前上封板上侧，防止封板滑落，仔细校正上下罩板隔距后紧固之，如图 3-7-1-18 所示。安装前中罩板时，应保证其与前上罩板接缝间隙不大于 0.25mm。安装前固定盖板（齿尖向上）及棉网清洁器时，可通过调整螺钉校正其与锡林针布间的隔距，前除尘刀两刀间的间隙为 6mm。

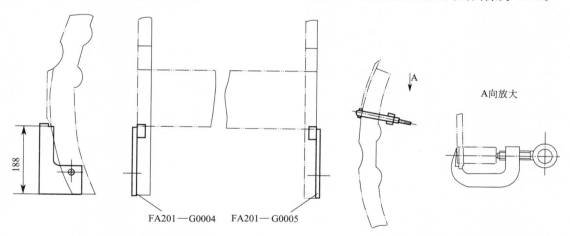

图 3-7-1-17　前下罩板高低定规示意图　　　图 3-7-1-18　前上封板高低轧头示意图

（4）安装后罩板应检查其刀口面的平直度，以防碰擦锡林针布。安装后下罩板时，可用保全工具后罩板高低定规（FA201—G0006、FA201—G0007）定位，将后罩板高低定规紧固在后小弓板上，并以工具确定罩板下刃口至机架的距离，如图 3-7-1-19 所示。确定后上罩板高低位置后（顺次安装后固定盖板、后除尘刀），用保全工具前上封板高低轧头（A186—G0050）托持后上罩板，仔细校正上下罩板隔距后紧固之。然后在上下罩板间再安装 3 根后固定盖板（齿尖向下，其齿密小于前固定盖板）及后除尘刀，两刀间的间隙为 8mm，可通过调整螺钉校正其与锡林针布间的隔距。

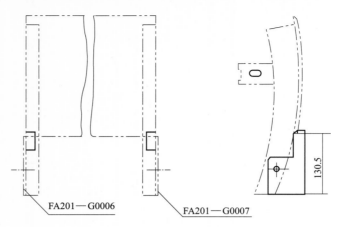

图 3-7-1-19　后罩板高低定规示意图

7. 刺辊部件的安装与调整

（1）包卷刺辊齿条。用辅机专用件刺辊托脚、刺辊托脚盖（AU151—0113～0116）在 AU151 刺辊包磨机上包卷刺辊齿条，包卷后磨平，去油污。

（2）装上刺辊轴承座、刺辊墙板和刺辊，校好刺辊和锡林间隔距，定好轴承座前后左右位置后紧固螺栓。装刺辊轴承时，用保全工具刺辊轴承隔距测轴（A186E—G0005）确定左端轴承套与轴承外圈端面轴向间隙为 2mm，右端轴承外圈卡紧。

（3）装刺辊下部弧形光板小漏底及刺辊分梳板前，应先检查漏底弧度、素线直线度等形位公差及是否有变形，如有变形，应修正，并揩净，去油污，涂滑石粉。然后将刺辊抬下，用保全工具刺辊假轴承（A186E—G0007，如图 3-7-1-20 所示）、ϕ28 标准轴（A186—G0021，如图 3-7-1-21 所示）、刺辊分梳板定位卡板（FA201—G0019，如图 3-7-1-22 所示）、刺辊漏底半径定规（A186—G0022，如图 3-7-1-23 所示），定好刺辊分梳板及漏底位置，刺辊漏底与锡林漏底接缝处应平齐，刺辊漏底边沿不应低于锡林漏底。第二落杂区的长度可通过调换托棉板来调整（托棉板有四种规格：10mm、15mm、20mm、25mm），将分梳板及漏底隔距、落杂区长度调整完毕后，可装上刺辊，然后装除尘刀及刺辊盖罩，调整盖罩边沿与给棉板鼻尖距离为 16mm。

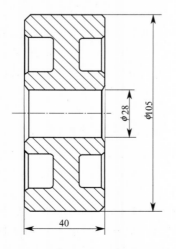

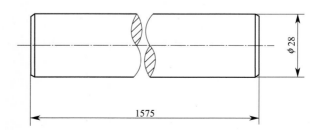

图 3-7-1-20　刺辊假轴承结构示意图　　　　　图 3-7-1-21　ϕ28 标准轴结构示意图

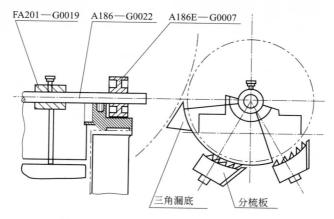

图 3-7-1-22　刺辊分梳板定位卡板示意图

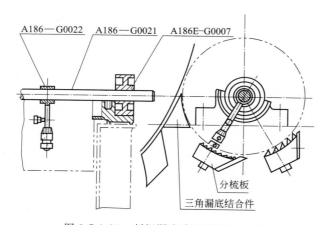

图 3-7-1-23　刺辊漏底半径定规示意图

8. 给棉部分的安装与调整

给棉板、给棉罗拉、罗拉座及其轴承等均经研配成套，安装时不要弄错，给棉罗拉加压弹簧压力应左右一致。可用保全工具加压棒（FA231—G0044）调整弹簧之压力，如图 3-7-1-24 所示。用加压棒旋转装有测杆的螺柱，使弹簧轻微受压，并做好标记。两侧加压棒每旋转一圈（顺时针），弹簧受压缩 2mm，压力增加 225N。加压时，加压棒旋转 6～10 圈，总压力为 2080～3000N（含给棉罗拉自重约 700N），两端压力调整一致后，紧固定位螺钉。

9. 道夫、三罗拉、安全清洁辊、皮圈导棉、前压辊等部件的安装与调整

（1）剥棉罗拉出厂前已包覆金属锯条，并涂有防锈油脂，安装前应进行清洗。应先将前托尘板装好，再安装三罗拉剥棉装置。调整剥棉罗拉与道夫、上轧辊与剥棉罗拉、上下轧辊间隔距后予以紧固。再将皮圈的张力调节适宜。

（2）安装导棉集束器时，应将皮圈的张力调节适宜。

（3）前压辊部件设计为一箱体式，下压辊的传动长轴安装在压辊板下部。用保全工具压辊板传动轴定位工具（FA201—G0015）校正传动长轴与压辊板外侧平行，确保传动前压辊的齿轮啮合良好，最后装上防尘盖。此工具确定压辊板传动轴前后位置，102.5F8 为通过端，102.5N9 为不通过端，如图 3-7-1-25 所示。

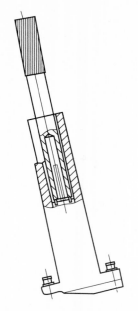

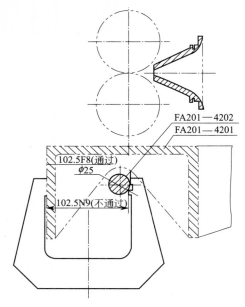

FA201—4202
FA201—4201
102.5F8(通过)
ϕ25
102.5N9(不通过)

图 3-7-1-24　加压棒结构示意图　　　　图 3-7-1-25　压辊板传动轴定位工具示意图

10. 传动部件的安装与调整

（1）先将主电动机法兰座装在右机架后侧面上，再将主电动机与之平整连接，主电动机可上下摆动。

（2）主传动的强力皮革尼龙带张力要调适当，以在机上张紧后皮带伸长率为 1‰为宜。可通过主电动机摆动位置及移动皮带张力轮前后位置调节皮带张力。装卸皮带时，应松开皮带张力轮，以免损坏皮带，造成传动中皮带脱落。

（3）道夫电动机以法兰式安装在右机架前下侧，移动电动机的前后位置可调节同步齿形带的张力。

（4）道夫、三罗拉剥棉、导棉集束器、前压辊部件，由同步齿形带及齿轮传动。可通过张力轮调节同步齿形带张力。应使齿轮啮合良好，端面平齐，齿面应滴少量齿轮油。

（5）主电动机轴头上装有离心块式摩擦离合器，开车前先检查四只固定离心块螺钉是否将套压紧，以确保四只弹簧压力一致，摩擦片上禁止加油，然后紧固主电动机轴头挡圈和离合器密封圈盘盖。

11. 圈条器的安装

本机圈条器已在制造厂组装好，安装前应先按地脚图找正底盘中心，然后校正底盘的水平，底盘下可垫斜铁校水平，底盘的顶面和地面要平齐，底盘安装好后，周围用水泥浆浇注抹平，但底盘护环周边水泥应留 2mm 左右的间隙，以便于取出底盘护环。同步带及三角带张力要适当，上下两齿轮箱应加润滑脂，以加至箱体容积的 2/3 为宜。

12. 滤尘系统的安装

将机上总管与安全罩顶盖相连，机器左侧两小静压箱装于其托架上并与机上总管相连。将机上各吸点滤尘软管连接于相应左右两小静压箱各吸口上（注意吸管排列），并用管箍卡紧。机上总管及车肚花吸点处均设有风量调节阀，可根据需要调节。

13. 电气控制箱及机上线路的安装

（1）电气控制箱底部装有滚轮，装于机架的后侧，通过螺栓与机架相连。检修机器后车肚时，可将其拖出（相连电线已预留长度）。

（2）根据电气设备安装图，利用安全罩底部走线槽和机上线卡螺孔，将全机电线连接就位。

【课后训练任务】

1. 检修梳棉机盖板铁骨。
2. 安装并调整梳棉机刺辊机构。
3. 安装并调整梳棉机给棉机构。
4. 安装并调整梳棉机剥棉成条机构。

任务二 棉纺精梳机主要部件的维修与安装

一、车头部分

（1）拆卸车头部件、零件，锡林要调到24分度位置。

（2）安装时，差动轮系结合件与头二墙板上滑动轴承之间应有0.2mm的间隙。滑动轴承与轴承盖应使用 $\phi10$ 的销子定位。

（3）安装时，两连杆结合件的油嘴孔应向上，摇杆结合件与连杆结合件之间装垫片，垫片与连杆结合件之间应间距0.4mm，同时紧摇杆结合件两只螺丝时，两边间隙应相等，所用力矩为200N·m，如图3-7-2-1所示。

（4）56^{T}齿轮与差动轮系结合件的95^{T}齿轮、锡林传动轴的15^{T}齿轮，安装时应有0.05mm齿隙，以保证再运转时无间隙。

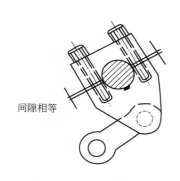

图 3-7-2-1 车头摇杆安装示意图

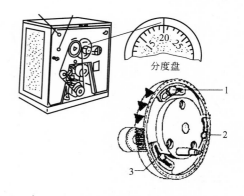

图 3-7-2-2 车头定时盘调节示意图（20分度）

二、定时调节盘

改变定时调节盘，可改变分离时间和搭头时间。其刻度从"−2"到"+1"，基本位置是"−0.5"，刻度为"−2"时搭头最小，"+1"时最多。应根据原料来调节定时调节盘，生产中应慢慢地改变刻度，从试验中得到满意的刻度，试验取样时，应在8根棉条全部正常运行条件下进行。

具体的调节方法是：锡林大约在20分度时松开第一只螺丝1，大约在35分度时松开第二只螺丝2，大约在8分度时松开第三只螺丝3，如图3-7-2-2、图3-7-2-3和图3-7-2-4所示。

注意不能首先松开 8 分度时的一只螺丝 3。把定时调节盘调节到所需刻度时，应首先拧紧 3，然后逐个拧紧 1 和 2 两只螺丝。

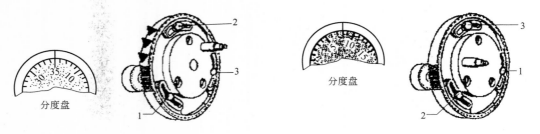

图 3-7-2-3　车头定时盘调节示意图（35 分度）　　图 3-7-2-4　车头定时盘调节示意图（8 分度）

三、张力板

为使棉卷在钳板向前或向后运动时有相等的张力，应调节每个张力板的位置，使其保持一致。

四、弹簧装置的偏心

如图 3-7-2-5 所示，在锡林 24 分度时装入 2 根 $\phi 8$ 的装车工具，两装车工具之间的间隙应小于 1mm，但不能互相靠紧。松开两只螺丝 3，在轴套偏心轮与墙板之间插入 0.2mm 测微片，然后旋转偏心轮 2，使两装车工具轻轻接触，然后拧紧螺丝 3，调好后要重新复查左右两边偏心轮位置是否正确，以免走动，合格后再拔取装车工具。

五、钳板位置

下钳板钳唇到分离罗拉距离用装车工具测定，如图 3-7-2-6 所示。调节方法如下。

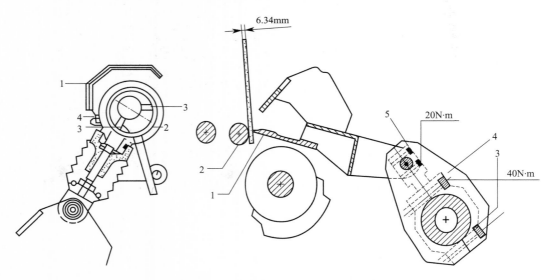

图 3-7-2-5　偏心轮调节示意图　　　　　　图 3-7-2-6　钳板位置调节示意图
1—墙板　2—偏心轮　3—螺丝　4—轴套　　1—下钳板　2—分离罗拉　3—螺丝　4—重锤盖　5—螺丝

（1）首先取下顶梳，把顶梳托脚调到最后位置，锡林调到 24 分度。

（2）落棉隔距调到最小位置，拧开所有的螺丝 3，但不能全松，使其具有一定的抱合力。

（3）用塑料榔头轻轻敲打重锤盖，使钳板前摆。

（4）用装车工具检查下钳板钳唇与分离罗拉的位置，该工具要放在下钳板的两侧，不能放在中间检查（因为分离罗拉形状是中凸形的）。

（5）用图 3-7-2-6 中所示的力拧紧所有螺丝 3 和 5，然后按要求调节落棉隔距和顶梳位置。

六、顶梳与锡林位置

39 分度时，顶梳与锡林之间至少有 0.5mm 的间隙（用测微片测定）。

七、锡林与分离罗拉位置

在 37 分度时，锡林前沿到分离罗拉距离是 27.5mm，如图 3-7-2-7 所示，用装车工具检查。如果在 38 分度时使用装车工具检查，能提高棉条清洁度，但要控制落棉率增加在 0.2%～1%，否则长纤维损失较多。但如果车头箱内定时调节盘位置在 +1 或锡林针面大于 90°时必须在 36 分度上调节。

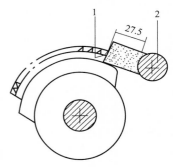

图 3-7-2-7　锡林与分离罗拉
位置调节示意图
1—锡林　2—分离罗拉

八、前进给棉和后退给棉棘爪

给棉方式反映精梳机的生产效率，即为给棉棘轮是在钳板向前或在向后摆动时的喂入方式。给棉方式与分离距离有关，不同的给棉方式必须调整相适应的棘爪。在钳板至 24 分度最前位置时，取下分离皮辊和顶梳。

1. 前进给棉方式

如图 3-7-2-8 所示，将棘爪插入销中，保证此时钳板处于闭合状态。松开螺丝 2，压入销子 1，使棘爪下摆，此时用 0.5N·m 的力拧紧螺丝 2，最后上摆棘爪，使之与棘轮啮合良好。

2. 后退给棉方式

如图 3-7-2-9 所示，将棘爪插入销中，保证此时钳板处于开启状态；松开螺丝 2，压入销子 1，将棘爪上摆，此时用 0.5N·m 的力拧紧螺丝 2，最后下摆棘爪，使之与棘轮啮合良好。

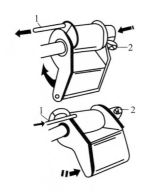

图 3-7-2-8　前进给棉方式调节示意图

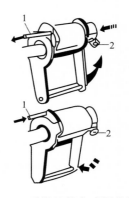

图 3-7-2-9　后退给棉方式调节示意图

【课后训练任务】

1. 检修棉纺精梳机锡林针布与顶梳针齿。
2. 安装并调整棉纺精梳机锡林与顶梳机构。
3. 安装并调整棉纺精梳机钳板机构。
4. 调整棉纺精梳机锡林隔距。
5. 调整棉纺精梳机落棉隔距。
6. 调整棉纺精梳机顶梳隔距。

任务三　棉纺细纱机主要部件的维修与安装

一、细纱机主要部件的维修

（1）目前细纱机一般采用周期维修计划与状态维修结合的方法。国产细纱设备周期维修一般为大、小修理分别为4年和6个月1次，部分保全（校锭子），根据生产状况和车速一般3个月1次。

（2）保养工作范围大、面积广，部件标准化、统一化要求高。因设备一直处于运转状态，重点检修周期应适当缩短，应掌握在8～12天，每天每人检修2台车。轮班保养工作要抓紧，运转检修工要加强巡回检修、加油检查、处理停台工作，做到当班无空锭，生产无坏车，确保设备处于完好状态。揩车主要是防止牵伸、卷绕部件飞花阻塞及罗拉轴承内缺油，罗拉、胶圈阻力大造成抖动而影响产品质量，及时清除下胶圈积花保证皮圈正常灵活回转，一般15天以内进行1次。维修计划的编排要注意间隔均匀，避免邻台干扰。平、揩、检区域对口，工作中分工协作，各负其责，相互督促，便于接交验收。

（3）粗纱架、导纱杆至喇叭口出现的故障一般是螺丝松动较多；一般情况下，每隔1周或半个月仔细检查1次。吊锭螺丝松动，粗纱间会碰撞摩擦，产生意外牵伸或断头；导纱杆螺丝松动，可能会造成导纱杆脱落、抖动等故障；导纱喇叭口松动，粗纱易跑偏，造成断头或出硬头，不易被吸入笛管，打断邻纱。

（4）检查重点一般在牵伸、卷捻和车头部分，而且应逐步挨个检查。

牵伸和卷绕部分专件运行的好坏是保证成纱质量的关键，一般需要用周期维修予以保证，摇架锭子的维修周期一般为5年，摇架上下销一般为1年，钢丝圈的回磨周期一般为半年或1年。

机修应保证牵伸部分各部分零件位置正确、灵活、无损坏。纱条运行在胶圈、胶辊、罗拉动程之内，动程中心和罗拉中心基本一致。

（5）关注设备工艺尺寸的检查与校正，罗拉隔距、摇架加压等参数需要定期校验，以确保生产质量的稳定和提高。

（6）严格控制润滑周期，车头传动系统及传动锭子的滚盘大轴的润滑周期为6个月，锭带盘的润滑周期为3个月。

（7）关注关键部件的磨灭程度，并予以合理更换。各部分按装配技术规范安装，如卷绕部分应做到"三平"，即锭子水平、钢领水平和叶子板水平；"三垂直"，即锭子垂直、钢领板垂直和叶子板升降垂直；"二准"，即导纱钩对准锭子中心，锭子对准钢领中心；"二正"，即隔纱板锭子开档正，钢丝圈清洁器隔距正；"一校活"，即开车后校活气圈。

二、细纱机主要部件的安装

1. 机架部分

（1）检查并修正车脚悬空或螺丝的松紧状况。

（2）检查各部位定位销松动剂的多少。

2. 牵伸部分

（1）做前罗拉进出。

（2）校正罗拉偏心、悬空、颈弯和中弯。

（3）校罗拉和罗拉座的偏斜。

（4）校正中后罗拉与隔距。

（5）校正喇叭口位置。

（6）校正下销隔距及高低。

（7）校正导纱动程。

（8）校正吸棉管高低进出、吸孔角度及拆装灵活度。

（9）校正前后皮管成一直线。

（10）校正摇架压力机左右位置。

（11）调换下皮圈并校正其左右位置。

3. 车头车尾主轴部分

（1）分解清洗检查车头、车尾部分齿轮和轴承的使用状态。

（2）校正主轴的高低进出位置。

（3）校正头尾两主轴座的水平与平行。

（4）分解清洗、检查分配轴，加润滑油并校正高低进出位置。

（5）校正卷绕棘轮位置，回转灵活度。

（6）分解清洗、检查行星齿轮，加入润滑油，安装正确。

（7）检查各部分齿轮的状态并校正其位置。

（8）检查车头各部分齿轮轴承的状态并更换润滑油。

（9）检查修理吸棉管漏风及钢丝圈破损。

（10）校正滚盘位置。

4. 加捻卷绕部分

（1）安装滑轮。

（2）检查、更换、紧固锭钩。

（3）检查滑轮轴芯磨灭情况，安装正确并加润滑油。

（4）检查修正大羊角套筒磨灭情况并校正垂直度。

（5）校正小羊角垂直度及灵活性。

（6）校正钢领板高低、左右松动、四角落实及接头表面平齐度。

（7）校正钢丝圈清洁器隔距。

（8）校正叶子板高低及叶子板外端平行度。

（9）校正隔纱板前后左右位置。

（10）校正锭带盘前后、左右位置。

（11）检查重锤刻度是否一致。

（12）校正导纱杆高低位置。

（13）校正粗纱托座的位置。

（14）敲锭子，掉线坠。

【课后训练任务】

1. 检修棉纺细纱机胶圈、胶辊、锭子、钢领、钢丝圈。

2. 安装并调整棉纺细纱机摇架。

3. 安装并调整棉纺细纱机锭子。

4. 调整棉纺细纱机牵伸罗拉隔距。

5. 调整棉纺细纱机摇架压力。

6. 调整棉纺细纱机皮圈张力。

第八项目 机织典型设备维护

技术知识点

1. 喷气织机设备维护的工作内容与具体方法。

2. 喷气织机设备安装的工作内容与具体方法。

3. 剑杆织机设备维护的工作内容与具体方法。

4. 剑杆织机设备安装的工作内容与具体方法。

任务一 喷气织机主要部件的维修与安装

一、喷气织机主要部件的维修

（一）维修内容

1. 保养检修

巡回检修区域机台，对工作机台进行擦车，保证机台整洁。按顺序对工作机台加油，按保养检修技术条件校正涉及的部件和工艺上车项目。

2. 质量检修

对反馈连续性疵点机台和疑难坏车进行修复，分析修正提高低效率机台效率。进行品种翻改、工艺试验各项技术攻关。

3. 运转维修

维修轮班各类机械坏车，及时修理连续性疵点急报机车，进行简单品种翻改的工艺上车校正。

4. 重点检修

结合品种翻改，对机台进行全面整修，及时更换磨灭配件，按周期更换齿轮箱油和电动机的机油。

5. 电器维修

配合修机工处理电器方面的故障，做好日常的电控箱内部清洁，对专项电气部件进行周期维修。

(二) 保养工作

1. 日常保养工作

喷气织机的日常保养工作见表 3-8-1-1。

表 3-8-1-1　喷气织机的日常保养工作

序号	检查部位	检查	处理
1	织物左右侧	(1)织物毛边长度是否适合,剪切是否正常 (2)布边的边纱是否松弛	检查有无松经,有无穿经错误,进行修正
2	织物左边和右边的穿综	(1)经纱开口是否清晰 (2)织物左右端边经纱是否松弛 (3)有无绕纱、起圈等纬停台	(1)检查有无穿综错误 (2)校正筘齿上的穿综部位 (3)检查有无绕纱
3	织物表面	(1)有无纬缩 (2)有无穿经错误 (3)有无边撑疵 (4)有无辅喷嘴痕	(1)检查综框高度、气压及气管有无脱落,修改数据 (2)修改穿经错误 (3)如果转动不良或边撑针头弯曲断裂,则应维修并更换边撑 (4)调整辅喷嘴的固定位置
4	左端毛边	(1)毛边长度是否一致 (2)剪刀后的纬纱回弹是否正常	(1)调整剪刀时间及安装位置 (2)调整助力喷嘴的安装位置 (3)剪刀刃如有磨损,进行更换 (4)调整主喷的气压
5	综纬器	(1)发光、接光部是否有污垢 (2)是否有异物落入	(1)用柔软的布擦拭发光部 (2)清除接光器、发光器与钢筘之间的飞花、浆尘
6	经纱面	(1)有无绞头 (2)有无断倒头 (3)是否松经 (4)经纱是否纠缠	(1)纠正交叉的经纱,并检查剪刀 (2)除去倒断头 (3)消除造成经纱松弛的原因 (4)检查前准备工序
7	织机异常(如经纬纱断头)	(1)纬停异常 (2)经停异常	分析停台内容,检查调整异常台
8	定规、工具	(1)数量是否齐全 (2)有无损坏	(1)数量不齐全时补齐 (2)更换有损坏的定规、工具
9	测试仪	(1)数量是否齐全 (2)各测试仪的动作是否正常 (3)电池是否需要更换	(1)数量不齐全时补齐 (2)修正、更换不正常的仪器 (3)更换电池
10	张力导纱器主喷嘴附近	(1)飞花落浆附着 (2)检查纬纱是否正确穿过弹力片及弹力张片是否调至最大值 (3)检查弹力张片的位置 (4)检查灰尘积累情况	(1)用手或者空气喷吹除去落棉和灰尘 (2)正确穿纱 (3)调节张力片 (4)正确定位与给筒纱位置相关的张力装置

2. 了机时的保养工作

喷气织机的了机时的保养工作见表 3-8-1-2。

表 3-8-1-2　喷气织机的了机时保养工作

序号	检查部位	检查	处理
1	开口导轨盘钢丝绳	(1)是否有飞花、落浆附着 (2)钢丝绳有无损伤	(1)除去导轨盘钩部的飞花、落浆 (2)更换有伤的钢丝绳
2	传动皮带传动轮	有无飞花、落浆附着	消除皮带、轮钩部的飞花、落浆

序号	检查部位	检查	处理
3	开口正时皮带、卷取正时皮带和正时皮带轮	有无飞花、落浆附着	消除皮带、轮钩部的飞花、落浆
4	绞边筒子、绞边筒子架	有无飞花、落浆附着	消除筒子、筒子架的飞花、落浆
5	停经片、停经杆	有无飞花、落浆附着	消除停经片、停经杆部位的飞花、落浆
6	边撑	(1)边撑环的转动是否灵活 (2)有无回丝、污垢	(1)分解、清除、加油,使边撑环转动灵活 (2)消除回丝、污垢
7	钢筘筘座	有无飞花、落浆附着	消除钢筘、筘座的飞花和落浆
8	EDP(电子储纬器)	检查 EDP1 上是否附有飞花或灰尘	(1)清除电磁针、测长杆上及他们四周的飞花和灰尘 (2)清洁绕纱传感器的反射面
9	弹簧夹	检查是否积聚飞花或灰尘	清除弹簧夹罩内部的飞花和灰尘
10	压右辊夹	连接部位是否需要加油	加润滑脂
11	平稳臂、平稳杆	(1)连接部位是否需要加油 (2)平稳杆端部是否需要加油	加润滑脂
12	经轴支架	轴承座表面是否有污垢	清除轴承座部位的飞花、油垢、落浆,清除后涂润滑脂
13	空气滤清器	检查排水状态	排出空气滤清器中的水
14	织机整体	(1)检查织机各个部分是否积聚飞花、纱头和灰尘 (2)检查各金属部分是否有足够的机油	(1)用手或压缩空气清除外罩上的杂物 (2)加油润滑各金属部分
15	(1)左右侧齿轮箱 (2)开口踏盘凸轮箱 (3)松经驱动箱 (4)左右折入边装置	检查机油液量	添加规定型号的机油
16	左右剪刀	检查剪刀是否有足够的机油	加油润滑
17	主电动机风扇部	主电动机风扇是否附有飞花、回丝、浆斑	用空气吹净或以手工作业将它们消除干净

3. 2.5～3 个月的换油工作

喷气织机 2.5～3 个月的换油工作见表 3-8-1-3。

表 3-8-1-3　喷气织机 2.5～3 个月的换油工作

检查部位	处理
(1)左右齿轮箱 (2)开口踏盘凸轮箱 (3)松经驱动箱 (4)左右折入边装置	从运转开始至 2.5～3 个月后(约投纬 6000 万次),需进行第一次换油,以后每年 1 次

4. 3 个月的保养工作

喷气织机 3 个月的保养工作见表 3-8-1-4。

表 3-8-1-4　喷气织机 3 个月的保养工作

序号	检查部位	检查	处理
1	警告标志 (EDP 控制箱、主电控箱、电动卷曲控制箱、变压器罩)	(1)是否脏污 (2)是否脱落	(1)清除脏污 (2)脱落、丢失时,贴上新品
2	主电控箱	(1)是否有飞花附着 (2)风扇是否转动	(1)清除主电控箱内的飞花 (2)由负责电器的人员处理

续表

序号	检查部位	检　查	处　理
3	边撑	(1)针刺有无弯曲、折断、损坏 (2)检查2号圈的转动情况 (3)检查纱线和灰尘是否附着 (4)有无延伸 (5)导轨盘的轴部导向部有无损伤 (6)弹簧有无损伤 (7)挂钩有无损伤	(1)更换刺环 (2)确保边撑转动正常,可拆卸,清理边撑,上润滑油 (3)清除纱头和灰尘、污垢 (4)检查综框高度,使其左右高度一致,调整或更换钢丝绳 (5)有损伤时,更换新品 (6)更换弹簧 (7)更换挂钩
4	空气滤清器	过滤器有无堵塞	分解过滤器,清洁或更换滤芯
5	辅助喷嘴气管	(1)检查辅喷嘴管是否破裂或有空洞 (2)有无漏气	(1)更换损坏的气管 (2)修理漏气
6	线缆类	(1)线缆有无损伤、断裂 (2)绝缘夹有无松动 (3)检查工作场所的电缆线有无松动	(1)更换损伤、断裂线缆 (2)紧固绝缘夹 (3)消除松弛的电缆线或用夹子夹紧
7	钢筘	(1)有无落花、落浆附着 (2)仔细检查钢筘有无损坏	(1)清除落花、落浆 (2)用细纱纸轻轻研磨损伤部位
8	左右布边剪刀	(1)剪刀状况是否良好,检查纬纱切断端 (2)检查刀刃表面有无豁口 (3)剪刀的接压和时间 (4)检查电磁剪刀的空气压力	(1)研磨或更换 (2)研磨或更换 (3)调整啮合和剪刀时间 (4)调整压力
9	定时皮带	(1)驱动用V形皮带有无损伤 (2)检查开口定时皮带是否有损害 (3)卷取定时皮带有无损伤 (4)有无飞花附着 (5)有无油垢附着 (6)皮带张力是否合适	(1)损伤时更换新品 (2)除去飞花 (3)除去油垢 (4)按规定调整张力
10	纱罗边装置	滑环纱眼和磁滑块是否灵活动作	进行调整,使其达标
11	光栅管、废边纱卷取辊缠绕	(1)发光二极管是否亮灯 (2)提高操作杆,检查灯和功能控制板是否有显示	(1)亮灯时,用手阻挡光栅,确认织机是否停车 (2)如熄灯,调整感应器的位置或更换
12	投纬机构	(1)推力、主喷嘴、辅喷嘴各自的喷射停止时间是否正确 (2)推力、主喷嘴、辅喷嘴的压力是否正确 (3)EDP时间是否正确 (4)左侧剪刀时间是否正确	(1)纠正功能控制板上的数据 (2)调整 (3)纠正功能控制板上的数据 (4)调整
13	开口机构	(1)检查综框高度、开口下经纱高度、刻槽位置、开口时间是否正确 (2)检查机器运转时底部的绳索是否正常 (3)开口系零件的螺丝是否松动 (4)综框、开口绳索等部件	(1)进行各项调整 (2)调整开口弹簧数目 (3)拧紧螺栓 (4)正确调整
14	送经装置有关后梁架	(1)检查平稳、平稳时间、经纱总张力、后梁高度、后梁前后位置、停经架高度和前后位置是否正确 (2)检查松经杆顶端晃动是否正常	调整
15	开口踏盘箱	(1)油泵型滤油网有无落花附着 (2)泵型滤油器有无落花附着	(1)确认有落花附着时,取出滤油网,清除落花 (2)确认有落花附着时,取出滤油器,消除落花
16	送风电动机送风机	纱头、粉尘是否堵塞过滤器	取下除尘管,用空气清除过滤器上的纱头、粉尘
17	中央布边用纬纱剪刀	剪刀动作是否灵活	取下安全罩,向剪刀杆长孔处涂润滑脂

续表

序号	检查部位	检 查	处 理
18	间接卷取辊链条和张紧板	(1)张紧辊的间隙是否正确 (2)张紧板是否磨损	(1)调整张紧辊,使其间隙为5mm (2)更换张紧板
19	主喷嘴	导纱器内接结线的黏附量是否超标	从织机主喷嘴拆下导纱器,将导纱器放在相互不会接触的专用箱内,用超声波洗涤机清洗干净,再用压缩空气枪吹导纱器的内部,除去异物、水分等,然后将导纱器装回织机的主喷嘴上

5. 6个月的常规保养工作

喷气织机6个月的常规保养工作见表3-8-1-5。

表 3-8-1-5 喷气织机 6 个月的常规保养工作

序号	检查部位	检 查	处 理
1	绞边纱筒子架整体	(1)筒子穿钉的弯曲、变形以及轴套的磨损 (2)筒子架、传感器吊环、筒子穿钉锁卡杆的变形 (3)张力弹簧的变形、磨损 (4)筒子轴套的磨损	(1)校正弯曲,变形或磨损时更换 (2)校正变形或更换 (3)校正或更换 (4)更换磨损杆
2	主电控箱	(1)端子有无松动 (2)电缆有无损伤	(1)紧固 (2)维修或更换电缆
3	自动加油装置	(1)油管、夹头有无损伤 (2)检查电动机转动时有无运转声 (3)润滑脂是否到达油管终端	(1)更换损伤件 (2)无运转声时,检查电气控制系统、电缆、电动机内部,进行修理或更换 (3)修理油管
4	主电动机	(1)电动机旋转时有无异常噪声 (2)织机停止位置是否正确,电动机轴承的旋转是否平稳 (3)清理电动机壳体 (4)DC5000V兆欧表的检查	(1)如有异常噪声,应更换轴承,轴承必须使用指定的、内含耐热润滑的产品 (2)如有异常,调整制动器的间隙 (3)拆下风扇罩,清除附在电动机表面的飞花、油脂等 (4)拆除电动机接线盒罩壳,清除飞花及油脂等 (5)电缆各端子与机架间的绝缘阻抗应在1MΩ以上。如低于上述数值,应进行线圈的清洁或用绝缘漆处理
5	左侧电磁式剪刀和气缸消声器	(1)检查剪刀刀刃的动作是否灵活 (2)检查误剪情况是否多	除去分解消声器空气管道内的灰尘,并用压缩空气清洁滤清器

6. 6个月的专项保养工作

喷气织机6个月的专项保养工作见表3-8-1-6。

表 3-8-1-6 喷气织机 6 个月的专项保养工作

序号	检查部件	检 查	处 理
1	空气气管、接头	休息日,织布车间安静时,逐台检查有无漏气	修理漏气部位
2	织机整体	休息日,织布车间安静时,逐台开动织机,检查有无杂音	出现杂音的机台,进行处理(如声音来自齿轮箱内由于某部件的断裂,建议不仅更换该部件,而且检查所有的部件并换油)

7. 年保养工作

喷气织机的年保养工作见表3-8-1-7。

表 3-8-1-7　喷气织机的年保养工作

序号	检查部位	检查	处理
1	左右齿轮箱、开口踏盘箱、松经驱动箱、左右拆边器	—	每年换油 1 次
2	主电动机	每年或织机停车时出现滑车现象,检查停车位置	气隙不符合规定时,进行调整
3	平稳臂轴、轴套	每年检查 1 次平稳轴终端径向的活动量,即磨损程度	超过 0.5mm 时,更换
		每年检查 1 次平稳轴和轴套的径向活动量,即磨损程度	超过 0.5mm 时,更换

二、喷气织机主要部件的安装

（一）安装内容

1. 设备工程

包括地面水平工作，基座工作、打墨线、埋设基座螺栓，电路配接、配电盘断路器安装，空气管道及织机安装位置接通，空压机安装调试完毕、空调系统安装完毕。

2. 安装准备

准备叉车、手动升降机、小型千斤顶；速粘交强水泥（螺旋式）、环氧树脂（粘合式）；织机搬运至厂。

3. 安装织机及相关设备

（1）开箱，织机就位；

（2）检查校正织机水平度；

（3）安装电控箱；

（4）安装纱筒架、装配织轴；

（5）接通织机电路；

（6）接通织机的空气管道；

（7）加注织机润滑油、润滑脂。

（二）安装步骤

（1）打墨线。以织机配置、织机间距等工厂平面图为基准，分别在纵向、横向打上墨线，以织机尺寸图为准，与基准线相平行，顺次打上机脚座的前面线、后面线、两侧线。

（2）埋设基座螺栓。基座螺栓的位置参照织机平面图制成定数，确定位置，使用专门钻具依定数尺寸在墨线的固定螺栓孔位上钻孔。注入速粘交速水泥掩埋螺栓。

（3）织机就位。用清洗剂擦去后案、停经架、机架防锈油。

（4）调整织机水平。水平器置于两侧机架与主轴之上，检查其前后、左右水平度。水平度不佳时，在机脚插入垫片调整。

（5）安装电控箱，连接电线、光缆。

（6）安装空气管道，在此之前用压缩空气清洁管道内部。

（7）安装储纬器、主喷嘴、边撑盒，调整撑幅杆、垫片、边剪剪切角度。

（8）安装钢筘，调整副喷嘴位置、摆纬器位置。

（9）安装开口凸轮，调整开口臂高度，在油浴注入润滑油。

（10）安装信号灯和边纱筒架。

（三）安装技术要求

（1）地面水平高度 5mm 以下；车脚座面平整度 1mm 以下。

（2）基座螺栓位置±2mm；基座螺栓钻孔：ϕ30mm×185mm（M16 螺栓）。

（3）螺孔速粘交速混凝土粘结强度 450N 以上；

（4）织机机架与主轴水平度±0.5 刻度（0.25mm/m）；

（5）织轴盘板宽度穿筘幅＋10mm。

（6）部分品种的踏盘凸轮及变换齿轮齿数见表 3-8-1-8。

表 3-8-1-8　部分品种的踏盘凸轮及变换齿轮齿数

织物种类	踏盘凸轮	变换齿轮	
		共轭积极式	弹簧消极式
平纹织物	4 片 1/1		
卡其织物	4 片 3/1+1 片 1/3	$56^T/14^T$	$48^T/36^T$
双面卡织物	4 片 2/2		
斜纹织物	3 片 2/1+1 片 1/2		
灯芯绒	2 片 $\frac{1}{5}$，2 片 $\frac{21}{12}$，2 片 $\frac{21}{21}$	$66^T/11^T$	$56^T/28^T$
直贡	5 片 4/1+1 片 1/4	$65^T/13^T$	$50^T/30^T$

【课后训练任务】

1. 描述喷气织机主要上机工艺参数与扣分标准。

2. 描述喷气织机打纬机构的特点。

3. 按标准安装并调试喷气织机的两侧剪刀。

4. 按标准安装并调试喷气织机的钢筘。

任务二　剑杆织机主要部件的维修与安装

一、剑杆织机主要部件的检修

（一）吊综部分检修

（1）拆开各吊综拉杆，查看有无磨损、断裂，同时校调拉杆程平直状态。

（2）查看开口凸轮有无磨损，共轭凸轮是否同步，踏综转子是否灵活，转子臂横动量是否小于 0.1mm。

（3）检查调整综框高低位置，横向间隙 2mm，纵向间隙 3mm。

（4）检查综框木护板有无脱落，若有需做粘合处理。木护板磨损不超过 2mm，综框连接件间隙小于 0.2mm。

（5）检查综框各部螺丝是否松动。

（二）引纬部分检修

（1）检查送纬剑头与接纬剑头，若有磨损、毛刺、快口等情况应予以打光处理。两剑头的内外防护片和尼龙片磨损不超过 1mm，否则要更换；接纬剑压纱舌中心轴承的磨损情况，通常查看压纱舌尾端突出剑头外边缘的距离，以不超过 4.5mm 为准。

（2）拆下剑带检查，其头部磨损厚度不小于 1mm，剑带体部磨损厚度不小于 1.5mm、宽度不小于 22.5mm，剑带齿孔磨损小于 1mm，超过限度者更换新带。

（3）用定规校调剑带导轨，使侧导轨中心与剑道中心成一条直线，剑带与两侧导轨间隙 0.3～0.5mm。同时检查其是否光滑无刺、有无磨损。

（4）检查剑带传动系统间隙，如 TP520～526 型不小于 6mm，TP529～536 型不小于 10mm，TP544 型不小于 12mm。若间隙过大，应先检查磨损情况及安装质量。

（5）检修左钳纬器开口板，以 SM 系列织机为例，0°时吸风口位置以 10—EDC0231 距剑尖 20mm，高低位置以钳口张开 1mm 为准。

（6）检修右钳纬器开口板，开车后检查假边纱长度是否符合规定，磨损严重的要调头使用或予以更换。

（7）检修纬纱剪刀部分，以 GTM 型织机为例，检查 50°时纬纱是否与剪刀夹持器弹簧轻微接触，此时剪刀呈抬起状，要求纬纱距剪刀钩 3mm；72°时纬纱是否被剪断，要求纬纱纱尾长度控制在 3～5mm，且应整齐。

（三）打纬部分检修

以 GTM 型织机为例。

（1）检查共轭凸轮与转子的间隙，用手转动织机，使筘座轴转一完整的循环，查看是否间隙过大。

（2）检查筘座前后位置，将 2mm 的测片放于钢筘和边撑之间，查看右侧从动件是否处于最高位置；转动织机至 180°，左侧从动件是否处于最低位置的中间。

（3）筘座处于前止点时，用手转动凸轮转子，以刚刚不能转动为好。

（4）查看筘座脚是否有裂损、松动。逆时针转动手轮至 325°，注意转至 300°时手感是否有阻力。

（四）送经部分检修

以 GTM 型织机为例。

（1）检查传动轴、轴承、齿轮等有无磨损。齿轮磨损不超过齿厚的三分之一，且啮合适当。

（2）检查控制摩擦片有无磨损，卡箱间隙是否小于 5mm，压力弹簧长度是否保持在 30mm。

（3）检查经轴拖脚与定规间隙是否为 0.1mm。

（五）张力部分检修

（1）检查传动件、轴承、齿轮等有无磨损。

（2）检查阻尼器有无阻尼力。

（3）调节接近开关张力传感器，使之与减震板之间的间隙为 1mm。松开经纱，后梁辊处于最高位置时下盖板覆盖传感器的四分之一；张紧经纱，启动织机后，用手转动下覆盖板直到织机停止，并从此位置往回转动 2mm，然后固定下覆盖板位置。

（六）卷取部分检修

（1）检查传动件、轴承、齿轮等有无磨损。齿轮啮合量是否小于五分之四，回转是否灵活。

（2）卷取辊弹簧压力适当，无退布现象。

（3）查看卷布器的托辊胶皮有无破损、松动。

（4）打开边撑盖检查刺环与尼龙套间隙是否小于 0.2mm，是否转动灵活，有无缺刺、倒刺现象。

（5）查看边撑座的位置，要求左侧边撑座距离边纱 33mm，右侧边撑座距离边纱 54mm。

（七）储纬器及辅助机构检修

（1）拆开储纬器进行清洁，要求无缠纱、集聚飞花和灰尘。同时修补磨损的沟槽、毛刺，磨损严重时要更换。

（2）校正纬纱张力夹持片，要求平直、无磨损，且夹持力适当。

（3）检查储纬器架有无松动，辅助机构有无缺损，筒纱锭子是否对准储纬器孔眼。

（4）调整储纬器位置，使其中心对准压电陶瓷断纬检测机构的导纱孔眼，有数个储纬器时，其高低位置应一致。

（5）检测储纬器储纬鼓上纬纱纱圈排列是否均匀，要求无重叠、脱圈现象，且储纱鼓上排纱宽度控制在 10～15mm。

（八）选纬机构检修

以 GTM 型织机为例。

（1）检查各轴承、齿轮等有无磨损，同步带有无裂损现象。

（2）转动织机，使开口机构的开口凸轮小半径处于上方时，选纬摆动杆应距离磁针 0.5mm。

（3）检查左侧第一选纬指离左边纱是否为 185mm。

（4）转动织机到 25°时，查看选纬指是否达到最低点，45°时选纬指是否返回。

（5）当织机转到 140°时，查看纬停装置的传感器是否作用，140°时显示灯是否已熄灭。

二、剑杆织机主要部件的安装

（一）安装纬纱剪刀

1. 喂入侧纬纱剪刀

纬纱剪刀安装如图 3-8-2-1 所示。

（1）剪刀左右位置。

① 放松螺丝 D。

② 移动两个剪刀刀片直至固定刀片 I 与纬纱导购 E 距离 1mm。

③ 紧固剪刀座的螺栓。

（2）剪刀刀片深度。

① 开正慢车，第一根纬纱（筘座边）由送纬剑带动。

② 放松螺丝 G。

③ 前后移动滑座，使活动刀片的尖端超出纬纱 3～5mm。

④ 拧紧螺丝 G。

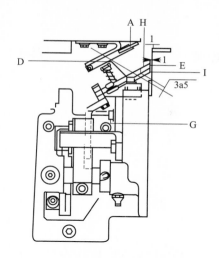

图 3-8-2-1　纬纱剪刀安装示意图

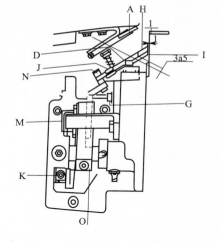

图 3-8-2-2　活动刀片安装示意图

注意，活动刀片与固定刀片的刀刃应在一条直线上。

（3）固定刀片垂直位置。

① 开慢车至纬纱紧紧地位于夹纱器内。

② 放松螺丝 J。

③ 使固定刀片位于纬纱下 1mm。

④ 拧紧螺丝 J。

（4）活动刀片垂直位置（如图 3-8-2-2 所示）。

① 开慢车看凸轮螺丝 K，然后放松螺丝 K。

② 旋转凸轮，使凸轮从动件定在凸轮最小半径。

③ 放松螺丝 M、N。

④ 将活动刀片与固定刀片对齐。

⑤ 将套筒放在活动刀片 V 形槽内，使套筒与槽末端之间有 1mm 间隙。

⑥ 拧紧螺丝 M、N。

（5）剪纬时间调整。

① 开正慢车过前死心，直至送纬剑夹住纬纱。

② 当送纬剑正准备进入梭道时停车。

③ 横向移动凸轮，至凸轮从动件定位在运转面中心。

④ 凸轮向机前转动至纬纱被剪断。

⑤ 拧紧凸轮螺丝。

2. 废边侧剪刀

废边侧剪刀安装要求如图 3-8-2-3 所示。

（1）横向位置。

① 放松螺丝 A 及凸轮上的螺丝 B。

② 横向移动剪刀，使其距离布边 3～5mm。

③ 锁紧螺丝 A。

④ 将凸轮与转子 C 对齐，锁紧螺丝 B。

（2）高低位置。放松螺丝 F，并调整剪刀高度，使固定刀片 G 比布面高 2mm，锁紧

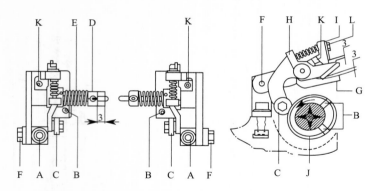

图 3-8-2-3　废边侧剪刀安装要求示意图

螺丝。

（3）活动刀片打开量的调整。活动刀片与固定刀片的最大打开量为 8mm，纬纱若不能干净地剪断时，可及时调整，使两刀片间的打开量小一些。

注意在整个剪刀开闭的过程中，碳化钨刀刃必须相接触，而活动件 H 不可与止动板接触。

（4）剪断张力设定。放松固定环 D，压下弹簧 5mm，锁紧固定环 D。

（二）选纬指位置调整

1. 选纬器的深度

（1）使选纬指瓷眼中心低于剑带导轨顶面 5～7mm。

（2）往远离挡车方向，将选纬器推向其制动位置，使选纬器与织口支撑相平行。

（3）锁紧选纬器的高度螺钉。

选纬深度的最佳状态应是，既使选纬指顺利完成选纬动作，又尽可能地使送纬位置高一些，以缩短补偿行程。

2. 选纬指的横向位置

（1）横向移动选纬器，使第一选纬指与钢筘的左侧相距 185mm。

（2）选纬器位于织机边撑槽上方，尽量靠近剪刀架至 5～20mm，确保剑头叉纱顺当，同时使纬纱张紧。

（三）钢筘的安装

1. 安装步骤

（1）将钢筘放入筘架，且不使钢筘和喂纱侧剪刀装置或剑头相接触。

（2）将钢筘的装饰齿对准筘架的刻印，并检查确认钢筘是否和筘架的沟槽底面密切接触。

（3）取出拧入筘中央螺丝孔的安装螺栓，放入安装孔。

（4）将安装螺栓从喂纱侧按顺序轻轻地临时紧固，使钢筘暂时固定。

（5）使用扭矩扳手，从喂纱侧按顺序紧固安装螺栓。

2. 安装技术要求

（1）当曲轴在前心时，钢筘左边缘距纬纱剪刀右边缘距离 2mm。

（2）筘的固定必须按顺序进行，左侧筘齿应和左侧假边边纱相对应。

（3）钢筘用螺钉固定，要检查螺钉与筘之间垫有一片钢片，此钢片是为了防止在拧紧螺钉时损坏钢筘而设置的。

（4）由于筘在每厘米内有 7 个以上的筘齿，所以拧紧螺钉时，用力要适中，不宜过猛，当手有"咔嚓"的感觉时，应立即停止。

（四）织轴的安装

1. 安装织轴

织轴安装示意图如图 3-8-2-4 所示。

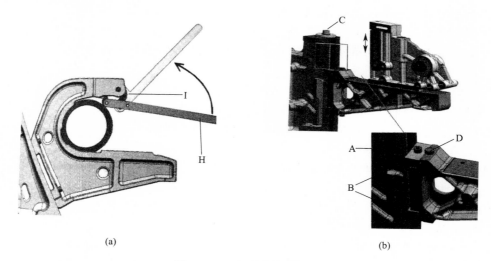

(a)　　　　　　　　　　　　(b)

图 3-8-2-4　织轴安装示意图

（1）将织轴及其连接件放到织轴支座上，将齿轮 C 套在连接件上。

（2）将织轴及齿轮推到位，确保齿轮 C 与驱动齿轮 D 啮合。

（3）向下压拉杆 H。

（4）转动织轴，找到螺丝 A 的正确位置，以 136N·m 力矩锁紧。

2. 上轴

（1）打开轴承。

① 将杆 H 安装于钩环 I 上。

② 向上翻开钩环 I，以便有足够的空隙滚入新织轴。

（2）锁住轴承。

① 向下转动钩环 I。

② 将杆 H 安装于钩环上。

③ 向下推动杆 H，直到其紧靠定位块，以便钩环夹住轴承。

（五）针刺式边撑安装与技术要求

1. 安装步骤

（1）松开边撑座螺母。

（2）移动边撑座，使左侧边撑座加工面距离第一条经纱 33～38mm，将右侧边撑座加工面距离第一条经纱 45mm。

（3）将边撑座向机后方向推，使定位销顶底座，紧固边撑座螺母。

2. 安装技术要求

（1）前后位置。曲柄处在前死心时，筘面与边撑的距离为 1～2mm。

（2）高低位置。当筘座摆到前止点，导轨片到达边撑刺环下方时，导轨片与刺环的针刺间有 1mm 的间隙。

（3）左右位置。左、右两侧边撑必须与钢筘平行，回转灵活，刺尖无钩。

（六）卷布辊的安装

（1）将卷布辊套在左侧驱动主轴上。

（2）将卷布辊另一端抬至与右边轴同高的位置，向下推动手柄至槽底。

（3）扳回锁扣，以锁定手柄。

（4）转动卷布辊，直到布面上有张力，顺时针转动手轮，拧紧摩擦离合器。

（七）边撑杆的安装

1. 前后位置的控制

（1）接通主开关，在主轴角度为 0°时停车，锁定停车按钮。

（2）松开边撑杆架的螺栓。

（3）将钢筘和边撑罩间距调整为 2mm。

（4）紧固松开的螺栓。

2. 高度位置的控制

（1）接通主开关，在主轴角度为 0°时停车，锁定停车按钮。

（2）松开边撑杆架的螺栓。

（3）提升边撑杆架。

（4）将垫片放入边撑杆架的下面，使织口位于钢筘的中央位置。

（5）紧固松开的螺栓。

【课后训练任务】

1. 某平纹织物采用剑杆织机织造，其 4 页凸轮开口机构的综框高度分别为 79mm、77mm、75mm、73mm，开口量分别为 76mm、80mm、84mm、88mm，请进行调节。

2. 安装与调试剑杆织机喂入侧纬纱剪刀。

3. 检修剑杆织机的引纬机构。

4. 安装剑杆织机的钢筘。

第四模块
纺织品来样分析

第九项目 棉纱线与棉织物来样分析

技术知识点

1. 棉型织物的原料种类与结构要素。
2. 棉型样品分析的工作过程与具体方法。
3. 棉型样品分析报告的内容及其表达方法。

任务一 棉型纱线来样分析

一、接受纱线样品

今接到某公司送来纱线样品，要求对样品进行分析并确定其品质，出具分析报告。

二、样品分析主要内容

原料成分及比例；纱线线密度；纱线强度；纱线条干、结杂、纱疵；纱线捻度等参数。

三、样品分析

（一）规格分析

1. 纱线线密度的测试分析

纱线线密度是描述纱线粗细程度的常用指标之一。

（1）仪器与用具。

① YG086C 型缕纱测长仪，如图 4-9-1-1 所示。

② YG747 型通风式快速烘箱，如图 4-9-1-2 所示。

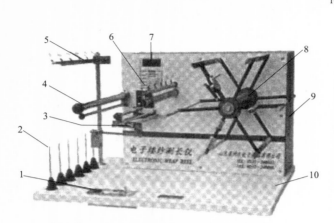

图 4-9-1-1　YG086C 型缕纱测长仪示意图
1—控制机构：电源开关、启动开关、调速旋钮
2—纱锭插座　3—张力机构　4—张力调节器
5—导纱器　6—排纱器　7—显示器
8—摇纱框　9—主机箱　10—仪器基座

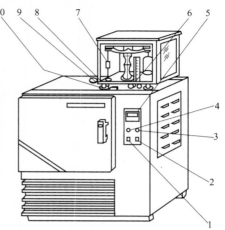

图 4-9-1-2　YG747 型通风式
快速烘箱示意图
1—照明开关　2—电源开关　3—暂停开关　4—启动
按钮　5—温控仪　6—称重旋钮　7—钩篮器　8—转
篮手轮　9—排汽阀　10—伸缩盖

（2）原理。缕纱测长仪由单片微机控制，可以设定绕取圈数，每圈（纱框周长）1m，预加张力可以调节，仪器启动后电动机带动纱框转动，按规定绕取一定长度的缕纱（一绞），逐缕称重作为试样。然后将绕取的缕纱通过通风式快速烘箱烘干、称重，最后根据测得质量，按公式计算纱线的线密度。

（3）程序与操作。

① 试样长度。从纱线卷装中退绕，除去开头几米，并将纱线头引入缕纱测长仪的纱框上，启动仪器，摇出缕纱，作为待测试样。纱线的长度要求见表 4-9-1-1。卷绕时应按表 4-9-1-2 要求设置一定的卷绕张力。

表 4-9-1-1　纱线的长度要求

纱线线密度/tex	低于 12.5	12.5～100	大于 100
缕纱长度/m	200	100	10

表 4-9-1-2　纱线的卷绕张力

纱线品种	非变形纱及膨体纱	针织绒和粗纺毛纱	其他变形纱
张力要求/(cN/tex)	0.5±0.1	0.25±0.05	1.0±0.2

② 试样质量。从测长仪上取下缕纱，对每缕纱依次称重，并称总质量（精确至 0.01g）。

③ 试样干重。开启通风式快速烘箱电源开关，按表 4-9-1-3 设定烘燥温度，按下烘燥启动按键，将试样烘至恒重。称重时关断加热电源和通风气流（按下烘燥停止按键），用钩篮器钩住烘篮，1min 后开始逐篮称重，10min 内称完，记录每个试样质量；继续烘燥，间隔一定时间后再进行第二次称重，当两次称重的质量变化≤0.05% 时，可以认为已经烘干至恒重。

表 4-9-1-3　同材料试样烘燥温度要求

材料	腈纶	氯纶	桑蚕丝	其他所有纤维
烘燥温度/℃	110±2	77±2	140±2	105±2

④ 计算线密度。把干重按公定回潮率折算至公定重量，计算出线密度。对于混纺纱线，公定回潮率由所含纤维各自的公定回潮率及其含量比例加权计算而得。常见纱线的公定回潮率见表4-9-1-4。

表4-9-1-4　常用纱线的公定回潮率

纱线种类	公定回潮率/%	纱线种类	公定回潮率/%
棉纱线	8.5	黏纤纱及长丝	13.0
亚麻纱、苎麻纱	12.0	锦纶纱及长丝	4.5
黄麻	14.0	涤纶纱及长丝	0.4
精梳毛纱	16.0	腈纶纱及长丝	2.0
粗梳毛纱	15.0	维纶纱	5.0
毛绒线、针织绒	15.0	氨纶丝	1.3
绢纺蚕丝	11.0	涤/棉混纺纱(65/35)	3.2

2. 纱线捻度的测试分析

短纤维纺制成纱需要加捻，长丝为了便于加工或提高紧密度也需要加捻。纱线的捻度是指单位长度内的捻回数。为了便于比较不同线密度纱线的加捻程度，常用"捻系数"衡量。纱线捻度的测试方法有。直接计数法、退捻加捻法。

（1）仪器与用具。Y331LN型纱线捻度仪，如图4-9-1-3所示。

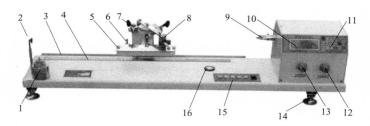

图4-9-1-3　Y331LN型纱线捻度仪

1—备用砝码　2—导纱钩　3—导轨　4—试验刻度尺
5—伸长标尺　6—张力砝码　7—张力导向轮　8—张力机构及左夹持器
9—右夹持器及割纱刀　10—显示器　11—键盘　12—调速钮Ⅰ
13—调速钮Ⅱ　14—可调地脚　15—电源开关及常用按键　16—水平指示

（2）原理。

① 直接计数法是在规定的张力下，夹住一定长度试样的两端，旋转试样一端，退去试样的捻度，直至试样构成单元平行时测得捻回数的方法。退去的捻数即为该长度纱线试样的捻回数。

② 退捻加捻法是间接测定捻度的方法，是在一定张力下，用夹持器夹住已知长度被测纱线试样的两端，经退捻和反向加捻后，试样回复到起始长度所需捻回数的50%即为该长度下的纱线捻回数。

（3）程序与操作。

① 直接计数法（以股线为例）。

a. 打开电源开关，显示器显示信息参数。

b. 调整速度。在复位状态下，按"测速"键，电动机带动右夹持器转动，显示器显示每分钟转速，调整调速钮Ⅰ使之（1000±200）r/min的速度旋转，按"复位"键，返回复位状态。

c. 参数设定。设定测试隔距（设定完毕后应检查它与实际测试长度是否相符）。

短纤维单纱隔距设定：测试隔距应尽量长，但应小于纱线中短纤维的平均长度，通常棉纱测试隔距为 250mm。

复丝、股线及缆线隔距：当名义捻度≥1250 捻/m 时，隔距为（250±0.5）mm；当名义捻度<1250 捻/m 时，隔距为（500±0.5）mm。

设定预置捻回数：可以以设计捻度为依据来设置捻回数。

根据测试需要输入测试次数、线密度、试验方法（直接计数法：F0）。

d. 进入测试。按试验键进入测试，在仪器的张力机构上按（0.5±0.1）cN/tex 添加张力砝码。

引纱操作：弃去试样始端纱线数米，在不使试样受到意外伸长和退捻的情况下，按启左夹持器上的钳口，将试样从左夹持器钳口穿过，引至右夹持器，夹紧左夹持器，按启右夹持器钳口，使纱线进入定位槽内，牵引纱线使左夹持器上的指针对准伸长标尺的零位，直至零位指示灯亮起，然后锁紧右夹持器钳口，将纱线夹紧，最后将纱线引导至割纱刀，轻拉纱线，切断多余纱线。

按下"启动"键，右夹持器旋转开始解捻，至预置捻数时自动停止，观察试样解捻情况，如未解完捻，再按"＋"或"－"键（如速度过快可用调速旋钮Ⅱ调速）点动，或用手旋转右夹持器（把分析针插入左夹持器处的试样中，使针平移到右夹持器处）直至完全解捻。此时显示器显示的是捻回数，按"处理"键后，显示完成次数、捻度和捻系数。重复上述操作进行下一次测试，直至结束，按打印键打印统计结果。

② 退捻加捻法（以单纱为例）。

a. 打开电源开关，显示器显示信息参数。

b. 速度调整同直接计数法。

c. 预备程序——确定允许伸长的限位位置。

设置隔距长度（250±0.5）mm，按（0.5±0.1）cN/tex 的要求调整预加张力砝码，张力作用在两端夹持器夹持的试样上，同时调节试样长度，使指针指示在零位。然后右夹持器以 800r/min 或更慢的速度转动，开始退捻，直到纱线中的纤维产生明显滑移，这时读取在断裂瞬间的伸长值，如果纱线没有断裂，则应读取反向再加捻前的最大伸长值，结果精确到 1mm。按上述方式进行 5 次测试后，计算平均值，最后以平均值的 1/4 作为允许伸长的限位。

d. 设定参数。设置隔距，并检查和实际测试长度是否相符。根据测试需要输入测试次数、线密度、测试方法、捻向。确定伸长限位，施加纱线张力砝码。

e. 引纱操作，开始测试。按"启动"键，右夹持器旋转开始解捻，解捻停止后再反向加捻，直到左夹持器指针返回零位，仪器自动停止，零位指示灯亮起，仪器显示完成次数、捻回数/m、捻回数/10cm、捻系数。重复以上操作，直至达到设置次数。按"打印"键，打印统计值。

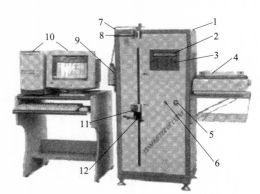

图 4-9-1-4　YG061F 型电子单纱强力仪
1—主机　2—显示屏　3—键盘
4—打印机　5—电源开关　6—拉伸开关
7—导纱器　8—上夹持器　9—纱管支架
10—电脑组件　11—下夹持器　12—预张力

3. 纱线强度的测试分析

（1）仪器与用具。YG061F 型电子单纱强力仪，如图 4-9-1-4 所示。

（2）原理。被测试样的一端夹持在电子单纱强力仪的上夹持器上，另一端加上标准规定的预张力后用下夹持器夹紧，同时采用100%隔距长度（相对于试样原长度）的速率定速拉伸试样，直至试样断裂。由于夹持器和测力传感器紧密结合，此时测力传感器把上夹持器上受到的力转换成相应的电压信号，经放大电路放大后，进行A/D转换，最后把转换成的数字信号送入计算机进行处理。仪器可记录每次测试的断裂强力、断裂伸长等技术指标，测试结束后，数据处理系统会给出所有技术指标的统计值。

（3）程序与操作。

① 对试样进行预调湿和调湿处理。

② 测试前10min开启电源预热仪器。试验参数如下。

a. 试样隔距长度：500mm。

b. 预加张力：（0.5±0.2）cN/tex。

c. 拉伸速度：500mm/min。

③ 按"试验"键，进入测试状态。

④ 纱管放在纱管支架上，牵引纱线经导纱器进入上、下夹持器钳口后夹紧上夹持器。

⑤ 在预张力器上施加预张力。

⑥ 夹紧下夹持器，按"拉伸"开关，下夹持器下行，纱线断裂后夹持器自动返回。

⑦ 重复④～⑥，换纱、换管，继续拉伸，直至拉伸到设定次数为止，测试结束。

⑧ 打印出统计数据。

⑨ 测试完毕，关断电源。

4. 纱线条干的测试分析

（1）仪器与用具。YG135G型条干均匀度测试仪如图4-9-1-5所示。

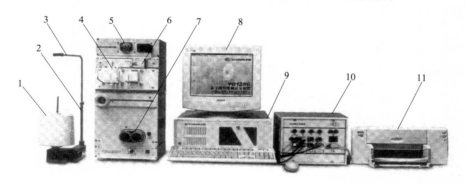

图4-9-1-5 YG135G型条干均匀度测试仪

1—试样 2—纱架 3—导纱盒 4—平行电容板
5—张力调节器 6—槽号选择钩 7—胶辊 8—显示屏
9—主处理机；10—稳压器 11—打印机

（2）原理。当纱条以一定速度连续通过平板式空气电容器的极板时，纱条线密度的变化引起电容量的相应变化，经过一系列的电路转化和运算处理，将最终信息分别输入积分仪、波谱仪、记录仪和疵点仪，就可得到纱条的不匀率数值、不匀率曲线、波长谱图及粗节、细节、棉结等测试结果。

（3）程序与操作。

① 试验参数。

a. 初始参数：包括测试材料、厂名、测试者、测试号、试样号数、纤维长度、纤维细度。

b. 试样类型：棉型（Cotton）或毛型（Wool）。

c. 测试条件：包括量程范围、测试速度、试样长度、测试时间等。可选择的数据见表4-9-1-5。

表 4-9-1-5　测试条件可选择的数据

材料	试样长度/m		速度/(m/min)		时间/min	量程
	取样长度	常规试验	可供选择速度	常用速度		
细纱	250~2000	400	25~400 共五档	200 或 400	1、2.5、5	±100 或 ±50
粗纱	40~250	250	8~100 共四档	50 或 100	2.5、5、10	±50 或 ±25
条子	20~250	5~100	4~50 共四档	25 或 50	5、10	±25 或 ±12.5

d. 量程范围的选择：应保证测试结果的准确性。当细纱实测条干不匀变异系数低于10%时，用±50%；当粗纱实测条干不匀变异系数低于5%时，用±25%；当条子实测条干不匀变异系数低于2.5%时，用±12.5%。

e. 测试速度：根据纱条承载能力和测试分析的需要，通常选择不会使纱条产生伸长的最高速度。

f. 测试时间：按测试速度及试样长度要求确定。

g. 输出结果：有四种图和两种表格可供选择。

不匀曲线：是纱条试样长度与其对应的不匀率关系图。它能直观地反映纱条不匀的变化，并给出不匀的平均值，但要从不匀曲线判断纱线不匀的结构特征有困难。

波谱图：以条干不匀的波长（对数）为横坐标，以振幅为纵坐标的图形，可用来分析纱条不匀的结构和不匀产生的原因。

变异－长度曲线：纱条的细度变异与纱条片段长度间的关系曲线。

偏移率－门限图：纱条上粗细超过一定界限的各段长度之和与取样长度之比的百分数。

报表：统计报表、常规报表。

h. 测试槽号：根据纱线粗细选取，见表4-9-1-6。

表 4-9-1-6　试样线密度与测试槽号的对应关系及试样类型

试样类型	条子		粗纱	细纱	
试样线密度/tex	12001~80000	3301~12000	160.1~3300	21.1~160.0	4.0~21.0
测试槽号	1	2	3	4	5

② 操作步骤。

a. 打开稳压器电源、主处理机开关、预热仪器。

b. 利用键盘或鼠标，通过显示屏选择各试验参数。

c. 根据纱线粗细，按表4-9-1-7或仪器面板上纱线粗细与槽号的对应关系表，确定槽号，将槽号选择钩移到选定的槽号位置。

d. 将试样材料装在纱架上，经过导纱盒（转动导纱盒，使它与纱架成45°，便于纱线退绕）、张力调节器、槽号选择钩，将纱线引入平行板电容器及胶辊中（施加在纱条上的预加张力应保证纱条移动平稳且抖动尽量小）。

e. 通过主处理机电脑显示屏，使程序进入测试状态，然后按屏幕提示操作。

f. 鼠标点中【退出测试】，则进行图形和报表打印。

g. 关闭主处理机电源开关，然后关闭稳压器总电源开关。

5. 纱线十万米纱疵的测试分析

（1）仪器与用具。YG072A 型纱疵分级仪如图 4-9-1-6 所示。

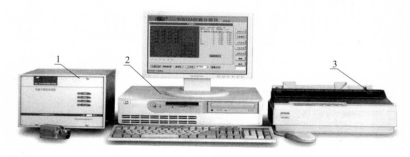

图 4-9-1-6　YG072A 型纱疵分级仪
1—电源箱　2—主控机　3—打印机

（2）程序与操作。

① 试验参数

a. 开机调整络筒机运转速度为 600m/min，并检查测量槽是否清洁。

b. 打开电源箱电源开关，然后启动计算机，计算机完成自检后启动 Windows2000 操作系统，系统正常加载后，启动 YG072A 型纱疵分级仪数据分析软件，进入主界面（启动后应进行 30min 的预热，预热完成后再进行测试操作）。

c. 在主窗口中选择"参数设定"主功能按钮，对"试验参数"和"纱疵切除设定"两参数进行设定。

试样长度。是本次试验走纱的总长度（m），设定时使用鼠标点击"试样长度"参数的参数输入区，删除原参数，输入新的参数即可。设定了本次试验的试样长度后，到达该设定长度时，系统自动切断纱线，停止本次试验。

纱线名称。对于测试过的纱线品种，系统自动保存了设定值，设定时，用鼠标点击参数输入区后的倒置"三角"，从下拉列表中直接选择即可。

纱线细度。单位分"tex""英支""旦""公支"四种，设置其中任何一种单位均可，设定完成后，当选择其他单位制时，所设定的参数值会自动完成转换。

纱线材料及材料值。先选择纱线材料的类型，确定纱线材料类型之后，输入材料值（表4-9-1-7），根据纤维成分的混合比例计算其材料值，例如：涤/棉（65/35）的材料值＝(0.65×3.5)＋(0.35×7.5)＝4.9。表 4-9-1-7 中未列出的纱线可以根据其回潮率按类似纱线设定材料值。

表 4-9-1-7　纱线及其材料值

纤维材料	棉、毛、黏纤、麻	天然丝	腈纶、锦纶	丙纶	涤纶	氯纶
材料值	7.5	6.0	5.5	4.5	3.5	2.5

有害纱疵切除设定。系统默认状态是不切除纱疵，设定分级格呈现灰色。当需要切除纱疵时，首先选择"切除"，打开切除设定的开关，此时设定分级格变成红色，用鼠标点击需要切除的格，相应的格变成蓝色，同时比此格门限高的格都跟着变色，需要取消该格的设定时，只需再点击该格，其恢复为红色即可。

d. 分级清纱门限设定。选择"分级清纱门限"子功能按钮，系统切换到"分级清纱门限"设定窗口。包括"分级门限"和"清纱门限"设定两部分。"分级门限"设定的参数用于完成对纱疵进行分级;"清纱门限"设定的参数用于对纱疵进行通道分类和切除设定以及画清纱曲线。

e. 系统设定。选择"系统设定"子功能按钮,系统切换到"系统设定"窗口,按照系统配置的实际情况如实设定即可。当所有参数设定完毕并检查无误后,用鼠标点击"保存参数设定"按钮。

f. 预加张力的选择。参照表4-9-1-8的具体规定,在保证纱条移动平稳且抖动尽量小的前提下选择适当的预加张力。

表 4-9-1-8 预加张力选择

线密度范围	10tex 及以下	10.1~30tex	30.1~50tex	50tex 以上
张力圈个数	0~1	1~2	2~3	3~5

② 操作程序

a. 参数设定并保存后,选择"分级测试"主功能按钮,系统切换到分级测试对话窗口。

b. 点击【分级开始】按钮,系统弹出"请清洁检测槽"的提示框,清洁完毕并确认后,若为第一次测试的纱线品种,则会弹出"请在任意锭试纱"的提示框,确认后在任意锭走纱,在主窗口的状态栏中显示"正在试纱……"。约几十秒后纱线被切断,仪器完成定标。若为已知品种,仪器自动定标。

c. 各锭走纱测试,当络纱长度到达设定长度时,自动切断,进入到长状态。试验结束时,点击【分级结束】按钮,结束本次试验。

d. 点击【文件打印】按钮,屏幕上将出现仪器可以输出的所有报表形式,在需要的报表前的方框中打勾,系统将按设定进行文件打印。

(二) 成分分析

1. 定性分析

纺织纤维一般分为天然纤维和化学纤维两大类。天然纤维主要包括:植物纤维,如棉、麻等;动物纤维,如桑蚕丝、绵羊毛、山羊绒等;矿物纤维,如石棉等。化学纤维主要包括:再生纤维素纤维如黏胶纤维、Modal 纤维、Tencel 纤维、竹浆纤维等;再生蛋白质纤维如大豆纤维、牛奶纤维等;合成纤维如涤纶、腈纶、锦纶、丙纶等;无机纤维:如碳纤维、玻璃纤维、金属纤维、陶瓷纤维等。

纤维鉴别主要是根据纤维内部结构特点、外观形态特征、化学与物理性能等差异进行的。其步骤是先判断纤维的大类,区分出天然纤维素纤维、天然蛋白质纤维和化学纤维,再进一步判断具体品种,并做最后验证,据此鉴别出纤维种类。这一过程为定性分析。若是混纺产品,还须在以上基础上进一步确定其混纺百分比,这属定量分析。

常用的鉴别方法有燃烧法、显微镜观察法、药品着色法、化学溶解法。

(1) 燃烧法。燃烧法是鉴别纺织纤维的一种快速而简便的方法,尤其适合鉴别纱线和织物中的纤维。它根据纤维化学组成及燃烧特征的不同,从而粗略地区分出纤维的大类,但很难从燃烧法得知确切的纤维品种。燃烧法特别适用于纤维的初鉴别过程。通过燃烧,可将纤维大致分为蛋白质纤维、纤维素纤维和合成纤维等几大类。对于合成纤维还可根据纤维在靠近、接触和离开火焰等燃烧阶段的燃烧特征、气味及灰烬来判定其种类。

燃烧法适用于单一成分的纤维、纱线和织物，一般不适用于混纺的纤维、纱线和织物。此外，纤维或织物经过阻燃、抗菌或其他功能性整理后，其燃烧特征也将发生变化，须予以注意。几种常见纤维的燃烧特征见表 4-9-1-9。

① 工作场所：燃烧检测室，通风条件良好，工作台阻燃。

② 检测器具：酒精灯、镊子、放大镜、剪刀等。

表 4-9-1-9　几种常见纤维的燃烧特征

纤维名称	接近火焰	在火焰中	离开火焰	燃烧气味	残渣特征
棉、麻、黏胶纤维	不熔，不缩	迅速燃烧	继续燃烧	烧纸味	细腻灰白色灰，灰烬少
Modal 纤维、Tencel 纤维、竹纤维	不熔，不缩	迅速燃烧	继续燃烧	烧纸味	灰黑色灰
蚕丝、羊毛	卷曲收缩	渐渐燃烧	不易延燃	烧毛发臭味	松脆黑灰
涤纶	卷曲熔化	先熔后烧，黄色火焰	继续燃烧	烧醋味，肉烧焦味	不规则黑色硬块
锦纶	收缩，熔融	先熔后烧，火焰小，呈蓝色	有熔液滴下，熔滴为咖啡色，自熄	氨臭味	浅褐色硬块，不易捻碎
腈纶	收缩，微熔，发焦	熔融燃烧，火焰呈白色，明亮有力，有时略有黑烟	有发光小火花	辛辣味	有光泽黑色硬块，能捻碎
维纶	收缩，熔融	熔化，缓慢燃烧，火焰小，有黑烟	继续燃烧	特殊甜味	黑褐色硬块，能捻碎
丙纶	缓慢收缩	熔融燃烧，火焰明亮，呈黄色	很快地燃烧，有熔液滴下，熔滴为乳白色	轻微的沥青味	黑色硬块，能捻碎
氯纶	收缩	熔融燃烧，有大量黑烟	自熄	带有氯化氢臭味	不规则黑色硬块
大豆纤维	收缩	熔融燃烧，有黑烟	继续燃烧	烧毛发臭味	松脆黑灰色微量硬块
牛奶蛋白纤维	收缩，微熔	逐渐燃烧	不易延燃	烧毛发臭味	黑色硬块，不易碎
甲壳素纤维	不熔，不缩	迅速燃烧，保持原圈束状	继续燃烧	轻度烧毛发臭味	黑色至灰白色块状，易碎

（2）显微镜观察法。显微镜观察法是借助放大 500～600 倍左右的显微镜观察纤维纵向和截面形态来识别纤维。天然纤维有其独特的形态特征，如羊毛的鳞片、棉纤维的天然转曲、麻纤维的横节竖纹、蚕丝的三角形截面等。故天然纤维的品种较易区分。化学纤维中黏胶纤维截面为带锯齿边的圆形，有皮芯结构，可与其他纤维相区别。但截面呈圆形的化学纤维，如涤纶、腈纶、锦纶等，在显微镜中就无法确切区别，只能借助其他方法加以鉴别。由于化学纤维的飞速发展，异形纤维种类繁多，在显微镜观测中必须特别注意，以防混淆。所以用显微镜对纤维进行初步鉴别后，还必须进一步验证。复合纤维、共纺纤维等，由于纤维中具有两种以上不同的成分或组分，利用显微镜观察，配合进行切片和染色等，可以先确定是双组分、多组分或共纺纤维，再用其他方法进一步鉴别。几种常见纤维的结构形态见表4-9-1-10。

① 工作场所：显微镜检测室，通风条件良好。

② 检测器具：生物显微镜、哈氏切片器、载玻片、盖玻片、刀片、玻璃棒、火棉胶、石蜡油、小螺丝刀、镊子、黑绒板、挑针等。

表 4-9-1-10　几种常见纤维的结构形态

纤维种类	纵向形态	截面形态
棉	扁平带状,有天然转曲	腰圆形,有中腔
苎麻	横节竖纹	腰圆形,有中腔,有放射状裂纹
亚麻	横节竖纹	多角形,中腔较小
黄麻	横节竖纹	多角形,中腔较大
大麻	横节竖纹	不规则圆形或多角形,内腔呈线形、椭圆形、扁平形
绵羊毛	鳞片大多呈环状或瓦状	近似圆形或椭圆形,有的有毛髓
山羊绒	鳞片大多呈环状,边缘光滑,间距较大,张角较小	多为较规则的圆形
兔毛	鳞片大多呈斜条状,有单列或多列毛髓	绒毛为非圆形,有一个髓腔;粗毛为腰圆形,有多个髓腔
桑蚕丝	平滑	不规则三角形
柞蚕丝	平滑	扁平的不规则三角形,内部有毛细孔
黏胶纤维	多根沟槽	锯齿形,有皮芯结构
醋酯纤维	1～2 根沟槽	梅花形
腈纶	平滑或有 1～2 根沟槽	圆形或哑铃形
维纶	有 1～2 根沟槽	腰圆形,皮芯结构
氨纶	表面暗深,有不清晰骨形条纹	不规则,有圆形、蚕豆形等形状
氯纶	平滑	近似圆形
涤纶、锦纶、丙纶等	平滑	圆形

（3）药品着色法。药品着色法是根据化学组成不同的各种纤维对某种化学药品有着不同的着色性能,由此来鉴别纤维的品种。它适用于未染色纤维、纯纺纱线和纯纺织物。制备试样时,散纤维应不少于 0.5g,纱线试样不小于 10cm,织物试样不小于 1cm^2。进行着色试验时,首先将纤维试样浸入热水浴中轻轻搅拌 10min,使其浸透,然后将浸透的试样放入煮沸的着色剂中煮沸 1min,立即取出,用水充分冲洗,晾干,将着色后的试样与已知纤维的着色情况及标准色卡对照比较,鉴别试样类别。

① 工作场所:化学分析室,通风条件良好。

② 检测器具:酒精灯、烧杯、试管、试管夹、玻璃棒、表面皿、镊子等。

③ 着色剂:鉴别纤维的着色剂有多种,下面对碘—碘化钾溶液和 1 号着色剂进行介绍。

a. 碘—碘化钾溶液:将碘 20g 溶解于 100mL 的碘化钾饱和溶液中,把纤维浸入溶液中 0.5～1min,取出后水洗干净,根据着色不同,判别纤维品种。

b. 1 号着色剂:配方如下。

分散黄 SE—6GFL　　　　3.0g

阳离子红 X—GFL　　　　2.0g

直接耐晒蓝 B2RL　　　　8.0g

蒸馏水　　　　　　　　1000g

使用时将配好的原液稀释 5 倍,几种纺织纤维的着色反应见表 4-9-1-11。

表 4-9-1-11　几种纺织纤维的着色反应

纤维种类	碘—碘化钾溶液	1 号着色剂
天然纤维素纤维	不染色	蓝色
蛋白质纤维	淡黄色	棕色
黏胶纤维	黑蓝青色	
醋酯纤维	黄褐色	橘色

续表

纤维种类	碘—碘化钾溶液	1号着色剂
聚酯纤维	不染色	黄色
聚酰胺纤维	黑褐色	绿色
聚丙烯腈纤维	褐色	红色
聚丙烯纤维	不染色	

（4）化学溶解法。化学溶解法是根据各种纤维的化学组成不同，在各种化学溶液中的溶解性能各异的原理来鉴别纤维的。此法适用于各种纺织材料，包括已染色的和混纺的纤维、纱线和织物。必须注意，纤维的溶解性能不仅与溶液的种类有关，而且与溶液的浓度、溶解时的温度和作用时间、作用条件等都有关。因此，必须严格控制试验条件，按规定进行试验，结果方能可靠。几种常见纤维的化学溶解性能见表4-9-1-12。对于混纺产品，先定性鉴别，后定量分析。

① 工作场所：化学分析室，通风条件良好，工作台耐酸、耐碱。

②检测器具：酒精灯、烧杯、试管、试管夹、玻璃棒、表面皿、真空泵、锥形瓶、苷锅、水浴锅等。

③ 化学试剂：盐酸、硫酸、氢氧化钠、甲酸、间甲酚、二甲基甲酰胺等。

表 4-9-1-12　几种常见纤维的化学溶解性能

纤维品种	化学试剂					
	37% 盐酸	75% 硫酸	5% 氢氧化钠	85% 甲酸	间甲酚 （M—甲酚）	99% 二甲基甲酰胺
棉、麻	I	S	I	I	I	I
黏胶纤维 铜氨纤维	S	S	I	I	I	I
竹纤维、 Tencel 纤维	P	P	I	I	I	I
Modal 纤维	S_0	S_0	I	I	I	I
醋酯纤维	S	S	P	S	S	I
羊毛	I	I	S	I	I	I
蚕丝	S	S	S	I	I	I
大豆纤维	P	P	I	膨润	I	I
牛奶纤维	I	I	膨润	I	I	I
甲壳素纤维	I	P	I	I	I	I
涤纶	I	I	I	I	I	I
锦纶	S	S	I	S	S	I
腈纶	I	I	I	I	I	I
维纶	S	S	I	S	S	I
丙纶	I	I	I	I	I	I
氯纶	I	I	I	I	I	I

注：除 NaOH 煮沸外，其他试剂都是在 24～30℃ 条件下的结果。其中：S_0—立即溶解；S—溶解；I—不溶解；P—部分溶解。

2. 定量分析

(1) 双组分纤维混纺含量的测定。测定双组分纤维混纺含量的方法很多，以化学法为主，此外，还有密度法、显微镜法、染色法等。

化学法的原理是将经过预处理的试样用一种适当的溶剂溶去一种纤维，再将剩余（未溶）纤维烘干、称重，计算未溶纤维的净干含量百分率。化学法不适用于某些属于同一类别的纤维的混纺产品，如麻/棉、羊毛/兔毛等。

显微镜法是用于测定同一类别的纤维混纺产品，如麻/棉、羊毛/兔毛等混纺纤维的主要方法。利用纤维细度综合分析仪，按 GB/T 16988—1997 特种动物纤维与绵羊毛混合物含量的测定、FZ/T 30003—2009 麻/棉混纺产品定量分析方法——纤维投影法等标准测定。麻/棉混纺产品纤维含量也可用染色法测定。

例：棉与涤纶（或丙纶）混纺产品定量分析

原理：用 75％硫酸溶解棉，剩下涤纶或丙纶，从而使两种纤维分离。

试剂：75％硫酸（取浓硫酸 1000mL，缓缓加入 570mL 蒸馏水中，冷却）、稀氨溶液（取氨水 80mL 倒入 920mL 蒸馏水中，混合均匀）。

预处理：取试样 5g 左右，用石油醚和水萃取（去除非纤维物质）。将试样放在索氏萃取器中，用石油醚萃取 1h（至少循环 6 次），待石油醚挥发后，试样先在冷水中浸泡 1h，再在 65℃±5℃的水中浸泡（100mL 水/1g 试样）并搅拌，1h 后挤干，真空抽吸，晾干。

操作：取预处理的试样至少 1g，将其剪成适当长度，放在已知重量的称量瓶内，用快速八篮烘箱（温度 105℃±3℃）或红外线将其烘至恒重，记录重量。将试样放入带塞三角烧瓶中，每克试样加入 100mL 75％硫酸，搅拌浸湿试样，并摇动烧瓶（40~45℃），棉纤维充分溶解 30min 后，用已知重量的玻璃过滤器过滤，将剩余的纤维用少量同温同浓度硫酸洗涤 3 次（洗时，用玻璃棒搅拌），再用同温度的水洗涤 4~5 次，并用稀氨溶液中和 2 次，然后用水洗至用指示剂检查呈中性为止。以上每次洗后都需用真空抽吸排液。最后，烘干，称重，计算结果。

(2) 三组分纤维混纺产品的定量分析。三组分纤维混纺产品有以下四种溶解方案。

① 取两只试样，第一只试样将 a 纤维溶解，第二只试样将 b 纤维溶解，分别对未溶部分称重，从第一只试样的溶解失重，得到 a 纤维的质量，算出百分比；从第二只试样的溶解失重，得到 b 纤维的质量，算出百分比；c 纤维的百分比可以从差值中求出。

② 取两只试样，第一只试样将 a 纤维溶解，第二只试样将 a 纤维和 b 纤维溶解。对第一只试样未溶残渣称重，根据其溶解失重，得到 a 纤维的质量，算出百分比；称出第二只试样的未溶残渣，即 c 纤维的质量，算出百分比；b 纤维的百分比可以从差值中求出。

③ 取两只试样，将第一只试样中 a 纤维和 b 纤维溶解，第二只试样中，将 b 纤维和 c 纤维溶解，则未溶残渣分别为 c 纤维和 a 纤维。利用上述计算方法可得所有纤维混纺比。

④ 取一只试样，先将其中一组分（a 纤维）溶解去除，则未溶残渣为另二组分（b 纤维、c 纤维），经称重后，从溶解失重，可算出溶解组分（a 纤维）的百分比。再将残渣中的一种组分溶解掉（b 纤维），称出未溶部分，根据溶解失重，可得第二种溶解组分（b 纤维）

的质量，从而可算得所有纤维的混纺比。

四、撰写样品分析报告

样品分析报告
送样单位：

试样编号	分析项目结果			结果	结论
1	1	燃烧特征	接近火焰		
			在火焰中		
			离开火焰		
			燃烧气味		
			残渣特征		
	2	显微镜	纵向形态		
			截面形态		
	3	着色			
	4	溶解			
	5	线密性			
	6	捻度			
	7	强度			
	8	条干			
	9	纱疵			
	10	混比			
结论					

【课后训练任务】

1. 对给定棉纱线样品进行捻向与捻度的测定。
2. 对给定棉纱线样品进行细度的测定。
3. 对给定棉纱线样品进行棉结杂质的测定。
4. 对双组分的棉型混纺纱线样品进行定量分析。

任务二　棉型织物来样分析

一、接受织物样品

今接到某公司送来织物样品，要求对样品进行分析并确定其品质，出具分析报告。

二、样品分析主要内容

确定织物正反面和经纬向；测定织物幅宽；分析织物组织及色纱配合；测算织物密度和紧度；测定织物厚度；测定单位长度质量和单位面积质量；测定单位面积经纱质量和纬纱质量；鉴别原料成分及混纺比；测定织物中纱线织缩率、线密度、捻度与捻向，以及线圈长度、编织密度系数；风格、功能性、尺寸稳定性等内容。

三、样品分析

（一）规格分析

1. 织物正反面的区分

（1）从织物花纹图案和色彩识别。

① 有花纹图案的织物：正面清晰洁净，图案的造型、线条、轮廓精细醒目、层次分明、色彩鲜艳，反面则暗淡模糊，花纹缺乏层次。

② 素色织物：正面光滑洁净，色泽明亮。

（2）从组织结构识别。

① 平纹织物：正面组织点明显丰满，花色鲜明。

② 斜纹织物：正面纹路饱满清晰、贡子突出，线（半线）织物为右斜纹，纱织物为左斜纹。

③ 缎纹织物：正面平整、柔滑、富于光泽，经密大时经面缎纹为正，纬密大时纬面缎纹为正。

④ 花纹织物：正面织纹浮纱短而少，花纹或线条细密、清晰、悦目，轮廓突出，光泽明亮、柔和，反面则粗糙模糊，有长浮线，色暗。

⑤ 多重或多层织物：正面结构紧密，纱质好，组织与配色也较清晰、鲜明。

⑥ 纱罗织物：纹路清晰、绞经突出的为正面。

⑦ 毛巾织物：毛圈密度大的为正面。

（3）从整理效果识别。

① 起毛织物：正面有耸立密集的绒毛，织纹隐蔽，双面起毛的以绒毛光洁整齐的为正面。

② 烂花织物：正面轮廓清晰，色泽鲜明，绒面烂花织物以丰满平齐的绒面为正面。

③ 轧花布：轧花清晰明朗的为正面。

④ 经烧毛剪毛的织物：烧毛、剪毛效果好的为正面。

（4）从布边识别。

① 布边正面平整，反面呈现向里卷曲状。

② 布边有织字的，正面清晰光洁，并呈正写。

③ 根据整理留在布边的刺孔判断，一般刺孔从正面刺向反面。

（5）从包装上识别。

① 粘贴商标及加盖检验印章的一面为反面，但本色布类一般盖在正面（外销本色布盖在反面）。

② 双幅织物对折成包时，折在里面的为正面。

2. 织物经纬向的判断

与布边平行的为经纱；含有浆分的为经纱；一般密度较大的为经纱；箱痕纹路明显的方向为经向；单纱与股线交织时，一般股线为经纱；单纱织物，"Z"捻纱为经纱；捻度较大的为经纱；经纬纱线密度、捻系数、捻向差异不大时，纱质好、条干均匀的为经纱；经纱多数较纬纱细；配列着多种粗细、颜色、捻度、捻向或不同原料纱线的系统，一般为经向；排列稀密程度多变的方向通常是经纱；条格织物呈条的方向或较复杂、平直、明显带长方形的长边方向多为经向；提花织物通常是经纱起花，经纬纱都起花时，起花多而复杂的为经纱；毛巾织物中起圈的纱线为经纱；不同原料交织时，强度高、毛茸少、粗度细的纱为经纱；起毛起绒织物中绒毛顺向与经向一致。

3. 织物的长度和宽度

一匹织物两端最外边的完整纬纱之间的距离叫匹长，单位为米（m）。

织物两边两根经纱之间的距离称幅宽，单位一般为厘米（cm）。计算幅宽时应注意：总幅宽包括异于布身结构的边幅在内，但不包括最外边未与经纱交织的纬纱缨长度；织物幅宽与纬纱方向不能等同，但测量时可以经纱的方向为基准。

4. 织物密度和紧度

机织物密度是指机织物单位长度内的纱线根数。有经密和纬密之分。经密（即经纱密度）是沿机织物纬向单位长度内所含的经纱根数。纬密（即纬纱密度）是沿机织物经向单位长度内所含的纬纱根数。

机织物的紧度又称覆盖系数，也有经向紧度与纬向紧度之分。经向紧度是机织物规定面积内，经纱覆盖的面积对织物规定面积的百分率；纬向紧度是机织物规定面积内，纬纱覆盖的面积对织物规定面积的百分率。

（1）密度测定的方法。

① 织物分解法：分解规定尺寸的织物试样，记录纱线根数，折算至 10cm 长度内的纱线根数。

分解法测定织物密度时，应在符合要求的部位裁样，试样裁剪成长条形，短方向为被计测的纱线，其长度视织物松紧程度而定，以易于被抽出为原则，一般在 20mm 左右；长方向的长度应略大于测定长度，然后抽出几根短纱，使短纱排列的长度达到测定距离，允许有 ±0.5 根纱的偏差。最后拆数被计测的纱线（短纱），折算至规定长度的密度。

应注意以下问题：测定长度指实际选定的测定距离，不能小于最小测定距离且至少包括 100 根被计测纱线；拆纱时最好将拆下的纱放在绒板或衬垫物上（以对比色为好），以便计数，也可避免失落；经纬向密度可同时测定。只要裁取经纬向长度均大于测定长度的布样，然后各修扯至测定长度（两向不一定相等）。拆纱时应注意经纬纱勿混淆，为免于混淆可采用长方形试样。

② 移动式织物密度镜法：测定织物经向或纬向一定长度内（5cm）的纱线根数，折算至 10cm 长度内的纱线根数。

移动式织物密度镜如右图所示，装有 5～20 倍的低倍放大镜，以满足最小测量距离的要求。放大镜中有标志线，可随同放大镜移动。测量时，先确定织物的经、纬向。测量经密时，密度镜的刻度尺垂直于经向，反之亦反。再将放大镜中的标志线与刻度尺上的 0 位对齐，并将其位于两根纱线中间作为测量的起点。一边转动螺杆，一边记数，直至数完规定测量距离内的纱线根数。

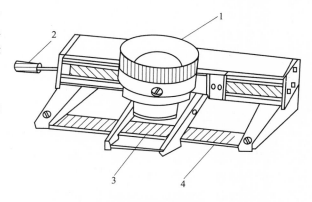

移动式织物密度镜示意图
1—放大镜　2—转动螺杆　3—刻度线　4—刻度尺

密度镜法测定织物密度时应注意的问题：密度镜中计测标志线与标尺应垂直，计测开始时标志线与标尺"0"线对齐；摆放密度镜应以经纱为基准线，即测定经密时标尺与经纱垂直（标志线平行于经纱），测定纬密时标尺与经纱平行（标志线垂直于经纱）；摆放密度镜时，标尺"0"线应对准两纱中间；有些织物可能看不清另一系统纱线，如斜纹织物，此时可将标志线对准被计测的纱线，但纬斜严重时，须采用分解法；对纱线排列清晰可见的织物，只要使标志线横过织物就可逐一计数每根纱线。标志线与标尺终点线重合时，若其落在最后一根纱线的不足 1/4 处、1/4～3/4 内或 3/4 以上，则这根纱线分别按 0、0.5 或 1 根计，即计测精度为 0.5 根。

（2）最小测量距离（精度要求）。测定织物密度时，其测定距离必须足够长，目的在于保证测定结果的精度。织物密度以纱线根数计测，允许偏差 0.5 根，即绝对精度最小为 0.5 根，于是：

$$相对测定精度（\%）=\frac{0.5}{N}\times100\%$$

式中，N 为实际计测根数，它由测定距离决定，这样测定距离也就成为测定精度的决定因素。如某织物设计密度为 250 根/10cm，实际测得 5cm 内的根数为 123 根，其测定精度为（0.5/123）×100％＝0.41％；而如果只测 2cm，测得根数为 49.5 根，其测定精度为（0.5/49.5）×100％＝1.01％。通常要求测定精度在 1％ 以内，测定距离可按表 4-9-2-1 要求选定。

表 4-9-2-1　织物最小测量距离

每厘米纱线根数	最小测量距离/cm	被测量纱线根数	测定精度(计算到 0.5 根纱线之内)/%
10	10	100	<0.5
10～5	5	50～125	1.0～0.4
25～40	3	75～120	0.7～0.4
>40	2	>80	>0.5

注：1. 用织物分解法截取试样时，至少要含有 100 根纱线。

2. 当织物是由纱线间隔稀密不同的大面积图案组成时，测量长度应为完全组织的整数倍，或分别测定各区域的密度。

5. 织物中纱线织缩率的测定

我国将织缩率定义为织物成品较原纱长缩短的百分率，是以纱线原长即伸直长度 L 为基准，而国际上普遍采用的回缩率，是以成品长度 L_0 为基准的。

$$T=\frac{L-L_0}{L}\times100\%$$

$$C=\frac{L-L_0}{L_0}\times100\%$$

式中　T——织缩率，％；

　　　C——回缩率，％；

　　　L——从试样中拆下的 10 根纱线的平均伸直长度，mm；

　　　L_0——标样长度，成品长度，即织物试样上的标记长度 mm。

6. 织物中纱线捻度的测定

测定织物中纱线的捻度通常不推荐解捻加捻法。这是因为织物中纱线由于各种加工产生屈曲，纤维间发生纠缠。这样在捻度仪上不能自行完全解捻，必须靠外界帮助，才能消除大卷曲，断开纠缠。因此通常用直接解捻法。如果用解捻加捻法，可能就会有捻回并未解除就被反向加捻而造成误差。

（1）织物取样。

① 机织物取经纱试样应取自不同根纱线，因为不同根纱线代表不同卷装。纬纱试样应从整个实验室样品中随机取得，以获得尽量具有代表性的数据；如果试样从长度 2m 的条样

中取得，通常可认为取自不同的纬纱管。

② 多路喂入型纬编针织物，从部分实验室样品的连续线圈横列中取得试样；单路纬编针织物或喂入类型不明者，从全部样品中随机抽取。

③ 经编针织物，在多数情况下拆下必需长度的试样是不可能的，通常不适用退捻加捻法。

（2）允许伸长和预加张力等要素见表 4-9-2-2、表 4-9-2-3。

表 4-9-2-2　各类单纱测定参数

类别	试样长度 /mm	预加张力 /(cN/tex)	测定次数	允许伸长 /mm
棉纱（包括混纺纱）	250	0.5Tt	30	4.0
中长纤维纱	250	0.3Tt	40	2.5
精梳、粗梳毛纱（包括混纺纱）	250	0.1Tt	40	2.5
苎麻纱（包括混纺纱）	250	0.2Tt	40	2.5
绢丝	250	0.3Tt	40	2.5
有捻单丝	500	0.5Tt	30	

表 4-9-2-3　各类股线测定参数

类别	试验长度/mm	预加张力/(cN/tex)	测试次数
棉、毛、麻股线	250	0.25	30
缆线	500	0.25	30
绢纺丝、长丝线	500	0.50	30

当试样长度为 500mm 时，其允许伸长应按表中所列增加一倍，预加张力不变。

7. 织物中纱线线密度的测定

（1）试样。从调湿过的样品中裁剪含有不同部位的长方形试样至少 2 块，裁剪代表不同纬纱管的长方形试样至少 5 块，试样长度约为 250mm，宽度至少应包括 50 根纱线。

（2）分离纱线和测定长度。根据纱线的种类和线密度，选择并调整好伸直张力，从每块试样中拆下并测定 10 根纱线的伸直长度，然后再从每块试样中拆下至少 40 根纱线与同一试样中已测取长度的 10 根纱线组成一组。

（3）测定纱线质量。将经纱一起称重，纬纱 50 根 1 组分别称重。并在烘箱中称得干重，推算至公定重量。

（4）计算结果。

$$Tt = \frac{纱线质量}{纱线总长度} \times 10^6$$

式中，纱线质量以 g 为计量单位；纱线总长度为平均伸直长度与称重纱线根数的乘积（mm）。

（5）当试样需去除非纤维性物质时，应按以下测试步骤进行。

分离纱线和测量长度→去除非纤维物质→称取纱线质量→计算结果。

（二）成分分析

在织物上拆取纱线后按纱线的分析方法进行分析。

四、撰写样品分析报告

样品分析报告

送样单位：

试样编号	分析项目		结果	结论
1	1 燃烧特征	接近火焰		
		在火焰中		
		离开火焰		
		燃烧气味		
		残渣特征		
	2 显微镜	纵向形态		
		横向形态		
	3 着色			
	4 溶解			
	5 线密度			
	6 捻度			
	7 密度	经密		
		纬密		
	8 组织			
	9 幅宽			
	10 混比			
结论				

【课后训练任务】

1. 对给定棉型织物样品中的纱线进行细度测定。
2. 对给定棉型织物样品中的纱线进行捻向与捻度测定。
3. 对给定棉型织物样品进行密度的测定。
4. 对两组分棉型织物样品进行定量分析。

第十项目 毛纱线与毛织物来样分析

技术知识点

1. 毛型纱线的原料种类与结构要素。
2. 毛型纱线样品分析的工作过程与具体方法。
3. 毛型纱线样品分析报告的内容及其表达方法。
4. 毛型织物的原料种类与结构要素。
5. 毛型织物样品分析的工作过程与具体方法。
6. 毛型织物样品分析报告的内容及其表达方法。

任务一 毛型纱线来样分析

一、接受纱线样品

今接到某公司送来纱线样品，要求对样品进行分析并确定其品质，出具分析报告。

二、样品分析主要内容

1. 检测项目

毛纱线的检测项目分三类。

（1）物理指标有回潮率、线密度、单纱强力、绞纱强力、缩水率、捻度、条干均匀度变异系数、纤维含量及含油脂率等。

（2）染色牢度有耐光色牢度、耐洗色牢度、耐汗渍色牢度、耐水色牢度、耐热色牢度和耐摩擦色牢度。

（3）外观检测有表面疵点、目测黑板条干一级率。

2. 检测标准

我国对上述各项目的检测均有比较完整的检验标准与方法，为便于检测分析，特将各项目检测所采用标准列明如下。

回潮率（包括含水率）的测定按照 GB/T 9995—1997《纺织材料含水率和回潮率的测定　烘箱干燥法》、FZ/T 20017—2010《毛纱试验方法》。

线密度的测定按照 FZ/T 20017—2010《毛纱试验方法》。

单纱强力和绞纱强力的测定按照 GB/T 3916—1997《纺织品　卷装纱　单根纱线断裂强力和断裂伸长的测定》、FZ/T 20017—2010《毛纱试验方法》。

缩水率的测定按照 FZ/T 20017—2010《毛纱试验方法》。

捻度的测定按照 GB/T 2543.1～2543.2—2001《纺织品　纱线捻度的测定》。

条干均匀度变异系数的测定按照 GB/T 3292—1997《纺织品　纱条条干不匀试验方法 电容法》。

纤维含量的测定按照 GB/T 2910—2009《纺织品　定量化学分析》。

含油脂率的测定按照 FZ/T 20002—1991《毛纺织品含油脂率的测定》。

耐光色牢度的测定按照 GB/T 8427—2008《纺织品　色牢度试验 耐人造光色牢度：氙弧》。

耐洗色牢度的测定按照 GB/T 3921—2008《纺织品　色牢度试验　耐皂洗色牢度》。

耐汗渍色牢度的测定按照 GB/T 3922—1995《纺织品耐汗渍色牢度试验方法》。

耐水色牢度的测定 GB/T 5713—1997《纺织品　色牢度试验　耐水色牢度》。

耐热压色牢度的测定 GB/T 6152—1997《纺织品　色牢度试验　耐热压色牢度》。

耐摩擦色牢度的测定 GB/T 3920—2008《纺织品　色牢度试验　耐摩擦色牢度》。

表面疵点的测定按照 FZ/T 20017—2010《毛纱试验方法》。

万米纱线疵点的测定按照 FZ/T 01050—1997《纺织品　纱线疵点的分级与检验方法　电容式》。

目测黑板条干一级率的测定按照 FZ/T 20017—2010《毛纱试验方法》。

三、样品分析

（一）规格分析

按相关标准，对相应项目进行分析，参照棉纱线检测分析方法。

（二）成分分析

1. 定性分析

参照棉纱线检测分析方法。

2. 定量分析

例：羊毛与棉（或亚麻、苎麻、黏纤、腈纶、涤轮、锦纶、丙纶）混纺产品含量分析。

① 原理。用 2.5％氢氧化钠溶解羊毛，分别剩余棉、苎麻、黏纤、维纶、腈纶、涤纶、锦纶或丙纶，使两种纤维分离。

② 试剂。2.5％氢氧化钠溶液（取固体氢氧化钠 25.7g，加水 975mL，摇匀）；稀醋酸溶液（取 5mL 冰醋酸）加蒸馏水稀释至 1000mL）。

③ 预处理。参照棉纱线检测分析方法进行。

④ 操作。取预处理的试样至少 1g，将其剪成适当长度，放在已知重量的称量瓶内，用快速八篮烘箱（温度 105℃±3℃）或红外线将其烘至恒重，记录重量。将试样放入三角烧瓶中，每克试样加入 100mL 2.5％氢氧化钠溶液，在沸腾水浴上搅拌，羊毛充分溶解 20min，然后用已知重量的玻璃滤器过滤。剩余的纤维用同温同浓度的氢氧化钠溶液洗涤二三次，再用 40～50℃的水洗 3 次，用稀醋酸溶液中和。然后水洗至用指示剂检查呈中性为止。以上每次洗后都需用真空抽吸排液。最后，烘干、称重、计算结果。

四、撰写样品分析报告

样品分析报告

送样单位：

试样编号		分析项目结果		结果	结论
1	1	燃烧特征	接近火焰		
			在火焰中		
			离开火焰		
			燃烧气味		
			残渣特征		
	2	显微镜	纵向形态		
			横向形态		
	3	着色			
	4	溶解			
	5	线密度			
	6	捻度			
	7	强度			
	8	条干			
	9	纱疵			
	10	混比			
结论					

【课后训练任务】

1. 对给定毛纱线样品进行捻向与捻度的测定。

2. 对给定毛纱线样品进行细度的测定。

3. 对给定毛纱线样品进行条干的测定。

4. 对两组分的毛型混纺纱线样品进行定量分析。

任务二　毛型织物来样分析

毛型织物来样分析的工作过程参照第九项目任务二中的叙述。

【课后训练任务】

1. 对给定毛型织物样品中的纱线进行细度测定。
2. 对给定毛型织物样品中的纱线进行捻向与捻度测定。
3. 对给定毛型织物样品进行密度的测定。
4. 对双组分毛型织物样品进行定量分析。

第五模块
纺织典型设备生产操作

第十一项目 棉纺典型设备生产操作

技术知识点

1. 梳棉机的生产操作内容与安全操作规程。
2. 梳棉工序生产操作中的接头方法。
3. 棉纺细纱机的生产操作内容与安全操作规程。
4. 棉纺细纱工序生产操作中的接头方法。

任务一 梳棉机生产操作

一、梳棉机生产操作内容

(一)巡回工作

1. 巡回工作做到"六看""三结合"

"六看"是，进弄堂向前看，出弄堂回头看，弄堂中间两头看，跨过弄堂向里看，巡回机前看棉网，巡回机后看棉卷。"三结合"是，巡回结合下卷，巡回结合接头清洁，巡回结合把关捉疵。

2. 生产操作人员的工作必须强调计划性、灵活性和主动性

(1)计划性。计划性就是要做到统筹安排、胸有全局，计划好各项工作需要的时间，掌握好棉卷分段(以一排为一段，排与排间形成宝塔分段)、下卷、落筒(如挡车兼拉条)和清洁等工作，使一个班内的各项工作有计划地交叉进行。

(2)灵活性。灵活性就是要讲究战略战术，科学地采用"三先三后"和"三让"的方法机动灵活地处理各种问题。"三先三后"即先急后缓，先易后难，先近后远。"三让"即清洁让断头，断头让落筒，落筒让下卷。

(3)主动性。主动性就是要充分发挥人的主观能动性。生产操作人员应掌握机器性能和运转技术，掌握简单的修机知识，做到人掌握机器，成为机器的主人。

3. 巡回中不要跑空巡回

巡回中要结合进行机前机后的清洁工作，遇到下卷、断头和机器故障等情况时，应不受原巡回路线的限制，采取最近路线及时处理。

巡回间隔时间一般在 30min 左右，以保持圈条器盖罩、喇叭口、大压辊盖板和道夫罩盖表面飞花不致太多。在大中揩车巡回中，每揩 3～5 台要适当穿插一次机动小巡回。对于普通梳棉机，挡车 3 排以上的，每大揩 2 排机后机前，走一个小巡回，平时每 20min 走一个小巡回。巡回时，绕花棒与毛刷交叉使用。

（二）清洁工作

1. 做到轻、净、勤、匀、防五字要求

轻：做清洁要轻揩，不允许拍打。

净：做清洁要净，机上应不带油污，不挂沾飞花。

勤：勤做巡回和清洁，保持大小喇叭通道清洁。

匀：轮班工作进度表要掌握均匀。

防：严防违章操作造成纱织疵。

2. 方法原则

清洁时一般用单毛刷（也有的双手握双毛刷）按顺序工作，不拍打，不重复，动作轻稳连贯，干净利索。清洁顺序原则上应先揩机后再揩机前，清洁部位应从上而下，由里到外。

（三）单项操作要点

1. 换卷

采用平齐撕卷，直搭头，二齐一平搭头法（普通梳棉机，也有采用斜搭头，二斜一平搭头法的）。

（1）操作要领。

① 小卷至直径 13cm 左右时，要将小卷放到后小托脚上。

② 卷尾要拉掉 33cm 左右，普通梳棉机要拉掉 13～20cm，撕成均匀的锯齿形。

③ 棉的搭头长度掌握在 5cm，化纤掌握在 5～6.6cm，搭头后要用手压平。如有拥头凸起现象，应将棉卷稍稍转动一下，使棉卷平整地喂入。

（2）操作步骤。

① 准备工作，撕卷头，倒小卷。

② 撕卷尾。

③ 下卷搭头，压平。

2. 棉条接头

采用四包一捏包卷法，以适应高架并条需要（普通梳棉机也有采用二包一捏法或三包卷法的）。

（1）操作要领。

① 搭头长度棉掌握在 3.3～5cm，化纤掌握在 5～6.6cm。

② 四包一捏法中，第一包 3/8 卷，第二、第三各 1/4 卷，第四包 1/8 卷，包完后轻轻一捏；二包一捏法中，第一包 2/3 卷，第二包 1/3 卷，包完后轻轻捏一下。三包一捏法

中，第一包 1/4 卷，第二包 1/2 卷，第三包 1/4 卷，包完后轻轻捏一下。

③ 包卷纤维要平直，并使包头内松外紧。

④ 实行顺向包卷接头，即棉条筒上端的棉条包住下端的棉条。

（2）操作步骤。

① 拉条尾。

② 拉条头。

③ 搭头。

④ 包卷。

3. 生头

（1）操作要领。

① 粗细条要拉净。

② 接头质量要好，防止脱头或包卷过紧，产生"死头"。

③ 生头后，棉条一定要接好头。

（2）操作步骤。

① 喂入棉卷。

② 到机前生头。

③ 筒内棉条接头。

二、清梳联梳棉运转操作

（一）交接班制度

交接班是保证生产顺利进行的重要环节。在交接班中要做到开车对口交接、交班人要主动交清，接班人应认真检查，双方既要团结协作，又要严格分清责任。

1. 交班做到四清

（1）交清生产情况，如品种翻改、工艺变更、前后道供应等。

（2）交清设备情况，包括机械运转、设备维修、自调匀整装置、电气是否正常。

（3）交清质量情况，如质量纱疵、棉网等。

（4）交清清洁情况，做好机台、地面清洁工作，交清公用工具，收清回花、油花。

2. 接班做到四查

（1）提前 15min 上车，了解上班生产情况，查品种翻盖、工艺变更、前后道供应情况。

（2）查设备。查自调匀整装置、安全装置是否正常，查机械运转、电器自停情况。

（3）查质量。查棉条分段、棉条桶对号等。

（4）查清洁。机台、地面环境是否清洁，回花、油花是否收清，棉条桶是否清洁，公用工具是否齐全等。

（二）巡回工作

梳棉值车工要有计划合理地组织好一个轮班的生产。巡回的过程是发现问题、解决问题的过程，必须遵循巡回路线，主动掌握生产规律，保障生产正常进行。在巡回中将包卷接头、换筒、捉疵。清洁工作分轻、重、缓、急，安排到各个巡回中完成。

1. 巡回路线及时间

每次巡回时间根据看台多少来定，一般一个巡回为 5～20min，若看 8 台车，巡回路线如图 5-11-1-1 路线分为两类。

（1）小巡回。从图 5-11-1-1 可知，采用机前小巡回走①所示路线，采用机后小巡回走②所示路线。两者相比应以机前巡回为主，可随时观察显示屏的各项数据，及时处理发生的故障。

（2）大巡回。机前小巡回加上机后小巡回，合并称为大巡回。

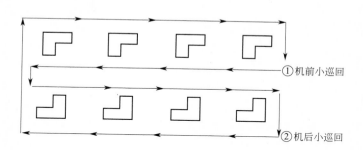

图 5-11-1-1 巡回路线示意图

2.巡回方法

（1）巡回不走重复路线，特殊情况可不按巡回路线走，如处理断头、报警等，应走最近的路线。

（2）巡回时做到三结合，即结合拉满桶、结合清洁工作、结合检查生条质量。

（3）发现红灯亮，预示将要满桶，立即做好换桶准备，按"满桶长度"开关，如不及时按下开关，就需要重新生头。

（4）巡回中完成四个必做。

① 完成机前机后小清洁。

② 做好机前机后大揩。

③ 及时运送棉条桶。

④ 常扫地，保持地面清洁。

（5）发现下列情况必须及时处理。

① 检查吸尘部件，看两滤网箱积花是否吸走。

② 检查各部位吸管是否堵塞。

③ 检查喂入棉层是否平整，输出棉条是否粗细均匀。

④ 检查上下刮刀是否干净。

⑤ 检查自调匀整装置、阶梯罗拉是否绕花。

⑥ 检查下棉箱是否挂花。

（6）发现意外情况，如机械异响、硬物轧入，立即按"急停"开关。

（7）发现厚棉层、杂物喂入，应按"反喂"键，退出棉层。

（三）清洁工作

做好清洁工作是提高产品质量、减少纱疵的关键。要认真做好清洁工作，合理地把清洁工作安排到每个巡回之中。

1.机前小巡回

每小时做一次机前小巡回，做好清洁工作。

2.机后小巡回

每班做两次机后小巡回，主要清洁给棉罩壳挂花。

3. 大巡回

每班做两次大巡回，完成机前、机后车面罩壳清洁，做好龙头、喇叭口的清洁，清扫地面。

4. 清洁内容

随时清洁龙头、喇叭口。

5. 关车清洁工作

三、梳棉机操作接头

（一）机前生头

棉网全部捞清后，捞起部分棉网，用两手掌搓尖，引入压辊及龙头，生出棉条与桶内棉条接头，采用顺向包卷接头。生出的棉条做鱼尾，桶内的棉条做笔尖，不允许倒接头。

（二）棉条包卷接头

包卷要求纤维松散、平直、均匀、内松外紧，搭头长度适当，粗细与原棉条一致。

（1）放条。右手拿棉条，螺纹向上，放在左手四指上。左手拇指将棉条左侧边压在中指第二节上，如图 5-11-1-2(a)所示。

（2）分条。右手拇指、食指将棉条向右侧翻开、摊平，如图 5-11-1-2(b)所示。

（3）夹持。左手拇指放于食指、中指处，右手食指、中指以剪刀形夹持棉条下端。两夹持点相距 100mm，如图 5-11-1-2(c)所示。

（4）拉鱼尾形。右手平拉棉条并丢去废条，左手中留下松散、平直、稀薄、均匀的鱼尾形，如图 5-11-1-3(a)所示。

 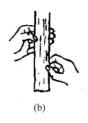 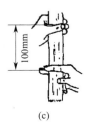

(a)   (b)   (c)

图 5-11-1-2 棉条包卷接头示意图（1）

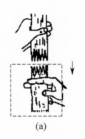  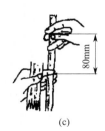

(a)   (b)   (c)

图 5-11-1-3 棉条包卷接头示意图（2）

（5）拿接头条。右手拇指、食指、中指拿接头条。螺纹在侧面，如图 5-11-1-3（b）所示。

（6）送条。将接头条送入左手食指、中指间并夹紧，两夹持点相距 80mm，如图 5-11-1-3（c）所示。

（7）拉笔尖形。右手先松后向上慢拉，丢去废条。左手留下松、平、不开花的笔尖形，如图 5-11-1-4（a）所示。

（8）送笔尖形。左手中指、无名指把笔尖送出。右手拇指、食指拿笔尖，中指托附；左手掌托鱼尾形，手心向下移动，如图 5-11-1-4（b）所示。

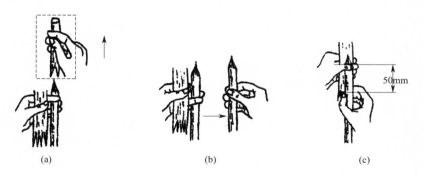

(a)　　　　　　　(b)　　　　　　　(c)

图 5-11-1-4　棉条包卷接头示意图（3）

（9）搭头。右手把笔尖放在左手鱼尾上，右侧对齐。鱼尾笔尖相搭 50mm，如图 5-11-1-4（c）所示。

（10）包卷。右手拇指在上，食指、中指在下，向左顺向包卷。左手拇指松开，把笔尖从上到下，轻轻捋直，包 2/3 卷，右手拇指、食指从右向左转动，再包 1/3 卷，如图 5-11-1-5 所示。

 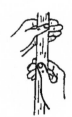

四、管理制度

（一）质量管理制度

图 5-11-1-5　棉条包卷接头示意图（4）

为了稳定生产，提高产品质量，针对纺织厂多工序、多机台、多工种连续生产的特点，以系统、全员、全过程、全面的质量管理为指导思想，制定各项必要的制度，充分发动群众，牢固树立前道为后道、保全保养为运转、后勤为一线、科室为车间的观点，坚持专业管理和群众管理相结合，严格贯彻执行各项制度，要求各工种提高工作质量，保证产品质量。

1. 质量责任制

质量责任制是质量管理的核心。本工序所产生的疵点，应按岗位经济责任制落实到人，梳棉生产操作人员质量责任制的具体内容如下。

（1）棉卷标记应与所纺特数相符，不得用错。

（2）翻改特数时，及时调整特数牌和棉条桶。

（3）严格分清不同品种、特数的回花、回条。

（4）严格执行固定供应制度，不得摆错桶号。

（5）按规定写好棉条桶上的责任标记。

（6）拉清粗细棉条，捉清疵点。

2. 质量守关制

质量守关工作应掌握预防为主、防捉结合的原则，认真守好质量事故关、纱疵关、机械关。

（1）守好纱疵关。

① 勤巡回，细检查，捉清厚薄卷和棉卷内夹杂物。经常检查三吸风管是否接好。

② 严禁油污手接头，发现棉卷、棉条不良及时拉清。

③ 做清洁工作不准拍打，防止飞花落入棉网。要及时捋清喇叭口及挡板积花。认真查看棉网质量，发现问题应及时关车，通知修理，不解决不得开车。

④ 回花、回条特数不搞错，按规定存放在容器内，纺棉、涤两个品种时，一定要严格分清。

⑤ 操作技术过硬，包卷无倒头车、无硬头，勿脱头，粗细均匀。

（2）守好机械关。良好的机械状态是优质、高产、低耗的基本条件，由于梳棉机速度高、气流急、隔距小，容易产生通道排花、棉网不良、损伤针布等事故，因此，梳棉生产操作人员必须做到两点。

① 加强巡回工作，防止棉卷脱卷、搭头过厚、道夫返花等，以免损伤机件，影响质量。

② 大小漏底按规定刷清，前后车肚按规定出清（有三吸装置的例外）。

梳棉质量管理主要是管理生条重量不匀率和棉结杂质等。生产操作人员必须积极投入质量管理活动，坚持质量第一、用户至上，以最佳的工作质量保证产品质量。严格执行标准化操作，轻揩勤抹，拉清粗细棉条，刷清大小漏底，防止轧伤针布，守好质量关，确保生条质量的稳定和提高。

总之，建立工序质量管理制度，可使生产处于控制状态，不仅可以预防不良品的发生，将把关转为预防，将管理"结果"转为管理"因素"。同时，还可以收集大量的数据和信息，为进一步提高质量提供依据。

（二）操作管理制度

操作管理是棉纺企业传统的三大基础管理之一。"千人纱，万人布"，根根纱、寸寸布都要经过纺织工人的手。要提高产品质量、增加产量、降低消耗，必须认真提高工人的操作水平。

（1）生产技术科、车间应设置兼职或专职的操作管理人员，抓全厂和全车间工人的操作技术工作，各轮班应设有操作教练员，负责提高本班工人的操作技术水平。

（2）按照实际生产情况（设备、品种、车速、看台能力、劳动组织等）制定各工作法和操作技术标准，使生产操作人员的操作有所遵循、符合规范。新设备投产，新技术推广应用，新产品、新品种生产，必须及时研究总结相适应的新的操作方法。

（3）新工人必须按《棉纺织企业工人技术标准》规定要求，进行应知应会培训，进行安全教育，经鉴定合格后才能挡车；工人调动工种，必须经过技术培训，鉴定符合要求方能上车。

（4）建立"周练兵、月测定、季交流"的活动制度。生产操作人员根据各自薄弱环节，坚持 8h 内岗位练兵，勤学苦练基本功。轮班可每周组织一次业余练兵，开展互帮互学。每月全面测定一次操作技术，测定成绩纳入岗位经济责任制月评月奖考核。车间每季可组织一次操作技术观摩交流和先进经验介绍。厂部可每年组织一次操作运动会，选拔能手、标兵等活动。运用丰富多彩、形式多样的活动，促进操作技术水平的不断提高。在各种活动过程中，注意总结先进操作经验，不断丰富、发展工作法。

（三）工艺上车管理制度

工艺是提高质量、增加产量、降低消耗、保证生产的依据，工艺管理是技术管理的核心。企业必须优选最经济、最合理的工艺组织生产。工艺设计一经审批颁发，就是企业的重要法规，必须严格执行，保证工艺设计上车。没有工艺更改通知单，不准任意变更。与梳棉挡车有关的工艺有以下几方面。

（1）操作时防止轧伤针布。随时注意检查棉网质量，有云斑、破洞、裂边、棉结或杂质多等情况应及时反映，以便检修或调整工艺，使机械在良好的四锋（刺辊、锡林、盖板、道夫齿尖锋利）一准（主要分梳区的刺辊—给棉板、锡林—刺辊、锡林—盖板、锡林—道夫隔距准确）状态下工作，确保分梳效果，清除疵点、杂质。

（2）正确执行操作规程，棉卷搭头符合规格，检查棉卷粘连、破洞应及时处理，棉网破裂下坠或生头后细条应拉去，以保证生条定量和重量不匀率在规定范围内。

（3）按规定及时出清落棉，大小漏底不挂花、积花，刷漏底不影响漏底、除尘刀隔距走动，发现后落棉反常（落棉过多和落白，落棉特少含杂低）及时反映，检查是否吸管堵塞或隔距走动，在保证质量的同时节约用棉。

（四）文明生产制度

生产环境的好坏是车间管理水平、产品质量水平、人的精神面貌及文明程度的综合反映。文明生产的要求是：包管范围内的清洁工作按规定做好，经常保持机台、地面环境清洁。棉条桶排列整齐，回花桶、棉卷扦、工具箱、清洁工具、运输车辆等应按地面规划放好。

要讲文明礼貌，穿着整齐，说话语言美，不损公肥私，搞好团结，尊师爱徒，互相帮助，互相关心，共同进步。

（五）回花、下脚管理制度

（1）本工序产生的回花、卷头、回条应扯断，按所纺线密度严格分清，过磅分清，过磅后分号分类送清棉间，本号回用。

（2）抄针花、盖板花按规定送清棉间过磅，经处理后降号回用。

（3）各类下脚、车肚花按规定重量打包后入库。绒辊花、绒板花、墙板花、地脚花等分类送拣花间过磅，由拣花间打包出售。

（六）节假日停开车制度

每逢节假日关车（1天以上），应按节假日停车规定，严格执行，以保证开车后能迅速恢复正常生产。开关车规定事项如下。

1. 关车规定事项

（1）车面做清，回花、抄斩花收清，生条送清。

（2）切断电源。

（3）花卷架不上备卷，花卷扦收送清棉间，放在规定地方。

（4）盖板、道夫、龙头喇叭头用斩刀花遮好。

（5）生条满桶用纸或尼龙布遮好。

（6）卸下锡林、刺辊皮带。

（7）滤尘袋抖清，滤尘箱全部出清。

（8）关好门窗，水龙头、照明灯关好。

2. 开车规定事项

（1）收清所有遮车布和遮车的斩刀花。

（2）做好机台、地面整洁工作。

（3）检查公用工具是否齐全。

（4）认真检查机台各部件（包括传动带）是否齐全、正常，严防杂物遗留在车上。

（5）检查棉卷、桶号、号数牌是否相符。

（6）检查安全装置是否完好，电气作用是否良好。

（7）打空车检查机械运转状态，检查针布状态。

（8）开车顺序（A186 型）为先启动吸尘风机，然后按看管机台，逐台开启电动机。开慢车检查锡林针布是否有轧伤，待锡林运转正常后，再逐台慢速开道夫，检查道夫针布有否轧伤，然后将头生好，15～30s 后，再开道夫快档，使机械正常运转。

（七）安全生产制度

必须认真贯彻执行"安全第一、预防为主"的方针，做到生产必须安全，安全促进生产。在生产过程中，生产操作人员应自觉遵守各项安全制度，严格执行安全操作规程，防止发生各种事故。对新调进的生产操作人员，必须进行三级安全教育（入厂教育、车间教育、班组教育），并经考核合格，方准上岗操作。

【课后训练任务】

实地练习梳棉机的生产操作，并总结这一训练过程所得的体会。

任务二　棉纺细纱机生产操作

一、棉纺细纱机生产操作内容

（一）交接班制度

交接班是保证生产正常运行的重要环节。交接班工作要做得到对口交接，交班人要主动交清，接班人应认真检查，双方既要团结协作，又要严格分清责任。

1. 交班工作

交班应按规定内容将一切公用工具放在规定地点进行交接。交班工作应该做到一主动、二交情、三彻底、四接齐。"一主动"是指主动为下一班创造方便条件，主动征求接班者的意见。"二交清"是指主动交清本班温湿度变化、工艺改变、品种翻改、平揩车、钢丝圈使用及粗纱供应情况。"三彻底"是指彻底做好应做的清洁工作，为接班者打好基础。"四接齐"是指接齐断头，换齐粗纱，整理好粗纱宝塔分段和车顶板上的粗纱。

2. 接班工作

接班应该做到一按时、二问清、三检查、四清洁。"一按时"是指提前 15～20min 到达工作岗位，进行交接班工作。"二问清"是指问清上一班温湿度变化情况、工艺变动、翻改品种、平揩车、钢丝圈使用及粗纱供应情况，做到心中有数。"三检查"是指检查机器运转情况、零件有无缺损、粗纱宝塔分段是否正常、有无错支错管，并检查上一班的清洁工作。"四清洁"是指做好接班前的清洁工作。

（二）巡回工作

按照一定的巡回路线和巡回规律主动做好巡回工作，必须掌握生产变化规律，正确处理好接头、换粗纱、清洁、防捉疵点等工作，合理掌握巡回时间，有计划地安排各项工作。

1. 巡回路线

采用单线巡回，双面照顾的巡回路线，按照一定的路线有规律地看管机台，在巡回中同时照顾弄挡两面的断头，粗纱捉疵，并合理安排各项清洁工作。

根据不同的看台数，采用不同的巡回路线，看管三条弄挡以下，采用挨弄看管的巡回路线，如图 5-11-2-1 所示。看管三条弄挡以上，采用跳弄看管的巡回路线，如图 5-11-2-2 所示。

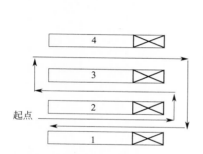

图 5-11-2-1　巡回路线示意图（1）

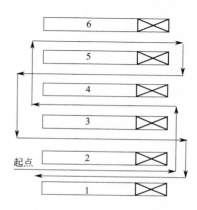

图 5-11-2-2　巡回路线示意图（2）

2. 巡回时间

根据各种号数最后一层粗纱筒脚使用时间，结合看锭、断头多少、换粗纱数量等不同情况，掌握不同的巡回时间。具体情况见下表。

看台数与巡回时间

看台数	按弄看管时间/min	按台看管时间/min	看台数	按弄看管时间/min	按台看管时间/min
2	6.5	7.5	3	9	10
2.5	8	8	3.5	10.5	10.5
4	11.5	12.5	5	14	15
4.5	13	13	5.5	15.5	15.5
6	16.5	17.5	7	19	20
6.5	15	18	7.5	20.5	20.5

（1）直接纬纱按上表时间减少 30s。

（2）巡回起止：一种是起止点相同，起点也是终点，另一种是起止点分别在同一机台的车头与车尾。

（3）如遇锭数过多过少机台，巡回时间可适当增减。

3. 巡回方法

（1）巡回时有规律地灵活运用目光，全面照顾两面断头，注意条干粗纱等情况，应做到

"五看"。

① 进车弄全面看。要从近到远，从远到近，先看断头，后看粗纱使用情况。遇到紧急情况（断头、跳筒管、羊脚杆堵死等）及时处理。

② 车弄中间分段看。先看断头，后看粗纱，先右后左，不漏头，不漏疵。

③ 做清洁工作灵活看。打擦板时以擦板为指针，目光由近到远，再由远到近先看断头、粗纱情况，后看粗纱疵点，利用换粗纱时做清洁工作时的间隙看周围断头和粗纱疵点。

④ 出车弄回头看。出弄挡转弯要小，目光顺着转向回头看时从近到远看清断头和粗纱情况。做到心中有数，计划下一巡回的工作（发现紧急情况要及时处理）。

⑤ 跨车弄稍带看。在跨弄时稍带看清各车弄的断头、粗纱情况，计划下一步工作。车头车尾40锭内有断头和应换的粗纱可以处理，对弄挡内出现飘头、跳筒管、羊脚杆堵死等紧急情况及时进入弄挡处理。

（2）在"五看"的同时做到"四个不漏头"。

① 打擦板时左右不漏头。

② 换粗纱时左右不漏头。

③ 做清洁工作时身后不漏头。

④ 进出弄堂时，车头车尾不漏头。

4. 巡回计划性

加强巡回工作的计划性，首先要有预见性、灵活性，计划性才有切实保证，每一落纱和每一巡回是一个工作单位，要掌握断头规律，分清轻重缓急，将各项工作合理均衡地安排到每一落纱和每一巡回中，减少巡回时间差异，均匀劳动强度，使工作由被动变为主动。

（三）清洁工作

做好清洁工作，是提高产品质量，减少断头的重要环节，必须严格执行清洁进度，有计划地把清洁工作合理地安排在一轮班每个巡回中均匀地做好。清洁工作应采取"五做""五定""五不落地""四要求"的方法。

1. 五做

（1）轻做。做清洁工作，动作要轻，防止飞花附入纱条，严禁吹、拍、扇、打。

（2）彻底做。清洁工作要做彻底，符合质量要求。

（3）分段做。把一项清洁工作分配在几个巡回内做，如皮圈、罗拉、车面等。

（4）随时结合做。利用点滴时间随时做。在巡回中随时清洁罗拉及笛管两头飞花和车面板、叶子板飞花，并注意绒辊的灵活回转。

（5）双手并用做。双手使用工具交叉进行清洁，如打擦板、打笛管、捻车面、揩摇架、捻皮辊等。

2. 五定

（1）定内容。根据各厂具体情况，定出生产操作人员清洁项目。

（2）定时间次数。根据不同号数、不同机型、不同要求、不同环境条件、制定清洁进度。

（3）定工具。选定工具既要不影响质量，又要使用灵活方便。

（4）定方法。以不同形式的工具，采用捻、揩、刷、拿、拉、扫六种方法。

（5）定工具清洁。根据工具形式、清洁内容、清洁程度，决定工具清洁次数，以防止工具上的飞花附入纱条。

3. 五不落地

清洁时做到白花、回丝、粗纱头、车面花团、管纱不落地。

4. 四要求

（1）要求做清洁工作时，不能造成人为疵点和断头。

（2）要求清洁工具保持清洁、定位放置。

（3）要求注意节约，做到五不落地四分清。

（4）要求车顶板上粗纱、空管整齐，周围环境干净。

（四）防疵、捉疵

防疵、捉疵、质量把关是提高产品质量的重要方面，在一切操作中要贯彻"质量第一"的思想，积极预防人为纱疵。在巡回中要合理运用目光，利用空隙时间捉疵。以防为主，查捉结合。

1. 预防人为疵点

预防人为疵点，做到五防。

（1）防换粗疵点。提高包卷质量。要将粗纱表面包括斜面的飞花拿清，包卷后注意纱尾不盘上粗纱，不空粗纱。

（2）防接头疵点。提高接头质量，接头时遇到白点，要拉掉重接。飞花回丝不附入纱条，绕罗拉、绕皮辊的同档头要打断抖净。油污手不接头，（如上锭带盘、揩罗拉、捻罗拉座、剥皮辊、揩钢板、扫地等要揩净手）

（3）防粗经粗纱。拉空锭，将粗纱尾盘好，防止双根粗纱喂入。

（4）防紧捻脱纬纱。严禁一手操作一手提纱。

（5）防清洁工作疵点。要手到、眼到，坚决执行清洁操作法，严禁飞花附入纱条造成纱疵。

2. 捉粗纱疵点

捉粗纱疵点，做到"二主二次"和"二清二捉"。

（1）接头、换粗纱时做到"二主二次"。接头时以接头质量为主，捉疵点为次，利用空隙时间捉粗纱疵点。换粗纱时，以包卷质量为主，捉粗纱时疵点为次，利用抹筒脚和盘粗纱的时间，左右查捉粗纱疵点。

（2）清洁工作做到"二清二捉"。清洁工具清洁时捉粗纱疵点，清洁粗纱架洋元时捉粗纱疵点。

3. 严把四关，防止突发性纱疵

（1）平揩车关。平揩车后或调换皮辊后，开车第一落纱内，要注意质量变化，如条干不均匀、轻重纱、油污纱、管纱成形、断头等，发现异常情况，立即报告。

（2）工艺翻改关。按工艺要求，掌握好翻改后使用的筒管颜色及钢丝圈、粗纱等情况，防止错乱。

（3）饭后开车关。开车前，要拣清因扫天窗、灯壳而附在机台和纱条上的飞花，防止造成竹节、羽毛或断头。

（4）开冷车关。作好开车前的准备工作，注意牵伸部件和加压着实，逐台开出后，注意吊皮圈和管纱成形，在断头多的情况下，尤其要防止人为疵点的产生。

4. 掌握机械性能，防捉机械疵点

为了提高产品质量，降低断头，减少纱疵，不仅要熟练掌握操作技术，还必须熟悉机械

性能，防捉机械疵点。为了及时处理机械疵点，除了那些不用工具、不沾油污、费时不长，而生产操作人员能处理者外，原则上机械疵点由生产操作人员打出信号牌，对损坏的机械部件标注记号，由修机工进行处理。如遇紧急情况，应立即通知有关人员抢修。

二、细纱操作接头

接头、换粗纱是细纱生产操作人员的两项基本操作，也是执行全项操作法的基础。接头、换粗纱的好坏直接关系到产品质量和工作效率。为此必须在保证质量的同时提高基本操作效率，做到质量好、速度快。

（一）接头

接头动作要简单连贯、准确迅速。质量上要无螺丝头、无白点、无细节。其要领为：卡头是基础，轻挑是关键，部位是保证。

接头前的准备动作应做到五快，即拔管快、找头快、套钢丝圈快、插管快、套导纱钩快。接头操作应做到两短，即引纱短，提纱短、接头时的动作做到两好，即定位好、质量好（挺、近、准、轻）。

1. 拔管

拔管要快、轻，先垂直拔，离锭塔即管尖偏左倾斜拔出时避免顶翻叶子板。

（1）小、中纱拔管时以左手拇指、食指、中指三指为主，其他两指为辅握住纱管中上部拔出，如图 5-11-2-3(a) 所示。

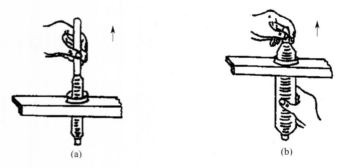

图 5-11-2-3　拔管操作示意图

（2）大纱拔管用右手拇指、食指、中指三指在纱管底部向上托起，同时左手拇指、食指、中指三指握住纱管拔出，如图 5-11-2-3(b) 所示。

（3）塑料管可用五指拔管，减少纱管擦烫手和捏不稳的现象。

（4）如纱管过紧不易拔出，用右手拇指、食指两指捏住锭盘上端，左手捏住纱管。

（5）拔管时不得顶翻叶子板，拔管后，纱管尽量靠近叶子板，并准备找头。

2. 找头

（1）左手将纱管拔出后，眼睛立即看准纱管斜面纱头的位置，并同时用右手拇指和弯曲的食指第一节在纱管斜面捏住纱头带捻引出，如图 5-11-2-4 所示。

（2）有纱尾时，应先拉断纱尾再找头。

（3）如果找不到纱头，左手拇指、食指、中指三指可稍稍左右转动纱管找头。

3. 引纱

（1）小纱管底没有成纱前，由纱管底部引出。大、中纱由纱管上部引出，如图 5-11-2-5

所示。

（2）引出纱条夹在无名指第一节槽里，同时用中指、小拇指靠无名指夹住纱条。

（3）引纱的同时，看准钢丝圈的位置，引纱长度宜短不宜长，一般不超过 4 个锭距。

4.套钢丝圈

左手拿纱管略带倾斜，管底朝向锭杆。纱管尽量靠近钢领板，两手间纱条绷紧并与钢领板平行，右手食指将钢丝圈带到钢领中间偏右位置，以食指尖扣住钢丝圈内侧，使其开口向外，拇指指尖顶住纱条并向食指的右前方套入钢丝圈，其余三指应靠拢手心，左手迅速抬起准备插管，如图 5-11-2-6 所示。

图 5-11-2-4 细纱接头找头操作示意图

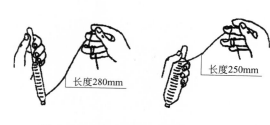

图 5-11-2-5 细纱接头引纱操作示意图

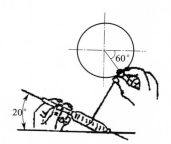

图 5-11-2-6 细纱接头套钢丝圈操作示意图

5.插管提纱

（1）套好钢丝圈后，左手拇指、食指、中指三指握住纱管中上部，以三指用力为辅，手腕用力为主，把纱管从倾斜到垂直插下，在即将到锭底时，靠食指用力插下，手背从插管动作开始时向左逐渐翻转向上，如图 5-11-2-7(a) 所示。

（2）在纱管倾斜插上锭尖时，右手手心向下，四指并拢，拇指呈掐头姿势，用中指第一指面提纱。在提纱时，食指背顺势稍抬叶子板，便于插管。左手和右手抬起时的动作稍有前后，以便于缩短引纱长度，如图 5-11-2-7(b) 所示。

(a)

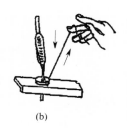

(b)

图 5-11-2-7 细纱接头插管提纱操作示意图

（3）提纱长度不超过上绒辊。

6.套导纱钩、卡头

（1）左手插管后，用食指抬起叶子板约 45°。右手提纱时手背向上、手心向下，靠手指的微动和手腕的配合使纱条套进导纱钩，如图 5-11-2-8(a) 所示。

（2）在右手提纱套入导纱钩的过程中，靠手腕的转动把纱条挑在食指的第一节的 1/2 处；拇指稍弓起，在食指的第一节 1/2 处并伸出食指，侧面 2mm 捏住纱条，食指呈弧形，无名指到食指第一节绕的纱条要绷紧，中指同时缩进与食指，平齐并伸直。用中指第一节指面和无名指、小指三指并齐向下用力掐头，使掐的头挺直，如图 5-11-2-8（b）所示。

（3）食指挑纱及掐头动作均应在提纱的过程中完成，即边提边卡，卡头长度 16mm 左右。掐头时眼睛要看准罗拉吐出纤维的位置，以便于迅速对准接头位置。

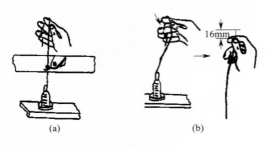

图 5-11-2-8　细纱接头套导纱钩、卡头操作示意图　　　　图 5-11-2-9　细纱接头操作示意图

7. 接头

掐好头，右手拇指食指捏住纱条，在罗拉中上部对准须条稍偏右，食指指甲与罗拉平行，距离 1mm（横向），中指第一关节抵住笛管中部，手腕向左倾反转并低于罗拉，使手心向左偏下，食指遮住笛管而不碰笛管眼，指甲尖稍碰罗拉，拇指指甲尖微碰皮辊，最后食指轻挑，同时拇指自然松开，不要立即缩掉。利用锭子的转动，在食指指面上进行自然加捻抱合，使接头处光滑，如图 5-11-2-9 所示。

（二）换粗纱

1. 换粗纱

右手取下老纱管，左手换上新纱管，如图 5-11-2-10（a）所示。

2. 退纱

左手握纱条连续转动并向上移动，右手先左右移动，后顺时针转动，使纱条退出，如图 5-11-2-10（b）所示。

3. 寻头

将退出的纱条放在左手掌中，右手寻纱头，如图 5-11-2-10（c）所示。

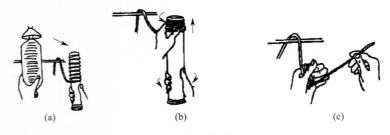

图 5-11-2-10　换粗纱操作示意图（1）

4. 退捻　左手中指、无名指夹住纱条，右手拇指、食指两指将纱条退捻转动，如图 5-11-2-11（a）所示。

5. 分丝

两手拇指、食指两指将纱条均匀分丝成带状，如图5-11-2-11(b)所示。

6. 拉鱼尾形

右手拇指、中指两指夹住纱条向上平拉，丢弃废条，左手中留下"鱼尾形"，如图5-11-2-11(c)所示。

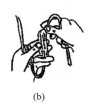
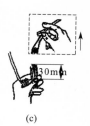

(a)　　　　　　　　　(b)　　　　　　　　　(c)

图5-11-2-11　粗纱操作示意图

7. 放新条

右手将新纱条引出，放在左手食指、中指两指间，如图5-11-2-12(a)所示。

8. 拉笔尖

右手拇指、食指顺时针捻半圈，向上拉出笔尖形，丢弃左手废条，如图5-11-2-12(b)所示。

9. 搭头

右手将新纱管的笔尖形放在鱼尾形上，如图5-11-2-12(c)所示。

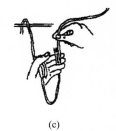

(a)　　　　　　　　　(b)　　　　　　　　　(c)

图5-11-2-12　换粗纱操作示意图（3）

10. 包卷

右手食指第二节与拇指夹住纱条，自左向右包卷，如图5-11-2-13(a)所示。

11. 回捻

右手中指尖与拇指将纱条回捻，左手配合，如图5-11-2-13(b)所示。

12. 盘粗纱

将左手掌中留下的老纱条盘在新纱管上，如图5-11-2-13(c)所示。

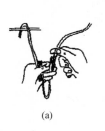

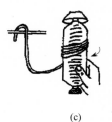

(a)　　　　　　　　　(b)　　　　　　　　　(c)

图5-11-2-13　换粗纱操作示意图（4）

【课后训练任务】

实地练习细纱机的生产操作，并总结这一训练过程所得的体会。

第十二项目　机织典型设备生产操作

技术知识点

1. 喷气织机的生产操作内容与安全操作规程。
2. 喷气织造工序生产操作中的接头方法。
3. 剑杆织机的生产操作内容与安全操作规程。
4. 剑杆织造工序生产操作中的接头方法。

任务一　喷气织机生产操作

一、喷气织机的安全操作规程

（1）进车间必须戴好工作帽，穿拖鞋、高跟鞋或赤脚不能进入车间。

（2）坚守工作岗位，认真执行岗位责任制，工作时间不说笑、打闹、吵架或追跑，电气、电动装置不乱动乱用。

（3）开车前看车上有无停车标记，有无工作人员，严禁两人同台操作。

（4）使用按钮时，禁止手放在按钮控制板上，防止无意开车。

（5）开车时思想必须集中，按动按钮时必须按要求操作，按倒转按钮时，机器没停稳不能进行操作。

（6）加强钢筘保护，禁止让锐利器具靠近钢筘及纬纱通道，按动按钮时，手上不能拿任何器具，防止不慎损坏钢筘。

（7）经轴张力松动时禁止开车，防止损坏机器。

（8）如剪刀或铁梳子及保全的一切有损机件的工具在车上丢失，必须停车检查，直至找到方能开车。

（9）巡回中必须注意来往车辆、机件、杂物，防止绊倒、撞伤。

二、喷气织机生产操作内容及方法

（一）交接班工作

1. 交班工作

交班时做好"三清、三处理"工作。

（1）"三清"。

① 主动对口交清当班的生产运转情况（品种翻改、机械运转情况、经纬纱半制品质量等）。

② 交清各导布辊、卷布辊，要求清洁无回丝。

③ 交清运转机台情况，要全部开出（除了机、大坏车或通知停车外）。

（2）"三处理"。

① 按规定方法处理好织轴三头，即多头、绞头、借还头。

② 按规定方法处理好空筒、坏筒，并把应更换的绞边纱、废边纱更换好。

③ 处理好接班者检查出的问题。

2. 接班工作

接班者做好"一清、四查"工作。

（1）"一清"是指认真做好包管机台的清洁工作。

（2）"四查"是指以下四方面。

① 机台清洁结合机械检查。

② 布面检查结合机械检查。

③ 经纬纱检查结合机械检查。

④ 查看键盘。

（二）巡回工作及疵点处理

织布工在巡回中需运用好目光，注意前后和邻近机台的运转情况，有计划地安排巡回中的各项工作。

按照上述目光运用的方法，发现停台一定要掌握巡回时间，本着"先近后远，先易后难，先处理断纬后处理断经"的原则，离开原来巡回路线前往处理。处理后返回原路线，继续巡回。

1. 巡回路线

根据无梭织机车速快、不拆坏布的原则，巡回路线一般采用布面：经纱＝1∶1 或 1∶2 两种方法，也可根据不同机型排列、不同台看台确定不同的巡回路线。

结合无梭织机特点及生产条件的改善，巡回操作逐步发展到"三为主"，即起以经纱检查为主、以抢开停台为主、以重点检查为主的巡回路线。

2. 布面检查

检查布面主要是发现各种疵点，并进行分析处理。机台检查先右后左，眼随手动，手眼并用。分三段检查。第一段：综丝到织口的经纱；第二段：织口到导布辊的布面；第三段：废边纱传送路线。

3. 织轴经纱检查

进入织轴弄时，眼睛先左后右逐台扫一遍，将停台记在心中。右手将纱剪反方向捏紧，用纱剪尾检查经轴。采用看、看、拨看的检查方法，即由后向前看后梁—织轴间的经纱；由前向后看综丝—经停片间的经纱；手拿剪刀由后向前拨经停片—后梁间的经纱，同时，眼睛随纱剪移动。

4. 处理经纱疵点

经纱疵点处理采用摘、剪、捻、劈、掐、换等方法。经纱上有花毛、回丝头时，可用手摘除；经纱有棉球、大结头、长纱尾时，可用剪刀剪下。小羽毛纱用手捻的方法去除。经纱上有疙瘩的小辫、大羽毛纱时，用掐断重接方法。经纱有棉杂片、大肚纱时，用劈开摘除的方法去除。粗经、多股纱、油经、色经等用更换的方法去除。

处理倒断头的方法：轴上有多余经纱时，不能借边纱；轴上无多余经纱时，借右侧边纱；倒断头出来后，应及时还回。

（三）断经断纬处理

1. 断经处理

（1）找头。找头方法分机前、机后两种。

① 机后找头。一手锨头，一手摇摇杆；眼看显示灯，尽快找出断头。经纱断头接好，按织物的工艺要求，依次将经纱穿入停经片、综丝、钢筘，用手拉直经纱后开车。

② 机前找头。在机前直接能判断断经位置时，可根据不同情况采用一步、二步、三步找头法处理。

a. 一步找头法。断经在综后不与邻纱相绞，左手或右手可直接伸向综后找出断经纱尾，进行掐头打结。

b. 二步找头法。断经在综前与邻纱相绞，先用右手食指在织口前断经处挑起左边经纱，左手插入筘后，分清绞乱的经纱，找出纱尾，进行掐头打结。

c. 三步找头法。断经在综后与邻纱相绞，先用左手在织口前断经处，挑起右边经纱，右手插入综前将纱分开，左手伸向综后找出纱尾进行掐头打结。

（2）穿头。穿头方法有手引穿头和穿钩穿头两种（考虑到喷气织机车身较高，故有两种穿法）。

① 手引穿头方法。

a. 穿综：接好头后，右手大拇指、食指将接好的经纱头端双根粘合，左手将断经处经纱分开；右手将粘合的经纱穿入综眼，然后用拇指顶住综丝，食指、中指将纱头夹出，搭上钢筘。

b. 穿筘：人转到机前，将穿过综眼的经纱，左手在筘后用拇指、食指拉住接好的纱尾，中指插入纱层。引出同一筘齿的相邻经纱，将接好的经纱从同一筘齿纱的下层穿过，食指、拇指拉住纱头，中指顶住同一筘齿经纱。右手拇指、食指在钢筘前引出纱头，拉紧，然后开车。

② 穿钩穿头方法

a. 穿综：左手拉住经纱，且中指、食指夹住综眼下端，大拇指顶住综眼上端，使综眼固定，右手穿钩倾斜插入综眼，进行勾纱，右手向下移动。两手相互配合，避免勾空。

b. 穿筘：左手拉住穿过综眼的经纱，同时分清该筘齿内上下层经纱，右手将穿钩轻轻穿入该筘齿，勾住经纱拉出，严禁顺倒滑筘，以防损坏钢筘。

（3）机上接头。常用的打结方法有两种，包括织布结和蚊子结（平结），其动作分解如下。

① 搭头。左手大拇指、食指捏住左纱头，右手大拇指、食指捏住右纱头，左手纱压在右手纱上，两纱交叉角度为70°～80°，两根纱头各露出0.5cm，如图5-12-1-1所示。

(a)

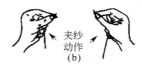
夹纱动作
(b)

图5-12-1-1 搭头示意图

② 绕圈。将纱往左手指甲上向外绕过两根纱头，左手同时往里绕，双手各自绕圈180°

左右，如图 5-12-1-2 所示。

③ 压纱头。双手完成绕圈后，右手拇指将左手纱头压入圈内，左手拇指头稍抬起，将右手纱头压住，同时，右手中指勾住纱线往后拉紧，完成打结，如图 5-12-1-3 所示。

④ 掐头。完成打结后，右手中指紧靠食指拉纱线，拇指、食指稍向上，中指距左手食指 1cm 左右，中指从食指指甲处滑下，掐断经纱，左手同时向下拉扣。

图 5-12-1-2　绕圈示意图

图 5-12-1-3　压纱头示意图

（4）机后断经对接。右手拿布端经纱，左手拿织轴经纱压在右手纱上面，右手纱尾在左手拇指上挽成圈状，右手食指勾布端经纱压在左手头端，然后右手拇指将左手纱头纳入圈中，右手食指勾住布端纱尾拉紧，随即左手拇指、食指两指捏紧结头，右手中指将纱尾绷断放入袋内。遇到两只以上结头时，要分散，不能集中一处。经纱对接要做到手势轻，对接稳，无脱结，纱尾符合标准，如图 5-12-1-4 所示。

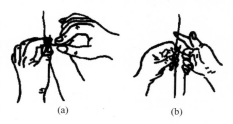

(a)　　　　　(b)

图 5-12-1-4　机后断经对接示意图

当经、纬纱同时断头时，应先处理经向，然后再处理纬向；开车后，查看织口有无其他疵点，等织过 1～2cm 后将拖纱剪掉，边部的断头分两次开车，收好回丝，放入工作围裙袋内，集中丢在废边桶里；应安全生产，剪刀头等工具不要碰坏钢筘等器材。

2. 断纬处理

（1）拔压纱手柄，使供纱罗拉离开测长盘。

（2）拉出由主喷嘴喷向织口的纬纱。

（3）按反转按钮，目光从左到右检查织口，拆去不良纬纱。

（4）将织口纬纱打成活头，通过点动按钮打到启动位置。

（5）查看纬纱质量及运行路线是否正确，用踏板操作将纬纱引入主喷嘴。

（6）当纬纱引出长度达到边撑位置时，右手拉住该纱头，左手将纬纱夹入夹纱器，双手协调地将通过主喷嘴的纬纱夹入边撑盒。

（7）用左手在贮纬箱内拉纱，退回压纱手柄，右手按准备按钮供给空气，接着按运动按钮，织机投入运转。

（8）查看织口有无疵点，收净布面回丝。

（四）基本操作

1. 各部按钮

（1）总开关。当总开关放到"开"位置时，控制回路通电，红色信号灯亮。

（2）气阀开关。打开总开关后，放开气阀门，织机准备运转。

（3）运转操作按钮。

① 备按钮（黑色）：按压此按钮，信号灯熄灭，开始供气。

② 运转按钮（绿色）：按压准备按钮之后再按运转，经过 0.7s 织机便投入运转。

③ 停止按钮（红色）：在准备状态下，按了停止按钮，织机便解除准备状态，红色信号灯亮。在连续运转中，按了停止按钮，织机定位停车，红色信号灯亮。

④ 点动按钮（黑色）：停车时，按点动按钮，织机向正转方向点动。

⑤ 反转按钮（黄色）：在停车时，按反转按钮，只是在按下的时间织机反向运动。如果继续此按按钮，织机反向转一回转，定位停车。

⑥ 呼叫开关：将呼叫开关放到"开"位置时，白色信号灯闪亮，呼叫机修工。

2. 信号灯和图像显示

（1）信号灯显示。橙色灯亮，纬向停台；红色灯亮，经向停台；绿色灯亮，落布信；白灯闪烁，机械故障。

（2）图像显示。织机停车时，按钮控制面板上表示停车原因的图像灯亮。

【课后训练任务】

实地练习喷气织机的生产操作，并总结这一训练过程所得的体会。

任务二　剑杆织机生产操作

一、剑杆织机的安全操作规程

（1）熟知《安全注意事项》。

（2）当两名或两名以上工人准备操作时，在启动机器前，必须通过语言和手势进行交流。

（3）开车时要前后左右呼应，按钮开关以双手操作为标准作业，在按下机器上所有开关之前，务必正确识别，预防错误操作。不允许单手按双钮，不要湿手操作。

（4）除规定责任人外，任何人不得处置电控箱内的电气装置。

（5）织机运转时，不得触摸运转部位，不许打开或取下安全罩盖，不能清除花衣纱头。

（6）上班戴好工作帽，穿好工作衣，不能穿拖鞋。剪刀等工具放在安全的袋中。

（7）切勿触碰运转中的主电动机，切勿用压缩空气机吹扫身体。

（8）落布时，卷布辊应放稳，并注意螺丝是否旋紧，防止落下伤脚。

（9）巡回操作时要注意车弄情况，眼看左右两边，发现有空筒管落地的应立即拾起，以防滑跌。

（10）不能坐在织机上进行操作。

二、剑杆织机生产操作内容及方法

（一）交接班工作

1. 交班工作

交清当班生产情况，使接班者掌握生产主动权，做到三清、五交清、一开齐，坚持正常巡回开好车，为下班创造条件。

"三清"是指地面清、筒脚清、机台回丝清。

"五交清"是指交清当班生产情况、交清机械运转情况、交清品种翻改情况、交清经纬纱质量、交清坏布情况。

"一开齐"是指将所有看管的机台全部正常开出后交班。

2. 接班工作

认真做好清洁工作，既要保证质量，又要节约时间，注意安全，做到轻、细、稳逐台清扫。详细检查布面及经纱，防止连续性疵点，预防错支。

（二）清洁工作

（1）清洁工具：刷子一把。

（2）清洁方法：从左到右、从上到下、从里到外，边刷边清除飞花，清洁时严禁拍打。

（3）清洁部位及顺序。

① 机前：左侧开关盒部位、左侧边撑、大弄、剑杆导槽、吊综盘、综框及绞边装置、钢筘、压布板、胸梁、右吊综盘、右绞边装置、右侧边撑、导剑槽、右开关盒、纬纱针盖板。

② 机后：纬纱架及玻璃罩、绞边筒子架、张力圈、结头纱架、顶梁。

（三）巡回工作

值车工按照巡回路线有规律地巡回，做到预防为主，认真做好目光运用，机动灵活处理停台。均衡地把握好巡回时间，有计划地做好布面、布底、经纱、纬纱、机械状况和处理各种停台等各项工作，分轻、重、缓、急把疵点消灭在萌芽状态。

1. 巡回路线

按一定的巡回路线，有规律的进行巡回，合理安排各项工作，均衡掌握巡回时间，做好防疵捉疵，加强检查。根据生产品种、机台排列、看台多少等因素制定。巡回路线一般采用 1:2、1:1、2:1、巡回路线。

2. 机动处理

在停台少的情况下，在目光范围内，应及时处理不跑冤枉路的停台，处理后返回原地继续巡回。

在停台多的情况下，应直接处理巡回路线前方的停台，分轻重缓急、先近后远、先易后难、有计划地处理停台。

3. 目光运用

在巡回中经常注意所看管机台运转情况，以便安排工作。

进布弄看全部机台，出布弄、进经纱弄看前面机台，两台机看纬纱使用情况，走经纱看左、右两侧机台（或右侧机台）。

4. 巡回时间

根据车速、品种、机台排列、机型和看台的不同制定巡回时间。

2:1 的巡回路线是一个大巡回、两个小巡回，检查两次布面、一次经轴。

每个小巡回要开出自然停台 30%，一次大巡回中进行一台机的机械检查。

（四）布面检查

1. 要求

手眼一致，眼随手动，细查两边，要做到认真、细心，突出重点，手到、眼到、心到、全幅看到，不放过一个疵点。

2. 目的

及时发现连续性疵点，进行分析和处理，并及时清除布面拖纱，查织口，检查经纱张力是否正常。

3. 检查范围

第一段：布辊反面。

第二段：综丝到织口的经纱。

第三段：织口到导布辊的布面。

（五）经纱检查

1. 要求

手眼一致，清除各类疵点，使开口清晰，合理借头，及时还头，处理好三头。三头即多头、绞头、借还头。

2. 目的

清除织轴上各种纱疵，预防和减少纱疵引起的织疵，以减少停台，提高织机效率和产品质量。

3. 检查范围

第一段：由综丝到停经片。

第二段：由停经片到后梁。

第三段：由后梁到织轴。

4. 纱疵处理方法

根据品种、看台及机台排列，经纱的检查采用以下两种方法。

（1）看台多、纱疵较少的一般织物。采用侧身便步一刮三看的方法，检查方法是以右侧为例，进弄前目光由近到远看第三段经纱，脚跨进车弄一半，目光由远到近检查第一段经纱，右手用剪刀柄刮第二段经纱。

（2）看台少、织疵多、倒断头多的厚密织物。采用正面两刮三看的方法，检查以右侧机台为例，目光由近到远看第一段经纱，走进机台一半处，右手用剪刀柄从左到右刮动第一段经纱，并眼看第二段经纱，由右到左看第三段经纱，同时用剪刀柄刮动第三段经纱。

剥：纱头搭入、棉纱杂质、花毛附着、浆斑等纱疵，可采用剥的办法处理。

剪：经纱上的大结头，停经片内的棉球可用剪刀剪掉。

捻：经纱弱捻、羽毛竹节可用捻的办法处理。

换：粗经、竹节纱、特大结头、色经、油经等应及时调换。

5. 倒断头的处理

织轴上出现倒断头可用吊、借、套三种方法处理。

吊：在倒头纱尾上连接几根接头纱，用空管吊在织轴下面。它适用于即将织出的倒头。

借：在不影响质量的前提下，可采用借边纱的方法（一般借布面右边边纱），使借头经过借纱装置，进入经纱，发现倒断头出来后，必须及时还原。

套：如果倒头在快了机时产生，可将倒断头接长后活套在织轴下方的邻纱上。

（六）断经停台的判断和处理方法

1. 断经停台的判断

断经的现象有经纱大结头带断邻纱、经纱脱结、经纱被花衣绞住、粗细节纱、松纱、小辫子带断邻纱、倒断头等。

2. 断经停台的处理方法

　　处理断经停台一般要经过找头、卡纱尾、取接头纱、打结、穿综、穿筘、开台、剪纱尾八个动作。

　　（1）找头法。断头在综筘后，布面有短纱尾露出，即用右手食指在织口前断经处挑起左边经纱，左手插入筘后，找出纱尾，进行卡纱尾、打结等动作。

　　（2）车后平滑停经片上部找头法。平顺停经片滑动，如遇阻挡，将此处分开，即是断经处。

　　（3）车后平滑停经片下部找头法。手碰到下落停经片，即是断头处（分左右两边找）。

　　3. 穿综

　　（1）机后穿综法。接好头后把断经处经纱分开，将断经捻成双根，用拇指和食指将经纱穿过综丝眼，然后用食指和中指将断头夹出综眼，到机前把断头拉出。

　　（2）机前穿综法。把接好的断头成"T"形放在综丝后，经纱稍分开，到机前右手拿钩针，插入综丝眼，伸长左臂，经过综框，左手将断头送入钩针，右手拉出断头。

　　4. 穿筘

　　采用逼筘法穿筘。左手拉住穿过综丝眼的经纱，根据各种筘齿插入根数，找出同筘齿的经纱向左挑起，右手拿钩针紧靠挑起经纱，插入筘齿，勾出经纱。

　　（七）断纬停台的判断和处理方法

　　1. 断纬停台的判断

　　断纬停台后，织机自动回综两下，橙色指示灯亮。发现断纬停台后，应先检查断纬原因，如选纬针内没有纬纱，说明是断纬式缺纬；查看剑头是否有花毛衣等杂物，纬纱是否被拉断。

　　2. 断纬停台的处理方法

　　（1）穿纬顺序。断纬在纬纱筒子处，先关储纬器，用引纬针把纬纱穿过储纬器、导纱圈磁眼、张力圈，开储纬器，纬纱穿过检测器磁眼、选择器磁眼，进入选择器，纬针接入导纱钩，通过边撑小刺辊使纬纱拉紧，按"点动按钮"，使剑头夹住纬纱，检查织口是否有活线、残余纱，如有类似情况，拉出后即可开车。

　　（2）断纬在储纬器与检测器之间。只需将纬纱穿过检测器，按上述顺序处理后即可开车。

　　（3）纬纱段在梭口里。先查看是活线，还是死线。如是活线可直接拉出；如果是半幅死线，按"点动按钮"，剑头退入两侧导轨内，按左边找退纬按钮，进行倒综，找出活线，清理断纬，然后引纬开车。

　　【课后训练任务】

　　实地练习剑杆织机的生产操作，并总结这一训练过程所得的体会。

参 考 文 献

[1]　刘国涛. 现代棉纺技术基础 [M]. 北京：中国纺织出版社，1999.

[2]　李济群，瞿彩莲. 紧密纺技术 [M]. 北京：中国纺织出版社，2006.

[3]　史志陶. 棉纺工程 [M]. 3 版. 北京：中国纺织出版社，2004.

[4]　杨锁廷. 纺纱学 [M]. 北京：中国纺织出版社，2004.

[5]　棉纺手册编写组. 棉纺手册 [M]. 3 版. 北京：中国纺织出版社，2004.

[6]　周金冠. 现代精梳生产工艺与技术 [M]. 北京：中国纺织出版社，2006.

[7]　张曙光. 现代棉纺技术 [M]. 上海：东华大学出版社，2007.

[8]　郁崇文. 纺纱系统与设备 [M]. 北京：中国纺织出版社，2005.

[9]　陆再生. 棉纺设备 [M]. 北京：中国纺织出版社，1995.

[10]　任家智. 纺纱原理 [M]. 北京：中国纺织出版社，2002.

[11]　沈廷椿. 棉纺工艺学（上）[M]. 北京：纺织工业出版社，1990.

[12]　孙卫国. 纺纱技术 [M]. 北京：中国纺织出版社，2005.

[13]　徐少范. 棉纺质量控制 [M]. 北京：中国纺织出版社，2002.